流域水风光多能互补调度

刘 攀等 著

科 学 出 版 社

北 京

内 容 简 介

本书针对大规模水风光互补系统的功率预报、调度运行及容量配置问题，系统介绍流域水风光多能互补调度的理论和方法。从实时、短期、中长期及全生命周期等多时间尺度，提出适用于水风光互补系统的成套技术和解决方案。主要内容包括：水风光互补系统功率联合预报；水风光互补系统短期经济运行；水风光互补系统中长期联合优化调度；基于能源互补性的指标及最优风光配置；气候变化下的水风光多能互补调度。

本书可供水利、电力、地理、气象、环保、国土资源等领域内的广大科技工作者、工程技术人员参考阅读，也可作为高等院校高年级本科生和研究生的教学参考书。

审图号：GS 京（2023）1402 号

图书在版编目（CIP）数据

流域水风光多能互补调度/刘攀等著. —北京：科学出版社，2023.8
ISBN 978-7-03-075959-7

Ⅰ.① 流… Ⅱ.① 刘… Ⅲ.① 流域-水库调度-研究 Ⅳ.① TV697.1

中国国家版本馆 CIP 数据核字（2023）第 123781 号

责任编辑：何 念 张 湾/责任校对：高 嵘
责任印制：彭 超/封面设计：无极书装

科学出版社 出版
北京东黄城根北街 16 号
邮政编码：100717
http://www.sciencep.com
武汉精一佳印刷有限公司印刷
科学出版社发行 各地新华书店经销
*
开本：787×1092 1/16
2023 年 8 月第 一 版 印张：18
2023 年 8 月第一次印刷 字数：424 000
定价：218.00 元
（如有印装质量问题，我社负责调换）

前　言

　　能源是人类社会赖以生存的基础，开发利用可再生能源是应对全球气候变暖的重要举措。联合国政府间气候变化专门委员会的报告显示，若全球变暖以现有速度持续发展，到 2030 年全球平均气温升幅达 1.5 ℃，将严重威胁人类生存。因此，联合国政府间气候变化专门委员会、国际能源署、国际可再生能源机构等均指出，开发利用可再生能源是应对全球气候变暖的必由之路。在化石燃料日渐枯竭、自然生态环境逐步恶化、社会经济可持续发展等众多因素的驱动下，可再生能源在世界能源结构中正占据日益重要的位置，其高效利用成为缓解气候变化、环境危机和能源消耗的重要举措。

　　碳达峰和碳中和（双碳目标）是党中央的重大战略决策。水电、风电、光电等可再生能源迎来了大规模开发的机遇，在电力系统中的占比不断提升，扮演着越来越重要的角色。然而，风电和光电具有随机性与不可调度性，导致了严重的弃电问题。例如，2021年全国弃风、弃光电量分别为 206.1 亿 kW·h 和 67.8 亿 kW·h，相当于 2 254 万户普通家庭一年的用电量。而水电机组具有启停迅速，运行灵活，出力变化幅值大，对负荷变化响应快等特点，是理想的调峰电源，以满足电网负荷需求。采用水电与随机间歇能源相组合的方式，形成水风光互补系统，是破解当前风电、光电消纳难题的重要新思路。流域水风光多能互补调度的最终目标是发挥梯级水电站水库的调节能力，通过水电、风电、光电多能源之间的相互协调运行促进新能源的消纳，进而提高整个流域的资源利用率，促进双碳目标的实现。因此，开展水风光多能互补调度研究，具有重要的理论意义和实践价值。

　　水风光多能互补调度中的关键难题，是如何更充分地发挥水电机组的灵活、快速调节能力和梯级水电站的长周期储能功效，以输出稳定的电源。作者与研究团队积极参与水风光多能互补调度的研究和应用，在该领域发表了数十篇论文，积累了一定的经验和知识。基于此，本书将介绍作者与研究团队近几年的研究成果：考虑规划、设计及运行管理（长、中、短期运行与维护）的各阶段，解决水风光多能源、多时间尺度、全生命周期的协同问题，提出水风光互补运行的全生命周期运行管理的新理论和新方法。

　　本书在总结过去工作成果的基础上撰写而成，共分为 6 章。第 1 章主要介绍水风光多能互补调度的背景及我国可再生能源的发展情况；第 2 章考虑水风光间时空相关性特征，开展对水风光互补系统功率联合预报的研究；第 3 章介绍水风光互补系统短期经济运行，对弃电风险进行精准辨识；第 4 章研究水风光互补系统中长期联合优化调度，识别预报不确定性对调度决策的影响；第 5 章推导基于能源互补性的指标，开展水风光互补系统装机容量配置、水电站扩机研究；第 6 章探究气候变化下的水风光多能互补调度，对风光电潜力进行评估。

全书由刘攀负责统稿，明波、李赫、巩钰、杨智凯、徐伟峰、黄康迪、程潜、李潇、吴晨、徐诗恬、刘哲源、陈祥鼎、雷鸿萱参与了部分章节的撰写工作。欧洲科学与艺术院院士、瑞典皇家理工学院教授严晋跃，大连理工大学程春田教授，河海大学钟平安、闻昕教授，天津大学练继建、马超教授，西安理工大学黄强、畅建霞、王义民教授对本书相关工作的完善也给予了无私帮助。雅砻江流域水电开发有限公司、中国电建集团成都勘测设计研究院有限公司等合作单位提供了数据支持。特此向所有支持和关心作者研究工作的合作单位与个人表示衷心的感谢。

感谢国家自然科学基金"流域风光水智能互补的全生命周期设计、运行及维护研究"（U1865201）和国家杰出青年科学基金"变化环境下水库群适应性调度"（52225901）的资助。

本书是在综合国内外研究的基础上，经过反复提炼写成的，由于作者水平有限，撰写时间仓促，书中疏漏在所难免，敬请读者和有关专家批评指正。

刘　攀

2022 年 9 月于武汉

目　　录

第 1 章
Chapter 1

绪　　论

1.1 水风光多能互补调度研究现状

能源是人类生存的基础，是社会进步的命脉，是国家发展的支柱[1]。根据国际能源署（International Energy Agency）发布的 *Key World Energy Statistics 2021*，自 1973 年至2019 年，全球化石能源发电份额从 75.2%降低至 63.1%；可再生能源发电份额从 21.5%升高至 26.5%。气候变化、环境危机和能源消耗等因素使可再生能源在世界能源结构中占据日益重要的位置[2]。国际可再生能源机构（International Renewable Energy Agency）发布的 *Renewable Energy Statistics 2021* 显示：2011~2020 年，全球水电、风电和光电装机容量均呈增长趋势，如图 1.1（a）所示。截至 2020 年底，全球可再生能源装机容量为2 802 GW，其中，水电、风电和光电装机容量的占比分别为43.2%、26.1%和25.6%。中国是世界上能源生产和消费规模最大的国家[3]。2011~2020 年，中国水电、风电和光电总装机容量在全球的占比持续增加，如图 1.1（b）所示。截至 2020 年底，中国可再生能源装机容量为 895 GW，其中，水电、风电和光电装机容量的占比分别为38.0%、31.5%和 28.4%，均居世界第一。

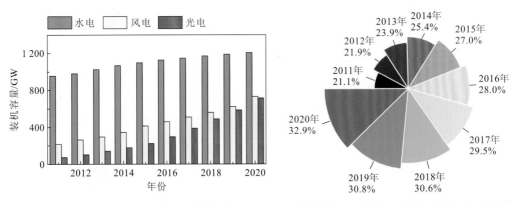

（a）全球水电、风电和光电装机容量   （b）中国水电、风电和光电总装机容量在全球所占比例
图 1.1　2011~2020 年水电、风电和光电装机容量

风电和光电受相关气象因素（如风速、辐射和温度等）影响[4-5]。一方面，风电和光电具有不可调度性：气象因素直接决定了发电出力，难以通过调控手段改变出力[6]。例如，受限于风速变化的风电场可视为不可调度的发电单元[7]。另一方面，风电和光电具有随机性与间歇性：部分气象因素随时间变幅较大，无法精准预报[8]。由于上述不可调度性、随机性和间歇性，风电和光电的并网会对电网造成较大的冲击。水电的灵活调节能力可有效对冲风电和光电的随机性与间歇性[9]。水轮机组具备快速启停能力，爬坡速率每分钟可达装机容量的 20%~30%[10-11]。将水电的灵活调节能力用于平抑风电和光电的随机性与间歇性，可以形成优质稳定的电源以满足电网负荷需求[12]。基于此种调控思路，可以形成水风光互补系统[13]。类似地，采用灵活调节能源与随机间歇能源

相组合的方式，可以形成多种互补系统，如水光互补系统[14]、水风互补系统[15]和水火风光互补系统[16]。

水风光多能互补调度利用资源的天然互补性，并发挥水电的灵活调节能力，成为促进新能源消纳的重要手段之一[17-18]。由于风电和光电具有不可调度性，水风光多能互补调度本质上是适应风光等能源的接入后，变化边界条件下的水库调度。传统的水库调度研究，为水风光多能互补调度奠定了坚实的理论基础。然而，相比于水库系统，水风光互补系统有以下新特征：①考虑弃电影响后，出力计算复杂，调度方式需重新编制；②风光等能源的接入导致模型的输入随机性增加，互补系统应对突发事件的能力需要增强；③互补系统调度受多种预报不确定性的影响，存在更大的调度风险。以上特征使水风光多能互补调度与水库调度产生差异，亟待研发流域水风光多能互补调度技术。

1.2 本书的主要内容

水风光互补系统能有效提高风电和光电消纳，促进双碳目标的实现。在本书中，重点围绕大规模水风光互补系统的功率预报、调度运行及容量配置问题，从实时、短期、中长期及全生命周期等多时间尺度，展开水风光互补系统成套技术和解决方案的研究工作。各章节框架如图 1.2 所示。

图 1.2 各章节框架图

参 考 文 献

[1] 姜珊. 水-能源纽带关系解析与耦合模拟[D]. 北京: 中国水利水电科学研究院, 2017.

[2] 舒印彪, 薛禹胜, 蔡斌, 等. 关于能源转型分析的评述 (一)转型要素及研究范式[J]. 电力系统自动化, 2018, 42(9): 1-15.

[3] 丁晋晋, 韩钢, 刘德俊, 等. 冷热原油交替输送研究现状与展望[J]. 当代化工, 2016, 45(1): 63-66.

[4] 蔡国伟, 孔令国, 杨德友, 等. 大规模风光互补发电系统建模与运行特性研究[J]. 电网技术, 2012, 36(1): 65-71.

[5] 朱兰, 严正, 杨秀, 等. 风光储微网系统蓄电池容量优化配置方法研究[J]. 电网技术, 2012, 36(12): 26-31.

[6] 车泉辉, 娄素华, 吴耀武, 等. 计及条件风险价值的含储热光热电站与风电电力系统经济调度[J]. 电工技术学报, 2019, 34(10): 2047-2055.

[7] 施琳, 罗毅, 涂光瑜, 等. 考虑风电场可调度性的储能容量配置方法[J]. 电工技术学报, 2013, 28(5): 120-127.

[8] 刘吉臻. 大规模新能源电力安全高效利用基础问题[J]. 中国电机工程学报, 2013, 33(16): 1-8.

[9] 马吉明, 张楚汉, 朱守真, 等. 水电对风能太阳能间歇性电力的支持与协调运行[J]. 中国科学: 技术科学, 2015, 45(10): 1089-1097.

[10] FENG Z, NIU W, CHENG C, et al. Optimization of large-scale hydropower system peak operation with hybrid dynamic programming and domain knowledge[J]. Journal of cleaner production, 2018, 171: 390-402.

[11] KONG Y, KONG Z, LIU Z, et al. Pumped storage power stations in China: The past, the present, and the future[J]. Renewable and sustainable energy reviews, 2017, 71: 720-731.

[12] 徐连琛, 金晓辉, 练金城, 等. 基于水电调节的多能互补发电系统研究综述[J]. 水电与抽水蓄能, 2021, 7(5): 25-38.

[13] 刘德民, 耿博, 赵永智, 等. 水风光能源互补形式的研究探讨[J]. 水电与抽水蓄能, 2021, 7(5): 13-19.

[14] 古婷婷, 苏立, 何光元. 梯级水电站水光互补发电系统稳定分析[J]. 水电与抽水蓄能, 2021, 7(5): 96-103.

[15] 王珏, 廖溢文, 韩文福, 等. 碳达峰背景下抽水蓄能-风电联合系统建模及有功功率控制特性研究[J]. 水利水电技术(中英文), 2021, 52(9): 172-181.

[16] 田雨雨. 考虑不确定性的水火风光联合调度研究[D]. 西安: 西安理工大学, 2020.

[17] 王学斌. 考虑大规模新能源并网的黄河上游水电站群多尺度调度研究[D]. 西安: 西安理工大学, 2019.

[18] 明波, 李研, 刘攀, 等. 嵌套短期弃电风险的水光互补中长期优化调度研究[J]. 水利学报, 2021, 52(6): 712-722.

第 2 章
Chapter 2

水风光互补系统功率联合预报

2.1 物理与数据双驱动的水风光互补系统日前功率预报

2.1.1 概述

本节对风电站、光伏电站和水电站的单一电站日前功率独立预报问题开展研究。三种电站的功率预报既有共性，又有特性：

（1）电站发电功率都依赖于气象或水文要素，不同之处在于，风电站发电功率的主要影响因素为风速，光伏电站的主要影响因素为太阳辐射，水电站（尤其是径流式水电站）的主要影响因素为入库流量。

（2）影响电站发电功率的气象和水文要素都具有随机性与波动性，不同之处在于，短期时间尺度中风速和太阳辐射具有间歇性特征，其不确定性一般强于入库流量，又以风速的不确定性最强，而在中长期时间尺度中，风速和太阳辐射的年际、季节性变化通常小于入库流量变化。

（3）电站发电功率预报都有短期预报和中长期预报的划分，但不同能源对于短期和中长期的划分又有不同，时间尺度的划分在不同的国家和地区有着不同的标准，同时也受到预报水平和用户需求等多方面的制约。其中，日前功率预报对于电站制订日前发电计划和机组组合安排具有重要参考与指导意义，对于三种电站都是极为重要的。

（4）电站功率预报都依赖于物理驱动或数据驱动。在短期预报中，基于物理模型预报气象或水文要素存在预报误差，通常需要在误差校正后进行功率预报。当误差校正模型和功率预报模型都采用数据驱动方法如机器学习、神经网络或深度学习方法时，容易产生误差累积现象，通常合并为一个模型以降低模型复杂度。先基于物理驱动预报气象或水文要素，再基于数据驱动预报电站功率的间接预测法具有较高的预报精度。

本节耦合物理模型和大数据方法，构建了物理与数据双驱动的水风光互补系统日前功率预报模型，模型分为三个部分，分别为气象或水文要素预报、单站功率预报和模型性能评估，如图 2.1 所示，步骤如下。

（1）使用天气研究与预报（weather research and forecast，WRF）模型预报气象要素，包括风速、太阳辐射和降水，使用 WRF-新安江模型预报入库流量。

（2）使用复合变分模态分解（variational mode decomposition，VMD）-主成分分析（principal component analysis，PCA）方法，对预报因子进行特征重构；进一步使用长短期记忆（long short-term memory，LSTM）网络进行功率预报。

（3）使用不同的评价指标综合评估气象、水文要素预报精度和功率预报精度。

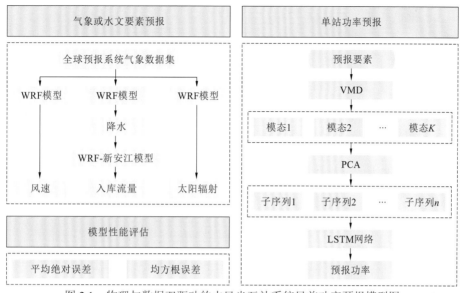

图 2.1　物理与数据双驱动的水风光互补系统日前功率预报模型图

2.1.2　水风光互补系统日前功率预报模型

1. 气象、水文要素预报

1）WRF 模型

WRF 模型是美国为模拟和实时预报而开发的中尺度数值天气预报模式[1-2]。在预报未来大气环流和天气情况的过程中，WRF 模型采用尺度分析方法求解大气运动的流体动力学和热力学方程。WRF 模型是一种广泛使用的数值天气预报模式，适用于几米到几千千米的天气研究。

WRF 模型的构成如图 2.2 所示。WRF 前处理系统（WRF preprocess system，WPS）用于处理输入数据，包括 geogrid、ungrib 和 metgrid 三个模块。其中，geogrid 模块用于确定 WRF 模型的模拟区域并将静态地理数据插值到网格点，ungrib 模块用于读取大尺度的网格气象数据，metgrid 模块用于将大尺度网格气象数据水平插值到降尺度后的网格点上。WRF 模型分为 ARW（advanced research WRF，研究型天气预报模式）和 NMM（nonhydrostatic mesoscale model，业务型天气预报模式）两种，均包括 real 和 wrf 两个模块。其中，real 模块用于生成 WRF 模型的初始场条件和边界条件，wrf 模块用于模拟计算得到的降尺度气象数据。

本节采用 WRF 模型进行风速、太阳辐射和降水预报，并通过多层嵌套、优化物理参数化方案组合及将近地面层的垂直层加密等方式提高气象要素预报精度。在进行单一电站功率预报时，通过遴选不同的物理参数化方案组合分别选取最适合于风速、太阳辐射和降水预报的方案，使各气象要素的预报误差最小。将 WRF 模型预报的降水作为新安江模型的输入，用于预报水库入库流量。预报的风速和太阳辐射则直接作为单站功率预报模型的输入用于风电站和光伏电站发电功率的预报。

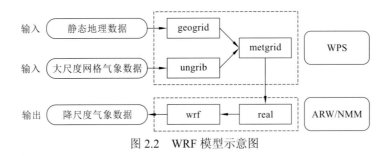

图 2.2 WRF 模型示意图

2）三水源新安江模型

新安江模型是赵人俊教授于 1973 年提出的概念性流域水文模型,适用于湿润地区的水文模拟和预报[3]。三水源新安江模型进一步将自由蓄水库应用于水源划分,由最初的地表径流和地下径流两水源重新划分为地表径流、地下径流和壤中流三水源,如图 2.3 所示。部分参数的含义见表 2.1。三水源新安江模型水文模拟计算分为以下 4 个模块。

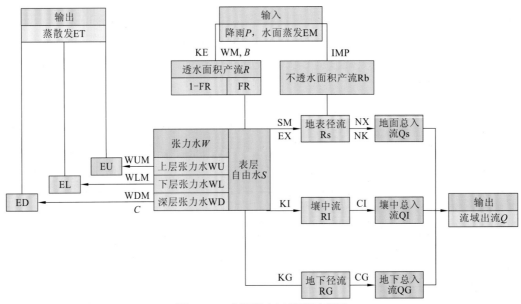

图 2.3 三水源新安江模型示意图

EU 为上层蒸散发量;EL 为下层蒸散发量;ED 为深层蒸散发量;FR 为产流面积;WDM 为深层张力水容量系数

表 2.1 三水源新安江模型参数设置

模块	参数	参数名称	参数值
蒸散发计算	KE	流域蒸散发折算系数	0.5
	X	上层张力水容量系数 WUM=X×WM	0.05
	Y	下层张力水容量系数 WLM=Y×(1−X)×WM	0.4
	C	深层蒸散发折算系数	0.1

续表

模块	参数	参数名称	参数值
产流计算	WM	流域平均张力水容量	120 mm
	B	张力水蓄水容量曲线次方	0.6
	IMP	不透水面积占全流域面积的比例	0.05
水源划分	SM	表层自由水蓄水容量	52 mm
	EX	表层自由水蓄水容量曲线次方	1.3
	KI	表层自由水蓄水库对壤中流的日出流系数	0.01
	KG	表层自由水蓄水库对地下水的日出流系数	0.89
汇流计算	CI	壤中流消退系数	0.9
	CG	地下水消退系数	0.9
	NX	纳什瞬时单位线串联线性水库个数	7
	NK	纳什瞬时单位线线性水库调节系数	47

（1）蒸散发计算。三水源新安江模型中的流域蒸散发由上层蒸散发、下层蒸散发和深层蒸散发共三部分组成，蒸发顺序依次为上层、下层、深层，前一层蒸发殆尽时转为蒸发下一层。流域实际蒸散发随土壤湿度的增加（或减少）而增加（或减少），当土壤含水量最大时，流域实际蒸散发达到最大值，即等于流域蒸散发能力。

（2）产流计算。三水源新安江模型的主要产流计算方式为蓄满产流，当土壤湿度小于田间持水量时不产流，所有降水以薄膜水和张力水的形式被土壤吸收；当土壤持水量达到田间持水量后，所有降水减去同期蒸发的部分都产流。

（3）水源划分。三水源新安江模型的水源划分为地表径流、地下径流和壤中流三部分。

（4）汇流计算。三水源新安江模型中的流域汇流计算使用单位线法。流域出流包括地面总入流、壤中总入流和地下总入流三部分。流域壤中流、地下径流汇流计算使用线性水库调蓄模型模拟其过程。

3）考虑上游水库出库流量的水库入库流量预报

根据降水、蒸散发和径流数据，可以使用三水源新安江模型构建自然条件下的水库入库流量预报模型。对于有上游水库影响的水库入库流量预报，无法通过三水源新安江模型直接构建入库流量预报模型。本节使用经验单位线法对上游水库的出库流量进行河道汇流计算，使用三水源新安江模型进行区间来水预报，对两者叠加构建下游水库的入库流量预报模型，如图 2.4 所示。在模型率定时，对上游水电站出库流量单位线法汇流参数和三水源新安江模型参数同时进行优选，得到模型参数的近似最优值组合。参数联合率定的方法可以避免两模型间的误差累积，提高模型的精度和适用性。模型参数优选使用遗传算法（genetic algorithm，GA）、罗森布罗克算法（Rosenbrock algorithm，RA）和单纯形算法（simplex algorithm，SA）依次进行[4-6]。

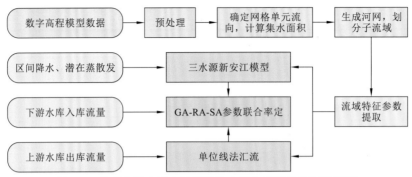

图 2.4　考虑上游水库出库流量的水库入库流量预报流程图

水库入库流量预报模型需要的流域特征参数包括入库流量区间面积、上下游水电站间距离、河流长度等。流域特征参数基于数字高程模型数据，使用 ArcHydroTools 进行提取，主要流程包括洼地预处理、确定流向矩阵、生成河网、划分子流域等[7]。

2. 水风光互补系统功率预报

气象、水文要素，包括风速、太阳辐射和入库流量等，是水风光互补系统发电功率的重要影响因素。本节通过挖掘 WRF 模型和新安江模型输出的气象、水文要素中隐藏的特征，提出了一种新的特征重构方法，并进一步通过重构的特征进行功率预报，如图 2.5 所示，主要步骤如下。

（1）采用 VMD 分别对 WRF 模型和新安江模型预报的风速、太阳辐射或入库流量序列进行分解，得到各个气象、水文要素的模态分量集合，各个模态分量之和等于原始序列。

（2）采用 PCA 分别提取风速、太阳辐射或入库流量序列的模态分量集合的主成分。设置累积贡献率的阈值，获取累积贡献率超过设置阈值的主成分集合。

（3）采用 LSTM 网络分别建立水电、风电、光电功率与对应主成分集合间的映射关系。

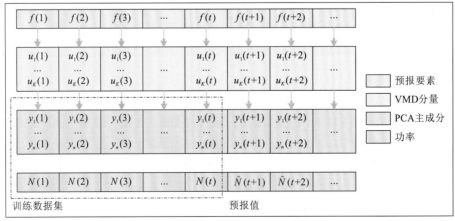

图 2.5　单站功率预报流程图

1）VMD

VMD 是 Dragomiretskiy 等提出的信号分解方法，在特征选择和序列分解方面表现出一定的稳健性[8]。VMD 将原始时间序列分解为几个模态分量，使各个模态分量之和等于原始序列，且带宽之和最小。VMD 计算流程如图 2.6 所示。

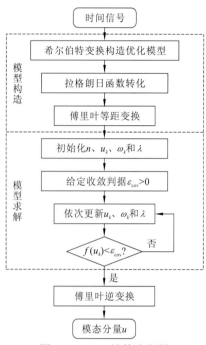

图 2.6　VMD 计算流程图

VMD 的具体步骤如下。

（1）在估计各个模态分量的带宽时，使用希尔伯特变换计算单边频谱，建立优化模型：

$$\begin{cases} \min\limits_{\{u_k\},\{\omega_k\}} \left\{ \sum_{k=1}^{K} \left\| \partial_t \left[\left(\delta(t) + \dfrac{\mathrm{j}}{\pi t} \right) u_k(t) \right] \mathrm{e}^{-\mathrm{j}\omega_k t} \right\|_2^2 \right\} \\ \sum_{k=1}^{K} u_k = f \end{cases} \tag{2.1}$$

式中：K 为模态分量数量；u_k 为分解的第 k 个模态分量；$\delta(t)$ 为冲激函数；ω_k 为第 k 个模态分量的中心频率；f 为原始时间序列，本节中为 WRF 模型或新安江模型预报的风速、太阳辐射或入库流量序列。

（2）通过引入拉格朗日函数将上述约束性问题转换为非约束性问题进行求解：

$$\begin{aligned} L(\{u_k\},\{\omega_k\},\lambda) = {} & \alpha_{pen} \sum_{k=1}^{K} \left\| \partial_t \left\{ \left[\delta(t) + \dfrac{\mathrm{j}}{\pi t} \right] u_k(t) \right\} \mathrm{e}^{-\mathrm{j}\omega_k t} \right\|_2^2 \\ & + \left\| f(t) - \sum_{k=1}^{K} u_k(t) \right\|_2^2 + \left\langle \lambda(t), f(t) - \sum_{k=1}^{K} u_k(t) \right\rangle \end{aligned} \tag{2.2}$$

式中：α_{pen} 为惩罚因子；λ 为拉格朗日乘法算子。

（3）通过乘法算子交替方向法更新 u_k、ω_k 和 λ：

$$\hat{u}_k^{n+1}(\omega) = \frac{\hat{f}(\omega) - \sum_{i \neq k} \hat{u}_i(\omega) + \dfrac{\hat{\lambda}(\omega)}{2}}{1 + 2\alpha_{pen}(\omega - \omega_k)^2} \qquad (2.3)$$

$$\omega_k^{n+1} = \frac{\int_0^\infty \omega |\hat{u}_k(\omega)|^2 \, d\omega}{\int_0^\infty |\hat{u}_k(\omega)|^2 \, d\omega} \qquad (2.4)$$

$$\hat{\lambda}^{n+1}(\omega) = \hat{\lambda}^n(\omega) + \tau[\hat{f}(\omega) - \sum_{k=1}^K \hat{u}_k^{n+1}(\omega)] \qquad (2.5)$$

式中：τ 为更新参数；ω 为中心频率；$\hat{f}$、$\hat{u}_k$、$\hat{\lambda}$ 分别为 f、u_k、λ 的傅里叶变换值；$\hat{u}_k^{n+1}$、ω_k^{n+1} 和 $\hat{\lambda}^{n+1}$ 分别为 $\hat{u}_k$、ω_k、$\hat{\lambda}$ 的第 $n+1$ 次更新值。

（4）u_k、ω_k 和 λ 满足如下收敛条件时停止更新：

$$\sum_{k=1}^K \frac{\| \hat{u}_k^{n+1} - \hat{u}_k^n \|_2^2}{\| \hat{u}_k^n \|_2^2} < \varepsilon_{cov} \qquad (2.6)$$

式中：ε_{cov} 为收敛判据。

2）PCA

采用 PCA 提取 VMD 子序列的主成分[9]。得到的主成分作为功率预报的输入，可以综合反映子序列的特征，同时降低模型的复杂度。PCA 的主要步骤如下。

（1）计算协方差矩阵：

$$\boldsymbol{\rho} = \begin{bmatrix} \mathrm{cov}(u_1, u_1) & \mathrm{cov}(u_1, u_2) & ... & \mathrm{cov}(u_1, u_K) \\ \mathrm{cov}(u_2, u_1) & \mathrm{cov}(u_2, u_2) & ... & \mathrm{cov}(u_2, u_K) \\ \vdots & \vdots & & \vdots \\ \mathrm{cov}(u_K, u_1) & \mathrm{cov}(u_K, u_2) & ... & \mathrm{cov}(u_K, u_K) \end{bmatrix} \qquad (2.7)$$

$$\mathrm{cov}(u_i, u_j) = E(u_i - Eu_i)(u_j - Eu_j) \qquad (2.8)$$

式中：$\boldsymbol{\rho}$ 为协方差矩阵；$\mathrm{cov}(u_i, u_j)$ 为 u_i 和 u_j 的协方差；Eu_k 为 u_k 的平均值。

（2）计算特征根和对应的特征单位向量，且满足：

$$\lambda_1 \geqslant \lambda_2 \geqslant \cdots \geqslant \lambda_K \qquad (2.9)$$

式中：$\lambda_k (k = 1, 2, \cdots, K)$ 为特征根。

（3）提取主成分并计算每个主成分的贡献率：

$$y_k = \boldsymbol{c}_k^{\mathrm{T}} \boldsymbol{U} \qquad (2.10)$$

$$\mathrm{CR}_k = \frac{\lambda_k}{\sum_{k=1}^K \lambda_k} \qquad (2.11)$$

式中：y_k 为主成分；CR_k 为第 k 个主成分的贡献率；$\boldsymbol{c}_k$ 为特征单位向量；$\boldsymbol{U}$ 为 VMD 所得的子序列矩阵。

（4）计算累积贡献率：

$$\eta_n = \sum_{k=1}^{n} \mathrm{CR}_k \tag{2.12}$$

式中：n 为主成分数；η_n 为前 n 个主成分的累积贡献率。

3）LSTM 网络

将复合 VMD-PCA 方法得到的重构特征用于功率预报建模：

$$
\begin{aligned}
\hat{N}(t+L) = f_{Ny}[& y_1(t+L), y_1(t+L-1), \cdots, y_1(t+L-m), \\
& y_2(t+L), y_2(t+L-1), \cdots, y_2(t+L-m), \\
& \cdots \\
& y_n(t+L), y_n(t+L-1), \cdots, y_n(t+L-m)]
\end{aligned} \tag{2.13}
$$

式中：$\hat{N}$ 为功率预报值；m 为输入变量时间维度；L 为预见期长度；$f_{Ny}(\cdot)$ 为拟合函数。

使用 LSTM 网络构建功率序列与气象、水文要素重构特征之间的映射关系[10]。LSTM 网络作为一种深度学习模型，包括输入门、遗忘门和输出门，并通过这些门对存储单元更新和删除信息。其中，遗忘门决定过去的信息是否从存储单元删除，输入门更新信息，输出门决定单元输出，如图 2.7 所示。

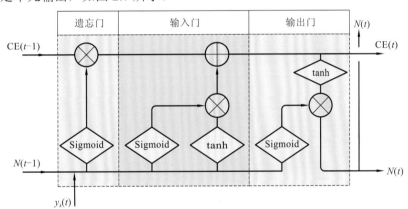

图 2.7　LSTM 网络单元结构图

LSTM 网络可以表示如下。

（1）遗忘门：

$$f_g(t) = \mathrm{Sigmoid}\{W_f[N(t-1), y_k(t)] + b_f\} \tag{2.14}$$

式中：f_g 为遗忘门的输出；t 为当前时间段；W_f 为遗忘门的权值函数；b_f 为遗忘门网络偏差。

（2）输入门：

$$i_g(t) = \mathrm{Sigmoid}\{W_i[N(t-1), y_k(t)] + b_i\} \tag{2.15}$$

式中：i_g 为输入门的输出；W_i 为输入门的权值函数；b_i 为输入门网络偏差。

（3）细胞状态：

$$\mathrm{CE}(t) = f_g(t) \cdot \mathrm{CE}(t-1) + i_g(t) \cdot \tanh\{W_C[N(t-1), y_k(t)] + b_C\} \tag{2.16}$$

式中：$\cdot$ 为标量积；CE 为单元状态；W_C 为细胞状态的权值函数；b_C 为细胞状态网络偏差。

（4）输出门：

$$o_g(t) = \text{Sigmoid}\{W_o[N(t-1), y_k(t) + b_o\}$$ （2.17）

式中：o_g 为输出门的输出；W_o 为输出门的权值函数；b_o 为输出门网络偏差。

（5）细胞输出：

$$N(t) = o_g(t) \cdot \tanh[CE(t)]$$ （2.18）

3. 评价指标

气象要素、水文要素和发电功率的评价指标体系不同，本节综合选取平均绝对误差、均方根误差、确定性系数和径流总量相对误差等 4 个指标用于评估模型预报精度。

1）平均绝对误差

$$\text{MAE} = \frac{1}{M}\sum_{i=1}^{M}|w_i - \hat{w}_i|$$ （2.19）

式中：M 为采样点总数；w_i、$\hat{w}_i$ 分别为变量（本节中指风速、太阳辐射、入库流量或功率）实际值和预报值。

2）均方根误差

$$\text{RMSE} = \sqrt{\frac{1}{M}\sum_{i=1}^{M}(c_i - \hat{c}_i)^2}$$ （2.20）

$$\text{RMSE} = \frac{\sqrt{\sum_{i=1}^{M}(N_i - \hat{N}_i)^2}}{I_c\sqrt{M}}$$ （2.21）

式中：c_i、$\hat{c}_i$ 分别为气象或水文要素（本节中指风速、太阳辐射或入库流量）实际值和预报值；N_i、$\hat{N}_i$ 分别为功率实际值和预报值；I_c 为装机容量。

3）确定性系数

$$\text{DC} = 1 - \frac{S_Q^2}{\sigma_Q^2}$$ （2.22）

$$S_Q = \sqrt{\frac{1}{M}\sum_{i=1}^{M}(\hat{Q}_i - \langle Q\rangle)^2}$$ （2.23）

$$\sigma_Q = \sqrt{\frac{1}{M}\sum_{i=1}^{M}(Q_i - \langle Q\rangle)^2}$$ （2.24）

式中：DC 为预报的入库流量的确定性系数；S_Q 为入库流量预报误差的均方差；σ_Q 为实际入库流量过程的均方差；Q_i、$\hat{Q}_i$ 分别为入库流量实际值和预报值；$\langle Q\rangle$ 为实际入库流量均值。

4）径流总量相对误差

$$\text{RE} = \left(1 - \sum_{i=1}^{M}Q_i \Big/ \sum_{i=1}^{M}\hat{Q}_i\right)\times 100\%$$ （2.25）

上述 4 个指标中，平均绝对误差 MAE 应用于本节所有气象、水文要素和功率预报精度评估；均方根误差 RMSE 应用于气象、水文要素和功率预报精度评估；确定性系数 DC 和径流总量相对误差 RE 应用于水库入库流量预报精度评估。

2.1.3　研究实例

1. 研究数据及参数设置

将本节提出的水风光互补系统日前功率预报模型应用于官地水风光互补系统日前小时尺度功率预报。使用的数据的时间为 2015 年 9 月～2017 年 8 月，主要包括：

（1）测风塔（102.06°E，27.39°N）采用 NRG 风速仪采集的 70 m 高度处风速数据，风速测量误差在 0.1 m/s 以内，时间分辨率为 10 min；

（2）PVGIS 网站（网址：https://re.jrc.ec.europa.eu/pvg_tools/en/#MR）光伏数据，时间分辨率为 1 h；

（3）官地水电站功率序列，时间分辨率为 1 h；

（4）官地水库入库流量序列和上游水库出库流量序列，时间分辨率为 1 h；

（5）0.5°网格潜在蒸散发数据，时间分辨率为 1 天，通过线性插值降尺度为 1 h 时间分辨率数据；

（6）全球预报系统 0.25°网格气象数据集，时间分辨率为 3 h；

（7）雅砻江流域 GDEM-V2 版本 30 m 精度的数字高程模型数据。

模型率定期和检验期均设置为 1 年，即划分 2015 年 9 月～2016 年 8 月为率定期，2016 年 9 月～2017 年 8 月为检验期。WRF 模型运行区域如图 2.8 所示，网格嵌套模拟

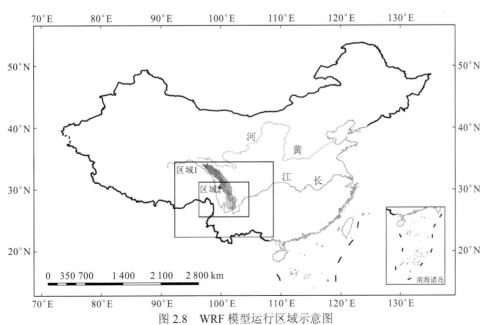

图 2.8　WRF 模型运行区域示意图

的水平分辨率分别为 10 km 和 3.33 km，时间分辨率为 10 min。WRF 模型模拟的初始场条件和边界条件为全球预报系统的 0.25° 网格气象数据集，地形数据采用静态地理数据，WRF 模型模拟采用兰勃特投影，垂直层数设置为 32 层。进行不同气象要素预报时，WRF 模型物理参数化方案的详细信息如表 2.2 所示。三水源新安江模型率定参数如表 2.1 所示。

表 2.2　WRF 模型物理参数化方案

方案类型	预报要素		
	风速	太阳辐射	降水
微物理过程	WSM6 方案	WSM3 类简单冰方案	WSM5 方案
长波辐射方案	RRTM 方案	RRTM 方案	RRTM 方案
短波辐射方案	Dudhia 方案	Dudhia 方案	Dudhia 方案
陆面过程方案	5 层热扩散方案	RUC 方案	Noah 方案
近地面层方案	MM5 相似理论方案	Monin-Obukhov 方案	Monin-Obukhov 方案
边界层方案	YSU 方案	YSU 方案	MRF 方案
积云参数化方案	Grell-Devenyi 方案	Grell-Freitas 方案	Grell-Devenyi 方案

2. 预报模型对比方案设置

本节通过 WRF 模型预报风速、太阳辐射和降水，通过 WRF-新安江模型预报入库流量，基于预报的气象和水文数据，构建了复合 VMD-PCA 方法来进行特征重构，并通过 LSTM 网络进行功率预报。为验证构建的 VMD-PCA-LSTM 模型的预报精度，选取另外 3 个对比模型与之进行比较，分别为支持向量机（support vector machine，SVM）[11]、LSTM 网络和 VMD-LSTM 模型，模型信息如表 2.3 所示。

表 2.3　功率预报模型对比方案设置

模型	功率预报模型	SVM/LSTM 网络输入
模型 1	SVM	预报风速、太阳辐射或入库流量
模型 2	LSTM 网络	预报风速、太阳辐射或入库流量
模型 3	VMD-LSTM 模型	预报风速、太阳辐射或入库流量 VMD 分量
模型 4	VMD-PCA-LSTM 模型	预报风速、太阳辐射或入库流量复合 VMD-PCA 方法主成分

3. 风电功率预报结果

风速和风电功率具有较为明显的季节性差异，为评估预报模型在不同季节的性能，本节对不同月份的预报结果进行对比分析。

1）风速预报结果

WRF 模型在不同季节的风速预报结果如图 2.9 所示，预报误差如表 2.4 所示。由图 2.9、表 2.4 可知，WRF 模型风速预报年均平均绝对误差为 2.39 m/s，年均均方根误差为 2.68 m/s。WRF 模型预报风速整体上与实际风速趋势相符，但是在极值的预报方面存在较大误差，整体表现为预报极大值偏大，极小值偏小。WRF 模型在不同季节的风速预报性能存在差异，整体上冬春两季风速较大，预报误差较高；夏秋两季风速较小，预报误差较低。在 3 月，WRF 模型风速预报的平均绝对误差和均方根误差达到最高，分别为 2.81 m/s 和 3.10 m/s，而 7 月平均绝对误差和均方根误差均较低，分别为 2.11 m/s 和 2.45 m/s。WRF 模型风速预报精度较高，适用于风电功率预报。

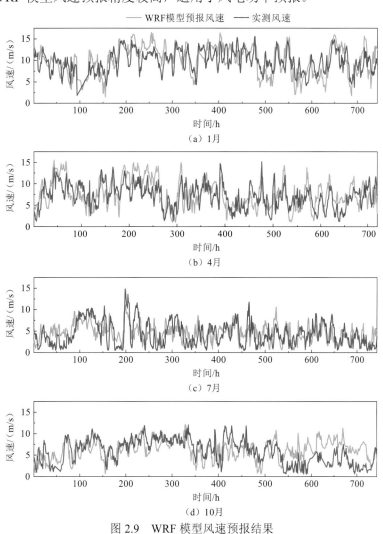

图 2.9　WRF 模型风速预报结果

表 2.4　风速及不同模型风电功率预报误差

时间	风速		风电功率（模型 1）		风电功率（模型 2）		风电功率（模型 3）		风电功率（模型 4）	
	MAE /（m/s）	RMSE /（m/s）	MAE /MW	RMSE	MAE /MW	RMSE	MAE /MW	RMSE	MAE /MW	RMSE
1 月	2.37	2.69	343.73	0.174 4	278.95	0.134 4	248.43	0.120 3	239.06	0.115 2
2 月	2.56	2.83	270.99	0.142 3	233.27	0.114 9	219.22	0.108 7	211.91	0.104 5

时间	风速		风电功率（模型 1）		风电功率（模型 2）		风电功率（模型 3）		风电功率（模型 4）	
	MAE /（m/s）	RMSE /（m/s）	MAE /MW	RMSE	MAE /MW	RMSE	MAE /MW	RMSE	MAE /MW	RMSE
3 月	2.81	3.10	307.44	0.152 9	268.28	0.126 6	253.35	0.119 7	243.25	0.114 6
4 月	2.55	2.82	253.05	0.127 8	235.37	0.114 6	225.72	0.109 3	219.78	0.106 1
5 月	2.21	2.52	209.58	0.105 7	199.64	0.097 5	196.12	0.095 2	196.03	0.094 8
6 月	2.28	2.59	220.56	0.109 2	202.28	0.095 6	188.42	0.089 9	188.11	0.089 3
7 月	2.11	2.45	197.75	0.092 7	191.21	0.088 2	170.99	0.081 5	170.70	0.081 5
8 月	2.15	2.46	183.75	0.087 4	175.97	0.083 0	159.23	0.077 6	157.93	0.077 2
9 月	2.13	2.41	183.89	0.089 1	172.58	0.082 0	160.65	0.076 7	156.00	0.074 9
10 月	2.52	2.80	240.59	0.112 5	202.30	0.093 9	194.95	0.091 7	179.97	0.084 8
11 月	2.59	2.84	319.61	0.158 6	264.86	0.125 0	251.81	0.117 3	245.41	0.113 9
12 月	2.37	2.66	300.65	0.153 7	244.90	0.118 6	230.91	0.111 9	221.68	0.107 0
年均	2.39	2.68	252.57	0.125 4	222.42	0.106 1	208.24	0.099 9	202.41	0.096 9

2）风电功率预报精度评估

将所提出的特征重构方法应用于 WRF 模型风速序列预报，并用于提取风速序列有效特征，剔除噪声成分。首先，使用 VMD 将 WRF 模型预报的风速序列分解为 sub 1～ sub 9 共 9 个子序列，如图 2.10 所示。然后，使用 PCA 提取 9 个子序列的主成分，将累积贡献率超过 95%的前 5 个主成分（pc 1～pc 5）选出作为风电功率预报的输入，如图 2.11 所示。从图 2.11 可知，重构主成分序列可以更好地反映预报风速序列的趋势性和周期性特征。

以预报风速重构特征为输入，采用 LSTM 网络建立功率预报模型，并与表 2.3 所示的对比方案预报结果进行比较，预报结果如图 2.12 所示，预报误差如表 2.4 所示。由图 2.12、表 2.4 可知：

（1）与 SVM 相比，LSTM 网络日前风电功率预报的精度更高。LSTM 网络年均平均绝对误差和均方根误差分别为 222.42 MW 和 0.106 1，分别比 SVM 预报误差降低了 11.94%和 15.39%。结果表明，LSTM 网络可以有效学习发电功率与预报因子间的复杂关系，提高预报精度。

（2）与 LSTM 网络相比，本章提出的 VMD-PCA-LSTM 模型对日前风电功率的预报误差较小。VMD-PCA-LSTM 模型年均平均绝对误差和均方根误差分别为 202.41 MW 和 0.096 9，分别比 LSTM 网络预报误差降低了 9.00%和 8.67%。结果表明，复合 VMD-PCA 方法可以有效地提取 WRF 模型预报风速序列的特征，降低预报误差。

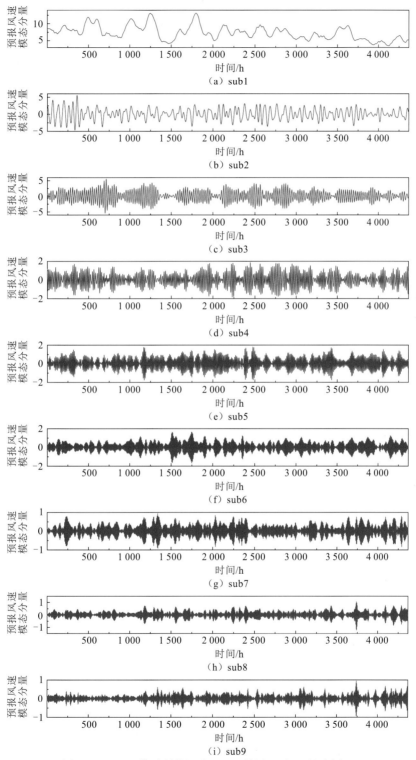

图 2.10　WRF 模型预报风速 VMD 结果（以 10 月为例）

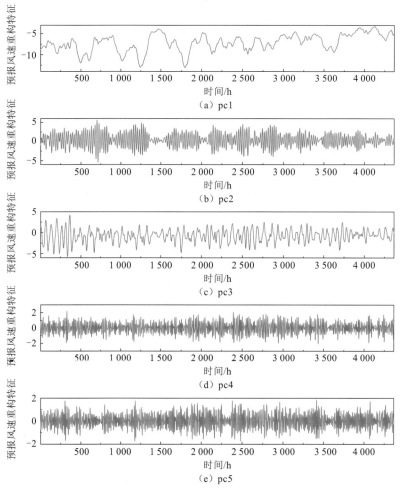

图 2.11 WRF 模型预报风速复合 VMD-PCA 方法特征重构结果（以 10 月为例）

（3）VMD-PCA-LSTM 模型风电功率预报精度与 VMD-LSTM 模型相近。两种模型年均平均绝对误差仅相差 5.83 MW，年均均方根误差仅相差 0.003 0。结果表明，PCA可以在降低 LSTM 网络输入复杂度的同时，保持较高的预报精度。

（4）与其他 3 种预报模型相比，所提出的 VMD-PCA-LSTM 模型表现出更好的预报性能，表明所提出的 VMD-PCA-LSTM 模型适用于风电功率预报。

3）模型季节间通用性评估

风速和风电功率在不同的季节表现出不同的变化特征，不同月份的风速和风电功率预报误差如图 2.13 所示。由图 2.13、表 2.4 可知：

（1）由于风速的季节差异，风速和风电功率在不同月份的预报效果有所不同。3 月风速和风电功率预报效果较差，7～9 月预报效果较好。风速预报误差与风电功率预报误差具有较好的正相关性，即风速预报误差较小时，通常风电功率预报精度较高。同时，风电功率预报误差的季节性差异高于风速预报误差。

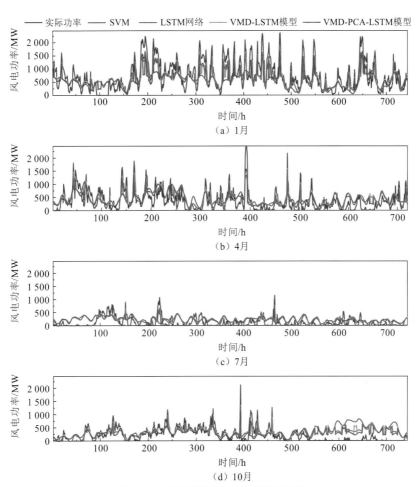

图 2.12　不同模型风电功率预报结果

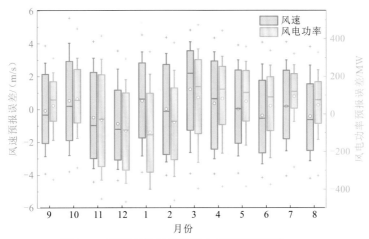

图 2.13　不同月份风速及风电功率预报误差

箱体中圆圈表示均值，横线表示中位数，"+"表示 1%和 99%分位数

（2）LSTM 网络在不同月份的预报性能比 SVM 稳定。从两种模型的平均绝对误差可知，SVM 在 8 月预报精度最高，在 1 月预报精度最低，平均绝对误差的极差为 159.98 MW；LSTM 网络最大和最小平均绝对误差分别为 278.95 MW 和 172.58 MW，极差为 106.37 MW。结果表明，SVM 在不同月份预报性能差异较大，并不是在所有的情况下都有效。从两种模型均方根误差的结果分析中可得相同结论。

（3）对比 LSTM 网络和 VMD-PCA-LSTM 模型的预报误差可知，复合 VMD-PCA 方法在不同月份均可以进一步提高风电功率预报精度，在特征重构方面表现稳定。

（4）VMD-PCA-LSTM 模型在多数月份具有良好的预报性能。与其他预报模型相比，该模型在大多数情况下具有更高的预报精度，表明了该模型在季节间的稳定性和通用性。

4. 光电功率预报结果

1）太阳辐射预报结果

WRF 模型在不同季节的太阳辐射预报结果如图 2.14 所示，预报误差如表 2.5 所示。由图 2.14、表 2.5 可知，WRF 模型预报的太阳辐射整体上与实际太阳辐射趋势相符，年均平均绝对误差为 54.46 W/m²，年均均方根误差为 93.62 W/m²。WRF 模型在不同季节的太阳辐射预报性能存在差异，具体表现为夏季预报误差较高，秋冬春三季预报误差较低。最大月均平均绝对误差和均方根误差分别为 87.85 W/m²、147.66 W/m²，最小月均平均绝对误差和均方根误差分别为 15.45 W/m²、31.26 W/m²。WRF 模型太阳辐射预报精度较高，适用于光伏电站光电功率预报。

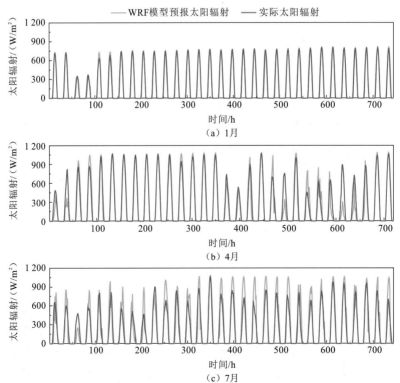

（a）1月

（b）4月

（c）7月

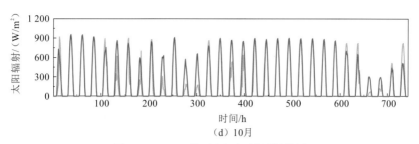

（d）10月

图 2.14　WRF 模型太阳辐射预报结果

表 2.5　太阳辐射及不同模型光电功率预报误差

时间	太阳辐射		光电功率（模型 1）		光电功率（模型 2）		光电功率（模型 3）		光电功率（模型 4）	
	MAE /（W/m²）	RMSE /（W/m²）	MAE /MW	RMSE	MAE /MW	RMSE	MAE /MW	RMSE	MAE /MW	RMSE
1 月	22.34	38.02	35.04	0.057 5	24.67	0.045 5	32.16	0.050 9	31.27	0.050 2
2 月	35.73	61.28	35.63	0.059 0	27.92	0.050 0	30.79	0.050 1	31.12	0.050 7
3 月	41.91	69.76	39.45	0.066 1	34.31	0.059 9	27.98	0.048 3	32.03	0.053 4
4 月	59.19	97.76	45.06	0.081 3	38.47	0.070 2	35.22	0.062 3	37.59	0.065 2
5 月	62.21	108.47	47.20	0.086 2	42.64	0.078 1	36.55	0.064 8	38.90	0.067 9
6 月	85.47	147.66	43.53	0.080 7	42.25	0.078 2	36.83	0.064 5	37.29	0.065 5
7 月	87.85	143.89	43.59	0.078 1	45.47	0.082 2	39.80	0.068 0	37.52	0.064 2
8 月	83.57	141.52	39.28	0.071 6	43.14	0.078 1	37.29	0.066 6	34.95	0.062 5
9 月	79.60	138.45	34.67	0.065 0	36.46	0.065 5	34.37	0.061 5	32.78	0.058 7
10 月	53.50	94.38	36.28	0.066 6	36.74	0.066 0	33.78	0.059 7	33.74	0.060 2
11 月	25.94	49.74	35.10	0.063 9	27.42	0.053 3	32.07	0.055 5	32.35	0.056 7
12 月	15.45	31.26	32.05	0.058 6	22.99	0.046 8	30.79	0.052 4	30.30	0.052 4
年均	54.46	93.62	38.93	0.069 6	35.26	0.064 6	33.99	0.058 8	34.17	0.059 0

2）光电功率预报精度评估

将所提出的复合 VMD-PCA 方法应用于 WRF 模型对太阳辐射序列的预报，模态分量和累积贡献率超过 95% 的主成分分别如图 2.15 和图 2.16 所示。以预报的太阳辐射重构特征为输入，采用 LSTM 网络建立功率预报模型，并与表 2.3 所示的对比方案预报结果进行比较，预报结果如图 2.17 所示，预报误差如表 2.5 所示。由图 2.17、表 2.5 可知，LSTM 网络年均平均绝对误差和均方根误差分别为 35.26 MW 和 0.064 6，分别比 SVM 预报误差降低了 9.43% 和 7.18%；VMD-PCA-LSTM 模型年均平均绝对误差和均方根误差分别为 34.17 MW 和 0.059 0，分别比 LSTM 网络预报误差降低了 3.09% 和 8.67%。结果表明，模型应用于风电功率预报的结论适用于光电功率预报，复合 VMD-PCA 方法可以有效地提取 WRF 模型预报的太阳辐射序列的特征，降低 LSTM 网络的输入复杂度。LSTM 网络可以有效学习发电功率和预报因子间的复杂关系，提高预报精度。

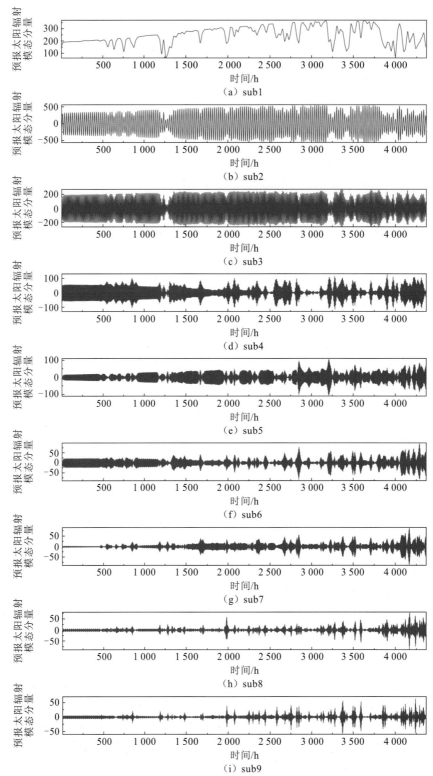

图 2.15　WRF 模型预报太阳辐射 VMD 结果（以 10 月为例）

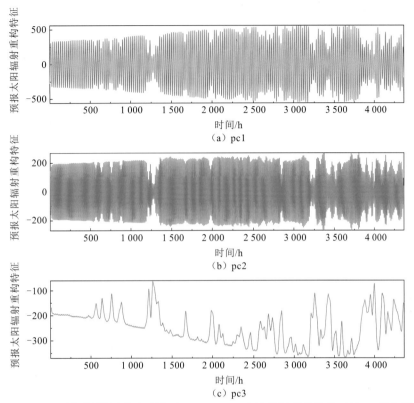

图 2.16　WRF 模型预报太阳辐射复合 VMD-PCA 方法特征重构结果（以 10 月为例）

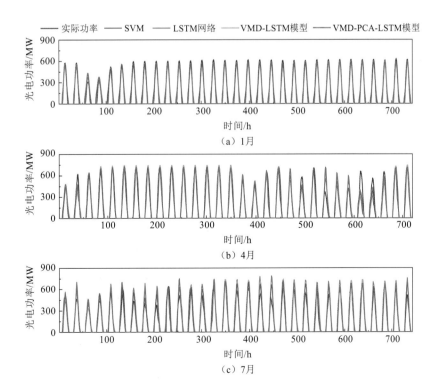

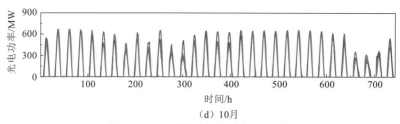

（d）10月

图 2.17 不同模型光电功率预报结果

3）模型季节间通用性评估

不同月份的太阳辐射和光电功率预报误差如图 2.18 所示。由图 2.18 和表 2.5 可知：①太阳辐射和光电功率在不同月份的预报效果有所不同，夏季太阳辐射强度较高，预报效果较其他三季略差。②VMD-PCA-LSTM 模型在不同月份的预报性能高于 LSTM 网络，高于 SVM。复合 VMD-PCA 方法在不同月份均可以进一步提高光电功率预报精度，在特征重构方面表现稳定。③VMD-PCA-LSTM 模型在多数月份具有良好的预报性能。与其他预报模型相比，该模型在大多数情况下具有更高的预报精度，表明了该模型在季节间的稳定性和通用性。

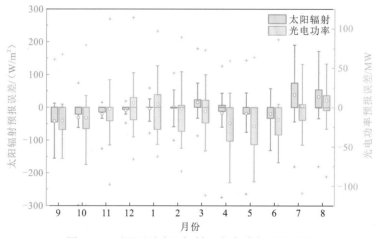

图 2.18 不同月份太阳辐射及光电功率预报误差

箱体中圆圈表示均值，横线表示中位数，"+"表示 1%和 99%分位数

5. 水电功率预报结果

1）入库流量预报结果

WRF-新安江模型在不同季节的入库流量预报结果如图 2.19 所示，预报误差如表 2.6 所示。由图 2.19、表 2.6 可知，WRF-新安江模型预报的入库流量整体上与实际入库流量趋势相符，模型确定性系数和径流总量相对误差分别为 0.84 和 0.93。模型在不同季节的入库流量预报性能存在较大差异，具体表现为汛期预报误差较高，非汛期预报误差较低，模型整体预报值偏低。最大月均平均绝对误差和均方根误差分别为 443.97 m³/s

和 475.02 m³/s，最小月均平均绝对误差和均方根误差分别为 74.88 m³/s 和 82.25 m³/s。

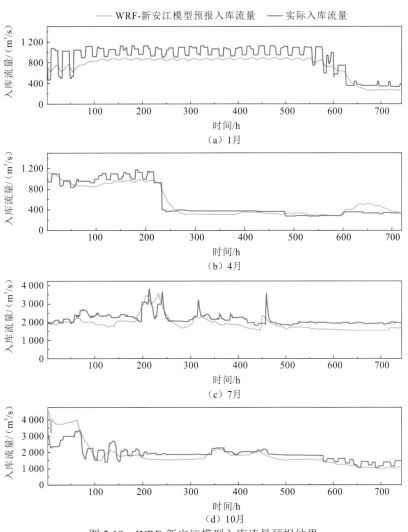

图 2.19　WRF-新安江模型入库流量预报结果

表 2.6　入库流量及不同模型水电功率预报误差

时间	入库流量		水电功率（模型 1）		水电功率（模型 2）		水电功率（模型 3）		水电功率（模型 4）	
	MAE /（m³/s）	RMSE /（m³/s）	MAE /MW	RMSE	MAE /MW	RMSE	MAE /MW	RMSE	MAE /MW	RMSE
1 月	164.15	177.22	292.87	0.126 8	293.06	0.126 4	230.53	0.099 5	228.58	0.098 4
2 月	167.34	182.91	242.04	0.105 5	252.21	0.108 6	226.01	0.098 2	211.76	0.092 6
3 月	141.08	154.52	211.91	0.097 9	203.00	0.093 1	205.22	0.090 8	193.94	0.088 3
4 月	74.88	82.25	220.80	0.096 0	236.04	0.101 9	227.40	0.097 5	221.50	0.094 9
5 月	128.00	145.93	186.47	0.089 4	180.08	0.084 6	166.58	0.078 7	161.69	0.077 6

续表

时间	入库流量		水电功率（模型1）		水电功率（模型2）		水电功率（模型3）		水电功率（模型4）	
	MAE /（m³/s）	RMSE /（m³/s）	MAE /MW	RMSE	MAE /MW	RMSE	MAE /MW	RMSE	MAE /MW	RMSE
6月	215.12	233.72	300.81	0.131 6	277.06	0.121 5	254.48	0.112 6	247.90	0.110 0
7月	314.88	338.94	293.96	0.128 4	249.63	0.107 7	241.40	0.102 9	239.45	0.102 1
8月	247.76	259.73	264.25	0.116 7	210.62	0.092 5	217.81	0.094 5	201.70	0.087 5
9月	443.97	475.02	206.58	0.094 5	180.06	0.082 2	188.04	0.083 1	183.06	0.081 4
10月	328.54	351.07	334.39	0.144 9	309.19	0.133 8	286.65	0.124 4	286.16	0.124 1
11月	172.65	184.61	147.78	0.067 2	155.72	0.070 0	135.67	0.061 6	125.27	0.056 9
12月	154.79	172.29	118.71	0.056 1	94.93	0.043 4	105.70	0.050 2	128.23	0.059 4
年均	212.98	230.08	235.17	0.104 7	219.96	0.097 1	207.03	0.091 1	202.45	0.089 4

2）水电功率预报精度评估

将所提出的复合VMD-PCA方法应用于WRF-新安江模型对入库流量序列的预报，模态分量和累积贡献率超过95%的主成分分别如图2.20和图2.21所示。以预报的入库流量重构特征为输入，采用LSTM网络建立功率预报模型，并与表2.3所示的对比方案预报结果进行比较，预报结果如图2.22所示，预报误差如表2.6所示。由图2.22、表2.6可知：LSTM网络年均平均绝对误差和均方根误差分别为219.96 MW和0.097 1，分别比SVM预报误差降低了6.47%和7.26%；VMD-PCA-LSTM模型年均平均绝对误差和均方根误差分别为202.45 MW和0.089 4，分别比LSTM网络预报误差降低了7.96%和7.93%。结果表明，模型应用于风电功率预报和光电功率预报的结论同样适用于水电功率预报，复合VMD-PCA方法可以有效地提取WRF-新安江模型预报的入库流量序列的特征，降低LSTM网络的输入复杂度。LSTM网络可以有效学习发电功率和预报因子间的复杂关系，提高预报精度。

3）模型季节间通用性评估

不同月份的入库流量和水电功率预报误差如图2.23所示。由图2.23和表2.6可知：①入库流量和水电功率在不同月份的预报效果有所不同，汛期入库流量较大，预报效果较差，非汛期预报效果较好。②VMD-PCA-LSTM模型在不同月份的预报性能高于LSTM网络，高于SVM。复合VMD-PCA方法在不同月份均可以进一步提高水电功率预报精度，在特征重构方面表现稳定。③VMD-PCA-LSTM模型在多数月份具有良好的预报性能。与其他预报模型相比，该模型在大多数情况下具有更高的预报精度，表明了该模型在季节间的稳定性和通用性。

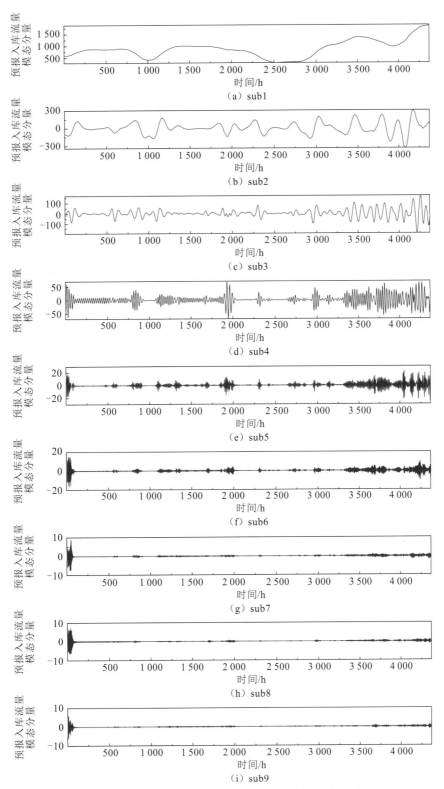

图 2.20　WRF-新安江模型预报入库流量 VMD 结果（以 10 月为例）

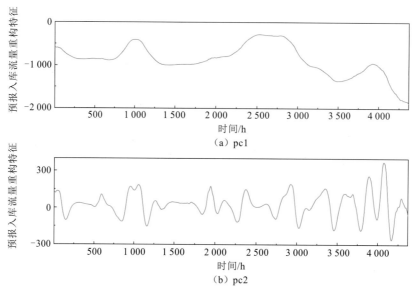

图 2.21 WRF-新安江模型预报入库流量复合 VMD-PCA 方法特征重构结果（以 10 月为例）

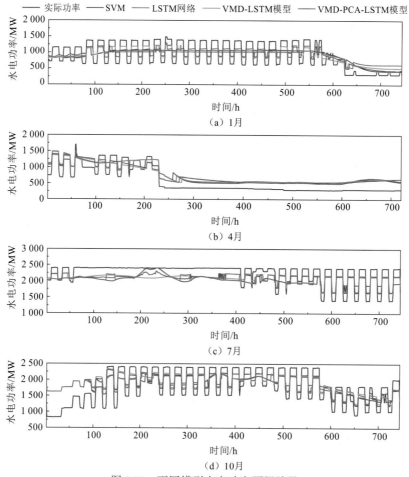

图 2.22 不同模型水电功率预报结果

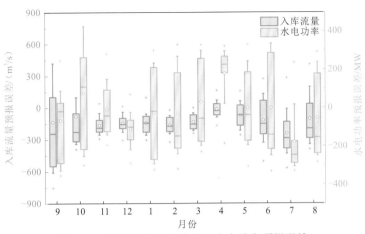

图 2.23　不同月份入库流量及水电功率预报误差

箱体中圆圈表示均值，横线表示中位数，"+"表示 1%和 99%分位数

6. 不同驱动模型对比分析

为了验证基于"气象—功率"或"气象—水文—功率"预报流程的物理与数据双驱动模型的有效性，本节通过构建单驱动模型进行水电、风电、光电功率独立预报，并对预报结果进行对比分析。由于数据驱动在短期功率预报领域具有广泛应用，且预报精度较高，本节单驱动模型采用数据驱动模型。根据对比方案单一变量的设置原则，双驱动模型与单驱动模型仅在输入数据方面存在差异，即双驱动模型将预报的气象、水文要素数据作为功率预报的输入，而单驱动模型将历史气象、水文或功率数据作为功率预报的输入。单驱动模型建模仍采用 VMD-PCA-LSTM 模型。

不同驱动模型的功率预报误差箱形图及分布如图 2.24 所示，平均绝对误差和均方根误差分别如表 2.7 和表 2.8 所示。由图 2.24、表 2.7、表 2.8 可知：

（1）对于水电、风电、光电功率，双驱动模型比单驱动模型年均预报误差低。对于风电站，风电功率预报年均平均绝对误差和均方根误差分别降低了 7.05%和 11.43%；对于光伏电站，光电功率预报年均平均绝对误差和均方根误差分别降低了 2.46%和 4.22%；对于水电站，水电功率预报年均平均绝对误差和均方根误差分别降低了 8.50%和 12.01%。对于不同类型的电站，双驱动模型功率预报性能整体优于单驱动模型。

（2）对于水电、风电、光电功率，双驱动模型与单驱动模型的预报精度存在季节差异，并非所有月份的双驱动模型的预报误差都低于单驱动模型。双驱动模型的功率预报精度受到气象、水文要素预报精度的影响，对于气象、水文要素预报误差较大的月份，双驱动模型的功率预报精度降低。

（3）对于水电、风电、光电功率，不同驱动模型的预报误差均近似服从正态分布。整体来说，单驱动模型的误差分布较为分散，双驱动模型的误差分布较为集中。相对于双驱动模型，单驱动模型更容易出现较大预报误差的情景，不利于电站功率的电网消纳。

（4）对于同一预报模型，风电功率预报误差最大，水电功率预报误差次之，光电功率预报误差最小。功率预报精度受到气象、水文要素波动性的影响，同时与电站装机规模相关。

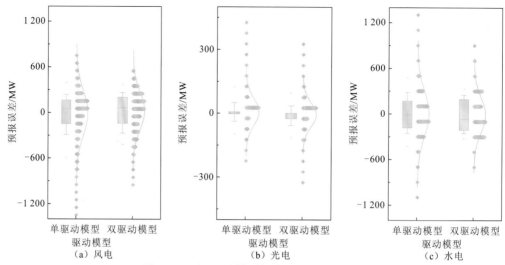

图 2.24　不同驱动模型的功率预报误差对比

箱体中圆圈表示均值，横线表示中位数，"+"表示 1%和 99%分位数

表 2.7　不同驱动模型功率预报的平均绝对误差　　　（单位：MW）

时间	风电		光电		水电	
	单驱动模型	双驱动模型	单驱动模型	双驱动模型	单驱动模型	双驱动模型
1 月	312.93	239.06	25.22	31.27	260.96	228.58
2 月	247.64	211.91	25.88	31.12	214.84	211.76
3 月	256.46	243.25	35.94	32.03	194.19	193.94
4 月	214.86	219.78	43.31	37.59	154.86	221.50
5 月	234.38	196.03	40.77	38.90	182.28	161.69
6 月	217.91	188.11	46.97	37.29	394.52	247.90
7 月	140.64	170.70	37.63	37.52	154.14	239.45
8 月	151.01	157.93	36.31	34.95	226.23	201.70
9 月	183.02	156.00	37.62	32.78	299.59	183.06
10 月	156.84	179.97	36.40	33.74	362.89	286.16
11 月	238.19	245.41	29.61	32.35	133.07	125.27
12 月	261.58	221.68	24.36	30.30	79.92	128.23
年均	217.76	202.41	35.03	34.17	221.25	202.45

表 2.8　不同驱动模型功率预报的均方根误差

时间	风电		光电		水电	
	单驱动模型	双驱动模型	单驱动模型	双驱动模型	单驱动模型	双驱动模型
1 月	0.155 2	0.115 2	0.046 4	0.050 2	0.113 0	0.098 4
2 月	0.125 8	0.104 5	0.044 5	0.050 7	0.097 6	0.092 6

续表

时间	风电		光电		水电	
	单驱动模型	双驱动模型	单驱动模型	双驱动模型	单驱动模型	双驱动模型
3 月	0.131 8	0.114 6	0.061 1	0.053 4	0.088 6	0.088 3
4 月	0.113 0	0.106 1	0.073 8	0.065 2	0.072 8	0.094 9
5 月	0.117 4	0.094 8	0.070 2	0.067 9	0.092 4	0.077 6
6 月	0.109 1	0.089 3	0.081 4	0.065 5	0.177 8	0.110 0
7 月	0.069 5	0.081 5	0.065 9	0.064 2	0.075 6	0.102 1
8 月	0.076 0	0.077 2	0.066 0	0.062 5	0.099 7	0.087 5
9 月	0.089 7	0.074 9	0.065 3	0.058 7	0.135 7	0.081 4
10 月	0.076 8	0.084 8	0.061 8	0.060 2	0.161 6	0.124 1
11 月	0.119 9	0.113 9	0.053 4	0.056 7	0.066 2	0.056 9
12 月	0.129 8	0.107 0	0.048 4	0.052 4	0.039 2	0.059 4
年均	0.109 4	0.096 9	0.061 6	0.059 0	0.101 6	0.089 4

7. 模型敏感性分析

模态分量数量 K 和累积贡献率 η_n 是 VMD-PCA-LSTM 模型的重要参数。为了验证这两个参数对预报结果的影响程度，分别对这两个参数进行敏感性分析。将模态分量数量 K 分别设为 9、18、27、36、45、54、63、72，将累积贡献率设置为 95%，不同参数情景下的功率预报误差如图 2.25 所示。为验证累积贡献率的敏感性，在 $K=9$ 的情景下，将 η_n 分别设置为 90%、95%、97%、99%，功率预报误差结果如图 2.26 所示。由图 2.25、图 2.26 可知：

（1）对于水电、风电、光电功率，模态分量数量 K 对功率预报精度的影响较小，几乎可以忽略。在模型构建时，可选择较小的模态分量数量（如 $K=9$）以减小模型输入的复杂度。

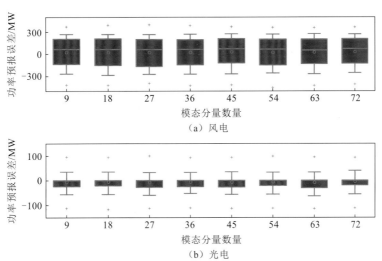

（a）风电

（b）光电

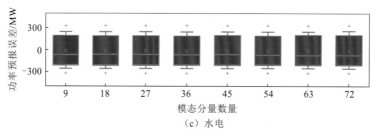

图 2.25 不同模态分量数量下的功率预报误差

箱体中圆圈表示均值，横线表示中位数，"+"表示 1%和 99%分位数

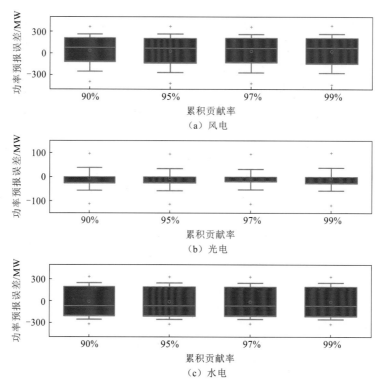

图 2.26 不同累积贡献率下的功率预报误差

箱体中圆圈表示均值，横线表示中位数，"+"表示 1%和 99%分位数

（2）对于水电、风电、光电功率，累积贡献率 η_n 对功率预报精度的影响较小，几乎可以忽略。在模型构建时，可选择较小的累积贡献率（如 η_n=90%）以减小模型输入的复杂度。

综上可知，本章所提出的 VMD-PCA-LSTM 模型具有较好的鲁棒性。

2.1.4 小结

为了提高水风光互补系统功率预报精度，本节基于官地水风光互补系统相关数据，开展了物理与数据双驱动的水风光互补系统日前功率预报研究。首先，使用 WRF 模型和新安江模型预报气象、水文要素，包括风速、太阳辐射、降水和入库流量等；然后，构建复合 VMD-PCA 方法对预报因子进行特征重构，挖掘预报因子中隐含的有效信息，剔除噪声成分；最后，采用 LSTM 网络学习功率与重构特征之间的映射关系。研究结论如下：

（1）深度学习方法如 LSTM 网络较传统机器学习方法功率预报精度更高。传统的机器学习方法，如 SVM，难以深度挖掘和学习预报因子隐含的特征信息，LSTM 网络可以有效学习时间序列的长期与短期特征，提高预报精度。与 SVM 相比，LSTM 网络风电功率预报平均绝对误差和均方根误差分别降低了 11.94% 和 15.39%；光电功率预报平均绝对误差和均方根误差分别降低了 9.43% 和 7.18%；水电功率预报平均绝对误差和均方根误差分别降低了 6.47% 和 7.26%。

（2）复合 VMD-PCA 方法可以有效挖掘预报因子隐含的特征信息，使用重构特征构建模型可以提高功率预报精度。复合 VMD-PCA 方法在特征重构时具有较好的稳定性，适用于不同的气象和水文要素，包括风速、太阳辐射和入库流量等。与 LSTM 网络相比，VMD-PCA-LSTM 模型风电功率预报平均绝对误差和均方根误差分别降低了 9.00% 和 8.67%；光电功率预报平均绝对误差和均方根误差分别降低了 3.09% 和 8.67%；水电功率预报平均绝对误差和均方根误差分别降低了 7.96% 和 7.93%。

（3）物理与数据双驱动模型的功率预报误差近似服从正态分布，预报性能整体优于单驱动模型。与单驱动模型相比，风电功率预报平均绝对误差和均方根误差分别降低了 7.05% 和 11.43%；光电功率预报平均绝对误差和均方根误差分别降低了 2.46% 和 4.22%；水电功率预报平均绝对误差和均方根误差分别降低了 8.50% 和 12.01%。

（4）构建了基于数值天气预报、水文模型和大数据方法的水风光互补系统日前功率预报模型。构建的功率预报模型在不同类型电站、不同季节具有较高的稳定性和适应性。

2.2　考虑时空相关性特征的水风光互补系统功率联合预报

2.2.1　概述

可再生能源电站精确的功率预报可以使得电网调度部门及时调整发电方式，降低可再生能源发电并网风险，提高电网对可再生能源发电的接纳能力。水风光互补系统中风电、光电和水电实行打捆输送，提高水风光互补系统总功率预报精度有利于提高电网对水风光互补系统发电的消纳，尤其是水电站不具备调节能力时，精确的水风光互补系统功率预报更为重要。

与水风光互补系统功率相关的气象和水文要素是基于天气系统变化规律与水文规律逐渐演变的，因此在时间和空间上都具有连续性，这种时空相关性特征既包括同一要素在时间和空间上的连续性，又包括不同要素间的相关性。在某一时刻某一地理位置的气象或水文要素受到历史时刻或其他位置的气象、水文要素的影响，同时也影响未来时刻或其他位置的气象、水文状态。受到气象、水文要素时空相关性的影响，水风光互补系统功率也存在时空相关性，考虑时空相关性特征对电站功率进行联合预报有利于提高预报精度。

影响水风光互补系统功率的气象和水文要素主要包括风速、太阳辐射、降水和入库流量等。数值天气预报等物理模型在进行风速、太阳辐射和降水的预报时对各气象要素在时间上与空间上进行降尺度，考虑了各个气象要素间的时空相关性特征和物理约束，因此属于考虑时空相关性的气象要素联合预报方法。以数值天气预报模型预报的降水为输入，通过水文模型考虑水文过程可以进一步进行入库流量预报，因此，通过气象-水文耦合模型可以联合预报气象、水文要素，气象、水文要素联合预报过程为物理降尺度过程。

水风光互补系统中单个电站的功率存在波动性特征，单个电站的功率波动转移到水风光互补系统总功率波动的过程中，由于水电、风电、光电功率间的互补特性，系统总功率的相对波动幅度变小，即系统总功率的预报误差具有空间平滑效应。因此，通过选择部分对系统功率具有重要影响的气象或水文要素，建立其与系统总功率的联系，可以较准确地预报水风光互补系统总功率。通过选择单站风速、太阳辐射、降水和入库流量等气象、水文要素预报水风光互补系统总功率的过程为统计升尺度过程。

本章在单一电站功率预报研究的基础上，考虑水风光间时空相关性特征，通过物理与数据双驱动的方法，构建水风光互补系统功率联合预报模型，模型分为三个部分，分别为气象-水文要素联合预报、联合预报因子选择和功率联合预报，如图 2.27 所示，步骤如下。

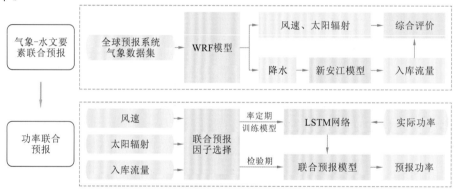

图 2.27　考虑时空相关性特征的水风光互补系统功率联合预报模型图

（1）使用 WRF 模型预报气象要素，包括风速、太阳辐射和降水，以 WRF 模型预报的降水为输入，使用新安江模型预报入库流量，构建综合评价指标对风速、太阳辐射和入库流量预报精度进行评估。

（2）使用皮尔逊相关系数方法和最大互信息系数方法综合选择联合预报因子。

（3）使用 LSTM 网络构建功率联合预报模型，进行功率联合预报。

2.2.2　水风光互补系统功率联合预报模型

1. 气象-水文要素联合预报

水风光互补系统功率受到多种气象、水文要素的联合影响，包括风速、风向、太阳辐射、降水、温度、蒸发和入库流量等，各种气象、水文要素间并非独立存在，而是存在时空相关性。其中，水文要素中，入库流量是水电站发电的主要影响因素；气象要素中，风速是风电站发电的主要影响因素，太阳辐射（尤其是短波辐射）是光伏电站发电的主要影响因素，降水是水库入库流量的主要影响因素。因此，本节主要通过考虑气象、水文要素间的时空相关性特征对风速、太阳辐射、降水和入库流量等 4 个要素进行联合预报，使其作为水风光互补系统功率预报的输入因素，其他气象、水文要素通过参与气象-水文物理过程间接影响系统功率预报。

本节通过联合 WRF 模型和新安江模型建立气象-水文要素联合预报模型，考虑到风电站、光伏电站和水电站的位置差异，通过 WRF-新安江模型进行气象-水文要素联合预报，步骤如下。

（1）以全球预报系统气象数据集为输入，使用 WRF 模型预报水风光互补系统所在区域的气象要素，提取风电站、光伏电站和水电站所在位置格点的风速、太阳辐射与降水数据，并提取水库汇流流域内其他位置格点的降水数据。

（2）使用 ArcHydroTools 提取水库汇流流域的特征参数，将 WRF 模型预报的降水的流域平均值作为三水源新安江模型的输入，考虑上游水库出库流量预报水库入库流量。

（3）使用评价指标综合评价风速、太阳辐射和水库入库流量的预报精度，评价指标计算公式如下。

平均绝对误差：

$$\text{MAE}_3 = \frac{1}{M_p M_v M} \sum_{i=1}^{M_p} \sum_{j=1}^{M_v} \sum_{k=1}^{M} |c_{i,j,k} - \hat{c}_{i,j,k}| \qquad (2.26)$$

式中：M_p 为水电站、风电站、光电站数量；M_v 为气象和水文要素（本节中指风速、太阳辐射和入库流量）数量，即 $M_v = 3$；M 为采样点总数；$c_{i,j,k}$、$\hat{c}_{i,j,k}$ 分别为气象和水文要素的实际值与预报值。

均方根误差：

$$\text{RMSE}_3 = \frac{1}{M_p M_v \sqrt{M}} \sum_{i=1}^{M_p} \sum_{j=1}^{M_v} \sqrt{\sum_{k=1}^{M} (c_{i,j,k} - \hat{c}_{i,j,k})^2} \qquad (2.27)$$

由于风速、太阳辐射和入库流量存在量级上的差异，将气象、水文要素预报值与实际值直接代入式（2.26）和式（2.27）影响评价的准确性，本节中分别对三种要素归一化处理后进行综合评价。

2. 联合预报因子选择

通过对水风光互补系统功率和气象、水文要素进行时空相关性分析，挖掘与系统功率最相关的预报因子，是考虑时空相关性特征的水风光互补系统功率联合预报的重要步骤。皮尔逊相关系数是度量序列间相关性的基本系数，本节中用于度量系统发电功率和预报的气象、水文要素间的线性相关关系，计算表达式如下：

$$\rho = \frac{E[(x - \mu_x)(N - \mu_N)]}{\sigma_x \sigma_N} \tag{2.28}$$

式中：E 为变量期望值；x 为预报因子；N 为功率；μ、σ 分别为变量的均值和标准差。

由于水电、风电、光电功率与气象、水文要素间的时空相关性通常并非简单的线性相关关系，本节同时选取最大互信息系数用于衡量系统功率和气象、水文要素间的线性或非线性相关关系，计算步骤如下[12]。

（1）对功率和气象（或水文）要素构成的散点图进行网格划分，计算每个网格下的互信息值：

$$\begin{cases} I(x;N) = \sum_x \sum_N c(x,N) \log_2 \dfrac{c(x,N)}{f(x)f(N)} \\ \text{row} \times \text{col} < BM \end{cases} \tag{2.29}$$

式中：$c(x,N)$ 为两变量的联合概率密度函数，为当前网格中数据点数与总数据点数的比值；$f(x)$ 和 $f(N)$ 为两变量的边缘概率密度函数；row 和 col 为网格划分行列数；BM 为网格划分参数，设置为数据总量的 0.6 次方。

（2）对互信息进行归一化处理：

$$\text{MIC}_{\text{row,col}}(x;N) = \frac{I(x;N)}{\log_2(\min\{\text{row},\text{col}\})} \tag{2.30}$$

（3）选取不同网格划分方案并重复步骤（1）和步骤（2），最大互信息系数为所有方案中归一化互信息值中的最大值：

$$\text{MIC}(x;N) = \max_{\text{row} \times \text{col} < BM} \text{MIC}_{\text{row,col}}(x;N) \tag{2.31}$$

皮尔逊相关系数和最大互信息系数具有较好的鲁棒性且计算复杂度较低，本节同时采用两个指标进行联合预报因子选择。皮尔逊相关系数的取值范围为[-1, 1]，其绝对值越接近于 1，说明两变量间的线性相关性越强；反之，越接近于 0，线性相关性越弱。最大互信息系数的取值范围为[0, 1]，其值越接近于 1，说明两变量间的线性或非线性相关性越强；反之，越接近于 0，线性或非线性相关性越弱。

3. 功率联合预报

本节基于皮尔逊相关系数和最大互信息系数选择的联合预报因子，使用 LSTM 网络挖掘系统功率与预报因子间的时空相关性特征，建立水风光互补系统功率联合预报模型方案，如表 2.9 所示，具体描述如下。

表 2.9　水风光互补系统功率联合预报模型方案设置

方案	输入	输出
方案 1	$c_{i,j}(t+L-1), c_{i,j}(t+L-2), \cdots, c_{i,j}(t+L-m)$	$N_{WP}(t+L), N_{PV}(t+L), N_{HP}(t+L)$
方案 2	$c_{i,j}(t+L-1), c_{i,j}(t+L-2), \cdots, c_{i,j}(t+L-m)$	$N_{WP}(t+L)$
	$c_{i,j}(t+L-1), c_{i,j}(t+L-2), \cdots, c_{i,j}(t+L-m)$	$N_{PV}(t+L)$
	$c_{i,j}(t+L-1), c_{i,j}(t+L-2), \cdots, c_{i,j}(t+L-m)$	$N_{HP}(t+L)$

方案	输入	输出
	$\mathrm{ws}_{i,j}(t+L-1),\ \mathrm{ws}_{i,j}(t+L-2),\ \cdots,\ \mathrm{ws}_{i,j}(t+L-m)$	$N_{WP}(t+L)$
方案 3	$\mathrm{sr}_{i,j}(t+L-1),\ \mathrm{sr}_{i,j}(t+L-2),\ \cdots,\ \mathrm{sr}_{i,j}(t+L-m)$	$N_{PV}(t+L)$
	$Q_{i,j}(t+L-1),\ Q_{i,j}(t+L-2),\ \cdots,\ Q_{i,j}(t+L-m)$	$N_{HP}(t+L)$

方案 1：多输入-多输出联合预报方案。

以与水电、风电、光电功率时空相关性密切的预报因子集合为输入，以水电、风电、光电功率集合为输出，训练 LSTM 网络，建立联合预报模型，系统的总功率由预报的水电、风电、光电功率三者相加可得。

$$\begin{cases} [N_{WP}(t+L),\ N_{PV}(t+L),\ N_{HP}(t+L)] = f_{Nc}[c_{i,j}(t+L-1),\ c_{i,j}(t+L-2),\ \cdots,\ c_{i,j}(t+L-m)] \\ N_{TP} = N_{WP} + N_{PV} + N_{HP} \end{cases}$$

（2.32）

式中：N_{TP}、N_{WP}、N_{PV} 和 N_{HP} 分别为系统总功率、风电功率、光电功率和水电功率；$c_{i,j}$ 为预报因子（包括风速、太阳辐射或入库流量）；m 为输入变量时间维度；L 为预见期长度；$f_{Nc}(\cdot)$ 为拟合函数。

方案 2：多输入-单输出联合预报方案。

分别以与水电、风电、光电功率时空相关性密切的预报因子集合为输入，以水电、风电、光电功率为输出，训练 LSTM 网络，建立联合预报模型，系统总功率由预报的水电、风电、光电功率三者相加可得。与方案 1 相比，本方案中水电、风电、光电功率对应的联合预报因子集合可以由不同的气象、水文要素组成。

$$\begin{cases} N_{WP}(t+L) = f\left[c_{i,j}(t+L-1),\ c_{i,j}(t+L-2),\ \cdots,\ c_{i,j}(t+L-m)\right] \\ N_{PV}(t+L) = f\left[c_{i,j}(t+L-1),\ c_{i,j}(t+L-2),\ \cdots,\ c_{i,j}(t+L-m)\right] \\ N_{HP}(t+L) = f\left[c_{i,j}(t+L-1),\ c_{i,j}(t+L-2),\ \cdots,\ c_{i,j}(t+L-m)\right] \\ N_{TP} = N_{WP} + N_{PV} + N_{HP} \end{cases}$$

（2.33）

方案 3：独立预报模型。

分别以入库流量、风速和太阳辐射为输入，以水电、风电、光电功率为输出，训练 LSTM 网络，建立独立预报模型，作为对比方案，系统的总功率由预报的水电、风电、光电功率三者相加可得。

$$\begin{cases} N_{WP}(t+L) = f\left[\mathrm{ws}_{i,j}(t+L-1),\ \mathrm{ws}_{i,j}(t+L-2),\ \cdots,\ \mathrm{ws}_{i,j}(t+L-m)\right] \\ N_{PV}(t+L) = f\left[\mathrm{sr}_{i,j}(t+L-1),\ \mathrm{sr}_{i,j}(t+L-2),\ \cdots,\ \mathrm{sr}_{i,j}(t+L-m)\right] \\ N_{HP}(t+L) = f\left[Q_{i,j}(t+L-1),\ Q_{i,j}(t+L-2),\ \cdots,\ Q_{i,j}(t+L-m)\right] \\ N_{TP} = N_{WP} + N_{PV} + N_{HP} \end{cases}$$

（2.34）

式中：$\mathrm{ws}_{i,j}$、$\mathrm{sr}_{i,j}$ 和 $Q_{i,j}$ 分别为风速、太阳辐射和水库入库流量。

4. 评价指标

本节选取平均绝对误差和均方根误差评估模型功率预报的精度，并构建互补性指标评估不同电站功率预报误差间的互补性：

$$CRFE = 1 - \frac{\sum_{i=1}^{M} \left| \sum_{j=1}^{M_p} (\hat{N}_{i,j} - N_{i,j}) \right|}{\sum_{i=1}^{M} \sum_{j=1}^{M_p} |\hat{N}_{i,j} - N_{i,j}|} \tag{2.35}$$

式中：CRFE 为预报误差互补率；$N_{i,j}$ 和 $\hat{N}_{i,j}$ 分别为功率实际值和预报值。

预报误差互补性即不同电站功率预报正、负误差的抵消程度，不同电站功率预报的正、负误差之和越接近于 0，系统总功率的预报精度越高。预报误差互补率表征不同电站预报误差间的互补程度，取值范围为[0, 1]，其值越接近于 1，说明不同电站间的功率预报误差互补性越强；反之，其值越接近于 0，说明不同电站间的功率预报误差互补性越弱。

2.2.3 研究实例

1. 研究数据及参数设置

将本节提出的考虑时空相关性特征的水风光互补系统功率联合预报模型应用于官地水风光互补系统日前小时尺度功率预报。验证模型使用的数据、率定期和检验期划分、WRF 模型运行区域和时间空间分辨率设置与 2.1.3 小节相同，兹不赘述。

基于 WRF-新安江模型，选取不同的 WRF 模型物理参数化方案并和新安江模型参数组合对风速、太阳辐射、降水和入库流量进行联合预报，选取率定期综合预报精度最高的参数方案组合，其中 WRF 模型物理参数化方案组合如表 2.10 所示，新安江模型率定参数如表 2.11 所示。

表 2.10　WRF 模型物理参数化方案组合

方案类型	物理参数化方案
微物理过程	WSM6 方案
长波辐射方案	RRTM 方案
短波辐射方案	Dudhia 方案
陆面过程方案	Noah 方案
近地面层方案	Monin-Obukhov 方案
边界层方案	MRF 方案
积云参数化方案	Grell-Devenyi 方案

表 2.11　新安江模型参数设置

模块	蒸散发计算				产流计算		
参数	KE	X	Y	C	WM	B	IMP
参数值	0.8	0.12	0.6	0.2	120 mm	0.3	0.04
模块	水源划分				汇流计算		
参数	SM	EX	KI	KG	CI	CG	NX	NK
参数值	20 mm	1.2	0.01	0.89	0.85	0.9	1	47

2. 气象−水文要素联合预报结果

WRF-新安江模型风速、太阳辐射和入库流量预报结果（以 2017 年 5 月 1～15 日为例）如图 2.28 所示。由图 2.28 可知：

（1）WRF-新安江模型预报的风速、太阳辐射和入库流量可以基本反映气象、水文要素的变化趋势和变化范围，但是在极值的预报方面存在一定误差，其中风速预报相对误差最大，入库流量预报相对误差次之，太阳辐射预报相对误差最小。

（2）预报的风速序列与实际风速相比存在较小的时滞现象，太阳辐射预报、入库流量预报在峰值和谷值出现时间上与实际序列较为吻合。

（3）入库流量预报存在峰值预报偏小、谷值预报偏大现象，主要原因为官地水库入库流量过程受上游水库出库流量影响较大，入库流量日内变幅较大，水文模型难以准确模拟，同时入库流量序列由水库运行过程反演得到，本身存在一定的误差。

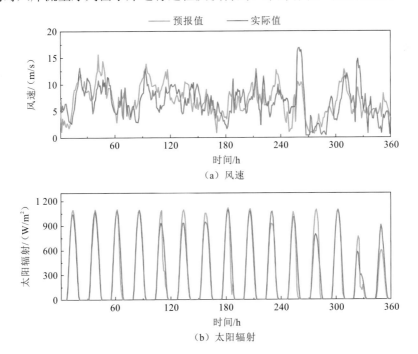

（a）风速

（b）太阳辐射

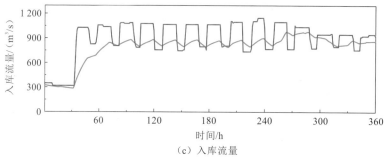

（c）入库流量

图 2.28 WRF-新安江模型预报的气象、水文要素结果

风速、太阳辐射和入库流量等气象、水文要素在不同的季节表现出不同的变化特征。WRF-新安江模型在不同月份的风速、太阳辐射和入库流量预报误差如图 2.29 所示。由图 2.29 可知，风速、太阳辐射和入库流量在不同月份的预报效果有所不同。风速预报在冬季表现较差，主要原因为冬季风速较大，波动范围高于其他季节，增加了 WRF 模型的预报难度，尤其是峰值、谷值预报更加困难。太阳辐射预报精度与风速预报相反，冬季预报精度较高，夏季预报误差较大，太阳辐射在夏季高于冬季，风光资源存在互补特性。入库流量预报误差表现为汛期较大，非汛期较小，入库流量受到上游水库出库流量和区间降水的双重影响，表现出夏秋大、冬春小、白天大、晚上小的特征，与太阳辐射强度变化规律较为一致。

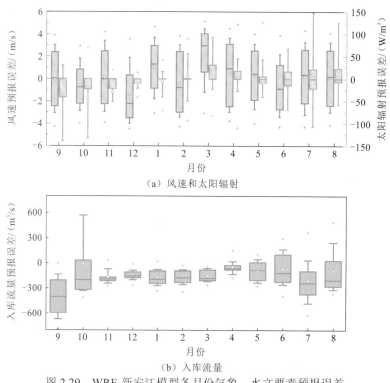

（a）风速和太阳辐射

（b）入库流量

图 2.29 WRF-新安江模型各月份气象、水文要素预报误差

箱体中圆圈表示均值，横线表示中位数，"+"表示 1%和 99%分位数

3. 功率联合预报方案设置

为考虑水风光间时空相关性特征进行功率预报，本节选取影响水风光互补系统功率的气象、水文要素进行分析，包括风电站风速、太阳辐射和降水，光伏电站风速、太阳辐射和降水，以及水库入库流量。水风光互补系统功率与各气象、水文要素的皮尔逊相关系数如图 2.30 所示。由图 2.30 可知，风电功率与预报的气象、水文要素间的线性相关性均较弱；光电功率与预报的太阳辐射的线性相关性较强，主要原因为太阳辐射为光电功率的主要影响因素，且两者间的转换关系近似线性，两者均表现出白天数值较大、晚上数值较小的特点；水电功率与预报的水库入库流量的线性相关性较强，主要原因为官地水电站为日调节水电站，其调节能力和水电站水头的变化均较小，水电功率主要受入库流量影响；系统总功率与太阳辐射和入库流量的线性相关性较强。对于与水风光互补系统功率非线性相关的气象、水文要素，无法通过皮尔逊相关系数获得。

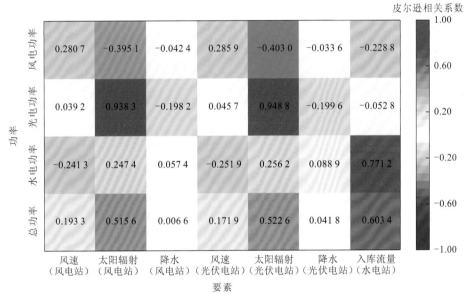

图 2.30　水风光互补系统功率与气象、水文要素间的皮尔逊相关系数

水风光互补系统功率与气象、水文要素间的最大互信息系数如图 2.31 所示。由图 2.31 可知：

（1）风电功率与降水相关性较弱，与其他气象、水文要素的最大互信息系数在 0.470 4～0.575 1，相关性较强；光电功率与太阳辐射相关性最强，与水库入库流量的相关性较强；水电功率与水库入库流量的相关性最强，与风速和太阳辐射的相关性较强，最大互信息系数在 0.505 7～0.568 4；系统总功率与风速、太阳辐射和入库流量的相关性较强。

（2）对比水风光互补系统功率与气象、水文要素间的最大互信息系数可知，降水与各个电站发电功率的相关性均较弱，水库入库流量与各个电站发电功率的相关性均较强。

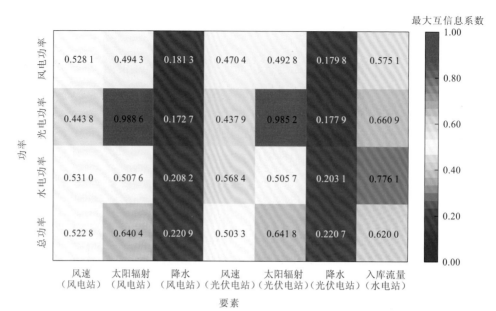

图 2.31　水风光互补系统功率与气象、水文要素间的最大互信息系数

其主要原因为，降水与风速、太阳辐射和入库流量间虽然存在时空相关性，但并不是系统功率的直接影响因素，因此与系统功率的相关性较小。水库入库流量为流域内气象-水文过程的综合结果，可综合反映流域内气象-水文状态，而水风光互补系统功率受到流域气象-水文过程的影响，因此与系统功率表现出统计上的相关关系。

（3）对比水风光互补系统功率与气象、水文要素间的皮尔逊相关系数和最大互信息系数可知，系统功率与气象、水文要素间既存在线性相关关系，又存在非线性相关关系，因此应综合考虑线性与非线性相关关系来选择联合预报因子。

皮尔逊相关系数为衡量序列间线性相关关系的指标，最大互信息系数为衡量序列间线性或非线性相关关系的指标，综合考虑两个指标，选取指标绝对值超过 0.5 的气象、水文要素作为水风光互补系统功率联合预报因子，结果如表 2.12 所示。其中，方案 1 与方案 2 为功率联合预报方案，以联合预报因子为输入，以水电、风电、光电功率为输出训练 LSTM 网络进行预报；方案 3 为对比方案，使用单一预报因子进行功率独立预报。

表 2.12　联合预报因子选择及预报方案设置结果

方案	预报因子	预报功率
1	风速（风电站、光伏电站），太阳辐射（风电站、光伏电站），入库流量（水电站）	水电、风电、光电功率集合
2	风速（风电站），入库流量（水电站）	风电功率
	太阳辐射（风电站、光伏电站），入库流量（水电站）	光电功率
	风速（风电站、光伏电站），太阳辐射（风电站、光伏电站），入库流量（水电站）	水电功率
3	风速（风电站）	风电功率
	太阳辐射（光伏电站）	光电功率
	入库流量（水电站）	水电功率

4. 系统功率联合预报结果

基于表 2.12 所示的联合预报因子选择及预报方案对水风光互补系统功率进行预报，并使用平均绝对误差和均方根误差对预报结果进行评估，其中，1 月、4 月、7 月和 10 月的预报结果分别如图 2.32～图 2.35 所示，各月功率预报平均绝对误差如表 2.13 所示，均方根误差如表 2.14 所示。

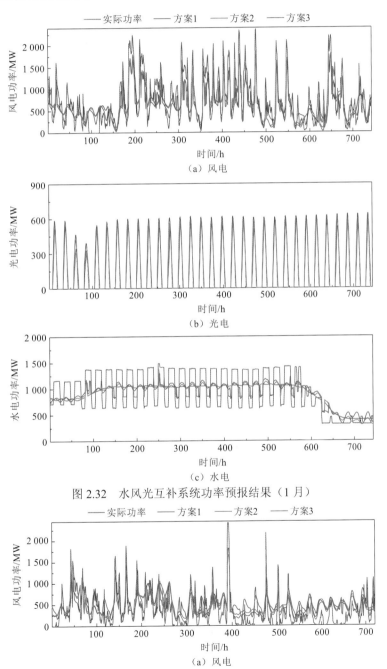

图 2.32　水风光互补系统功率预报结果（1 月）

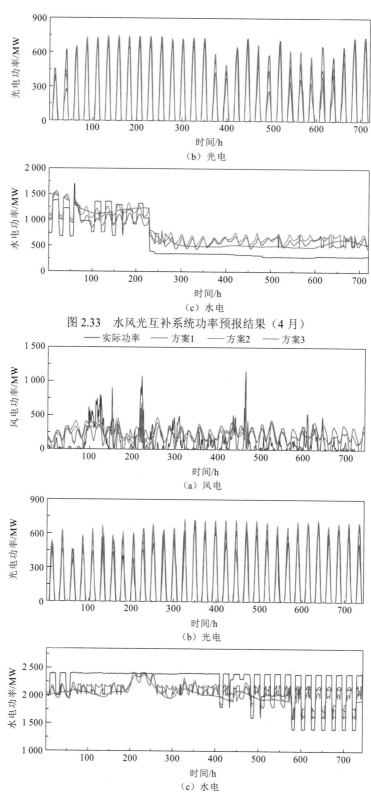

（b）光电

（c）水电

图 2.33　水风光互补系统功率预报结果（4 月）

——实际功率　——方案1　——方案2　——方案3

（a）风电

（b）光电

（c）水电

图 2.34　水风光互补系统功率预报结果（7 月）

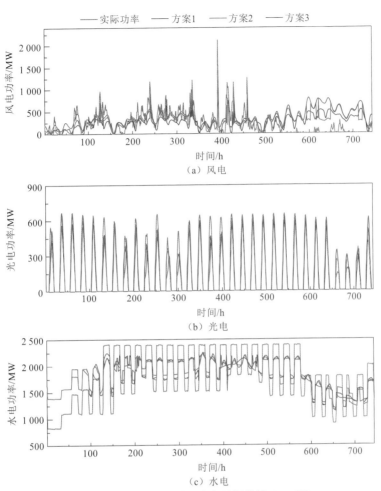

图 2.35　水风光互补系统功率预报结果（10 月）

表 2.13　不同方案下水风光互补系统功率预报平均绝对误差　　（单位：MW）

时间	风电			光电			水电		
	方案 1	方案 2	方案 3	方案 1	方案 2	方案 3	方案 1	方案 2	方案 3
1 月	227.24	263.23	283.32	20.80	26.26	29.41	251.48	275.15	256.81
2 月	201.73	228.65	234.78	25.23	28.58	32.02	205.95	225.31	238.65
3 月	226.95	265.07	286.26	26.79	35.96	31.79	193.12	190.31	201.82
4 月	251.63	253.84	238.89	31.30	41.40	40.99	228.91	270.50	209.06
5 月	244.68	211.13	198.19	38.17	44.56	42.62	172.90	166.28	178.40
6 月	191.77	196.15	205.85	41.78	40.02	53.43	255.07	256.82	293.19
7 月	167.21	169.41	189.79	37.68	40.53	43.60	245.72	261.01	297.89
8 月	148.37	162.64	173.85	31.67	37.96	44.43	202.78	227.71	260.96
9 月	165.99	165.03	172.78	37.32	37.18	48.77	189.11	200.19	202.46

时间	风电			光电			水电		
	方案1	方案2	方案3	方案1	方案2	方案3	方案1	方案2	方案3
10月	195.88	194.35	231.04	38.67	38.50	42.35	272.01	286.96	301.17
11月	223.93	250.98	272.81	28.12	28.90	26.73	132.69	140.81	143.87
12月	226.81	238.85	257.37	21.92	24.67	27.05	98.89	106.76	129.98
年均	206.03	216.51	228.76	31.64	35.42	38.61	204.06	217.26	226.24

表 2.14　不同方案下水风光互补系统功率预报均方根误差

时间	风电			光电			水电		
	方案1	方案2	方案3	方案1	方案2	方案3	方案1	方案2	方案3
1月	0.109 0	0.126 0	0.137 5	0.040 6	0.047 9	0.058 6	0.110 0	0.119 4	0.111 8
2月	0.099 8	0.112 3	0.117 8	0.047 4	0.051 2	0.066 1	0.092 0	0.099 5	0.104 2
3月	0.111 2	0.125 3	0.137 4	0.045 8	0.061 2	0.061 3	0.092 0	0.089 3	0.093 3
4月	0.119 0	0.119 4	0.116 2	0.054 8	0.073 6	0.075 0	0.100 4	0.118 0	0.090 8
5月	0.116 6	0.099 5	0.096 3	0.067 9	0.079 2	0.075 3	0.082 5	0.080 0	0.084 3
6月	0.094 6	0.093 0	0.098 2	0.076 7	0.072 9	0.095 5	0.111 8	0.112 7	0.128 1
7月	0.083 2	0.078 4	0.087 4	0.067 5	0.071 7	0.075 6	0.108 4	0.115 4	0.129 9
8月	0.075 7	0.077 3	0.081 7	0.059 0	0.067 6	0.080 2	0.090 6	0.101 4	0.115 3
9月	0.078 4	0.077 8	0.082 5	0.065 8	0.066 5	0.088 6	0.084 7	0.089 6	0.091 2
10月	0.092 4	0.092 2	0.107 2	0.068 8	0.068 8	0.076 9	0.118 2	0.124 6	0.131 3
11月	0.105 2	0.117 2	0.128 7	0.053 3	0.055 2	0.050 4	0.061 4	0.064 9	0.066 1
12月	0.108 0	0.114 8	0.125 7	0.044 1	0.048 7	0.053 0	0.047 4	0.050 3	0.061 2
年均	0.099 4	0.102 7	0.109 7	0.057 7	0.063 8	0.071 4	0.091 6	0.097 1	0.100 7

分析不同月份水风光互补系统功率预报结果可知：

（1）不同预报方案的预报性能存在差异，整体上方案 1 的预报精度优于方案 2，方案 3 的预报效果最差。方案 1 中风电、光电和水电功率预报的年均平均绝对误差分别为 206.03 MW、31.64 MW 和 204.06 MW，相比独立预报方案分别降低了 9.94%、18.05% 和 9.80%；年均均方根误差分别为 0.099 4、0.057 7 和 0.091 6，相比独立预报方案分别降低了 9.39%、19.19% 和 9.04%，在所有预报方案中误差最小。结果表明，联合预报方案可以考虑风速、太阳辐射和入库流量间的时空相关性特征，有效提高水电、风电、光电功率的预报精度，其中，多输入-多输出联合预报方案以水电、风电、光电功率集合形式作为模型输出，可以进一步考虑水电、风电、光电功率间的相关关系，减小预报误差。

（2）水风光互补系统功率预报精度存在季节性差异，不同电站功率预报精度的季节性差异不同。方案 1 中，风电功率预报精度表现为夏秋高，冬春较低；光电功率预报精度表现为夏季低于其他三季；水电功率预报精度表现为汛期较低，非汛期较高。水风光互补系统功率预报精度的季节差异与相关气象、水文要素的季节性变化相关，当气象或水文要素在某一季节数值较高时，其变化范围通常较大，导致对应的水电、风电、光电功率的不确定性增强，预报误差增加。

（3）水风光互补系统中不同电站的功率预报精度不同，具体表现为风电功率预报误差大于水电功率预报误差，光电功率预报误差最小。风速及风电功率的波动性与随机性较强，同时风电功率和气象、水文要素间为复杂的非线性相关关系，线性相关关系较弱，增加了预报难度。光电功率和太阳辐射间的线性相关关系较强，波动性和随机性与风电功率相比较弱，预报精度较高。水电功率受到调度决策影响，日内变化较大，且峰谷差异明显，水电功率预报结果在量级上与实际功率较为一致，但难以准确预报水电功率的峰值和谷值。

5. 系统总功率预报结果

基于不同的预报方案，水风光互补系统总功率预报结果如图 2.36 所示，预报误差如图 2.37 和表 2.15 所示。由系统总功率预报结果可知：

（1）由于水电、风电、光电功率间存在互补特性，水风光互补系统总功率的波动范围小于三者各自波动范围的叠加，但仍高于单一电站的功率波动范围。水风光互补系统总功率在 4 月较低、7 月较高，主要原因为 4 月风速、太阳辐射和入库流量均较小，而 7 月入库流量和太阳辐射较大，使得水电和光电功率较大，因此系统总功率较大。

（2）对比不同方案系统总功率的预报结果可知，方案 1 的预报精度高于方案 2，方案 3 的预报精度最低。方案 1 中，系统总功率预报的年均平均绝对误差和均方根误差分别为 277.18 MW 和 0.057 4，相比方案 3（独立预报方案），误差分别降低了 9.62%和 8.31%。结果表明，联合预报方案尤其是多输入-多输出联合预报方案可以有效提高水风光互补系统总功率的预报精度。

（3）水风光互补系统总功率预报精度在不同月份存在差异。方案 1 中，月均平均绝对误差的最小值为 226.84 MW（7 月），最大值为 391.22 MW（4 月）；月均均方根误差的最小值为 0.047 7（9 月），最大值为 0.075 9（4 月）。水风光互补系统总功率的季节性变化规律受到风电、光电和水电功率三者的共同影响，较单一电站更为复杂。

（4）对比系统总功率与单一电站功率的预报结果可知，系统总功率预报的平均绝对误差高于单一电站功率预报误差，但低于三者误差的叠加，误差分布较为分散；系统总功率预报的均方根误差低于单一电站功率预报误差，且误差分布较为集中。

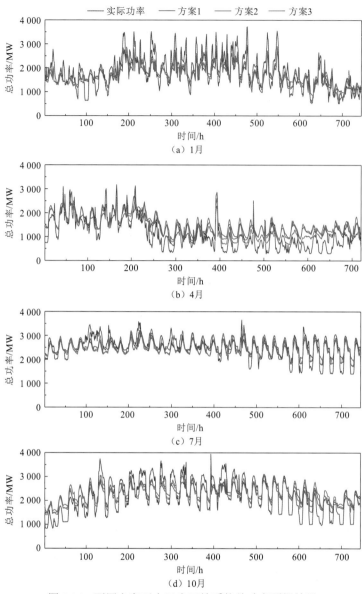

图 2.36 不同方案下水风光互补系统总功率预报结果

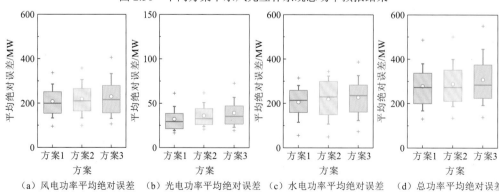

（a）风电功率平均绝对误差 （b）光电功率平均绝对误差 （c）水电功率平均绝对误差 （d）总功率平均绝对误差

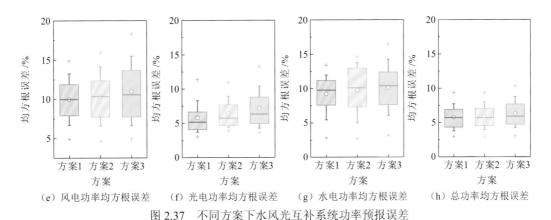

（e）风电功率均方根误差　（f）光电功率均方根误差　（g）水电功率均方根误差　（h）总功率均方根误差

图 2.37 不同方案下水风光互补系统功率预报误差

箱体中圆圈表示均值，横线表示中位数，"+"表示 1%和 99%分位数

表 2.15 不同方案下水风光互补系统总功率预报误差

时间	方案 1		方案 2		方案 3	
	MAE/MW	RMSE	MAE/MW	RMSE	MAE/MW	RMSE
1 月	304.91	0.065 1	313.73	0.067 7	352.10	0.074 9
2 月	283.24	0.059 1	281.08	0.060 2	320.63	0.067 8
3 月	279.31	0.059 3	295.67	0.061 4	314.45	0.066 2
4 月	391.22	0.075 9	420.55	0.080 5	334.18	0.065 5
5 月	255.40	0.054 7	255.08	0.052 8	234.43	0.049 9
6 月	290.28	0.059 0	286.92	0.057 9	324.75	0.064 9
7 月	226.84	0.048 4	231.46	0.048 0	256.99	0.051 9
8 月	231.06	0.048 8	233.97	0.048 6	269.18	0.054 0
9 月	233.67	0.047 7	234.21	0.047 8	249.38	0.051 7
10 月	354.06	0.070 8	357.35	0.070 7	403.28	0.078 9
11 月	242.07	0.049 7	271.84	0.054 2	310.76	0.061 5
12 月	236.23	0.049 9	258.83	0.054 4	311.18	0.064 0
年均	277.18	0.057 4	286.59	0.058 7	306.68	0.062 6

基于不同的预报方案，水风光互补系统功率预报误差互补率如图 2.38 和表 2.16 所示。由预报误差互补率结果可知：

（1）水风光互补系统中，不同电站功率的预报误差间存在互补关系，不同电站功率预报的正、负误差相互抵消，提高了总功率的预报精度。其中，水风光三种电站联合预报时预报误差互补率最大（方案 1、方案 2 和方案 3 的预报误差互补率分别为 0.38、0.37

和 0.34)，水风、风光和水光两种电站联合预报时预报误差互补率依次减小。

（2）对比不同方案的年均预报误差互补率结果可知，方案 1 预报误差互补率最大，方案 3 预报误差互补率最小，表明多输入-多输出联合预报方案可以提高预报误差互补率，从而提高水风光互补系统总功率的预报精度。相比于独立预报方案，水风光互补系统功率预报误差互补率提高了 11.76%。

（3）水风光互补系统功率预报误差互补率存在季节性差异。对于同一预报方案，不同月份的预报误差互补率不同，不同电站类型组合的预报误差互补率也存在差异；对于同一种电站类型组合情景，方案 1 在多数月份的预报误差互补率最大，但是也存在预报误差互补率较小的情况。

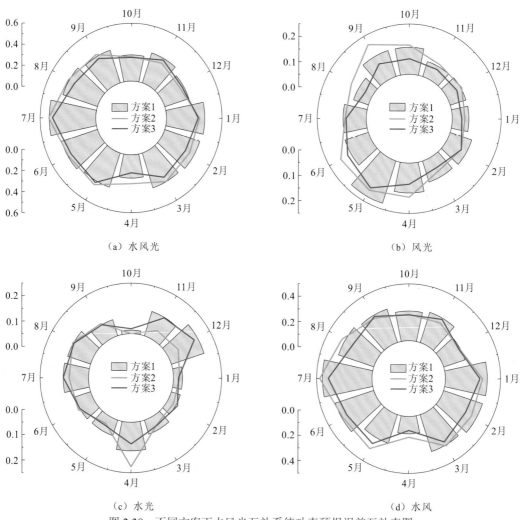

图 2.38　不同方案下水风光互补系统功率预报误差互补率图

表 2.16　不同方案下水风光互补系统功率预报误差互补率表

时间	水风光			风光			水光			水风		
	方案 1	方案 2	方案 3	方案 1	方案 2	方案 3	方案 1	方案 2	方案 3	方案 1	方案 2	方案 3
1 月	0.43	0.38	0.36	0.12	0.10	0.09	0.09	0.08	0.07	0.39	0.35	0.33
2 月	0.42	0.37	0.32	0.14	0.12	0.12	0.09	0.08	0.10	0.39	0.34	0.29
3 月	0.40	0.40	0.35	0.14	0.11	0.10	0.11	0.09	0.09	0.36	0.36	0.33
4 月	0.27	0.32	0.22	0.17	0.18	0.13	0.16	0.23	0.14	0.19	0.21	0.16
5 月	0.39	0.43	0.41	0.23	0.20	0.17	0.12	0.09	0.12	0.29	0.39	0.34
6 月	0.42	0.42	0.39	0.15	0.20	0.17	0.12	0.13	0.12	0.38	0.37	0.33
7 月	0.51	0.51	0.48	0.15	0.14	0.13	0.16	0.14	0.16	0.45	0.48	0.41
8 月	0.41	0.42	0.35	0.11	0.15	0.08	0.15	0.15	0.15	0.35	0.38	0.34
9 月	0.38	0.40	0.35	0.16	0.21	0.12	0.12	0.12	0.12	0.33	0.30	0.32
10 月	0.30	0.28	0.27	0.16	0.17	0.11	0.07	0.05	0.07	0.29	0.26	0.25
11 月	0.35	0.30	0.33	0.11	0.12	0.10	0.15	0.09	0.15	0.30	0.26	0.29
12 月	0.30	0.26	0.28	0.12	0.12	0.10	0.19	0.10	0.18	0.23	0.23	0.22
年均	0.38	0.37	0.34	0.15	0.15	0.12	0.13	0.11	0.12	0.33	0.33	0.30

2.2.4　小结

为了提高水风光互补系统功率预报精度，本节基于官地水风光互补系统相关数据，开展了考虑时空相关性特征的水风光互补系统功率联合预报研究。首先，采用 WRF-新安江模型联合预报气象、水文要素，通过联合评价指标对风速、太阳辐射和入库流量的预报精度进行综合评价；然后，综合考虑皮尔逊相关系数和最大互信息系数结果选择联合预报因子；最后，采用 LSTM 网络建立多种预报方案进行功率预报，包括多输入-多输出联合预报方案、多输入-单输出联合预报方案和独立预报方案等。研究结论如下：

（1）水风光互补系统功率与风速、太阳辐射和入库流量等气象、水文要素间存在线性或非线性相关关系，光电功率与太阳辐射之间及水电功率与入库流量之间存在较强的线性相关关系，风电功率与风速之间存在较强的非线性相关关系。

（2）使用联合预报因子预报水风光互补系统功率可以有效提高功率预报精度，其中多输入-多输出联合预报方案考虑功率与气象、水文要素间时空相关性的同时，进一步考虑不同电站功率间的时空相关性，预报精度最高。相比于独立预报方案，风电、光电和水电功率预报的平均绝对误差分别降低了 9.94%、18.05% 和 9.80%，均方根误差分别降低了 9.39%、19.19% 和 9.04%。

（3）集成 WRF-新安江模型物理驱动和 LSTM 网络数据驱动的联合预报模型可以有

效提高水风光互补系统总功率预报精度，水电、风电、光电功率间的互补特性和预报误差互补特性使总功率预报误差远低于三者误差的叠加，其中均方根误差小于单一电站功率预报误差。相比于独立预报方案，水风光互补系统预报误差互补率提高了11.76%，总功率预报平均绝对误差和均方根误差分别降低了9.62%和8.31%。

2.3 考虑水库水电站可调特征的水风光互补系统总功率可控预报

2.3.1 概述

对于包含可调节水电站的水风光互补系统，集控中心利用水电机组的快速调节能力，对冲风电、光电功率的波动，从而满足电网对于出力稳定性和调峰的需求。因此，系统总功率的预报精度不仅受到气象要素预报精度、风电和光电功率预报精度、入库流量预报精度等的影响，还受到水电站调度决策的影响。受系统输入变量预报（包括风电和光电功率预报和入库流量预报等）不确定性和调度决策的影响，包含可调节水电站的水风光互补系统的日前功率预报更加困难。

考虑水库水电站可调特征的水风光互补系统总功率可控预报建立在系统输入变量预报的基础上，通过考虑系统输入变量预报的不确定性和水电站调度决策，实现系统总功率预报的准确性、稳健性和可实现性，即在风电、光电功率和入库流量预报不准的情景下，仍能通过水库水电站调节使系统总功率的预报误差保持在可接受的范围内。因此，在考虑水库水电站可调特征进行水风光互补系统总功率预报时，应充分考虑系统输入变量预报的不确定性和水电机组的调节能力。同时，调度决策过程趋向于使系统的经济效益最大化，因此水风光互补系统日前总功率预报应兼顾经济效益因素。考虑水库水电站可调特征的水风光互补系统总功率预报是基于输入变量预报的再预报问题，遵循"预报—调度—预报"的调度预报基本流程。

考虑系统输入变量预报不确定性和水库水电站可调特征的水风光互补系统总功率可控预报等同于发电计划编制问题。水电站根据风电和光电功率预报、入库流量预报、日计划用水量、电网负荷需求制订次日发电计划，在满足系统约束和稳定性要求的前提下实现水风光互补系统发电效益的最大化。对于水风光互补系统，风电、光电功率和入库流量的多重预报不确定性增加了发电计划制订的难度，如何考虑输入变量的多重预报不确定性进行建模是系统总功率可控预报的首要问题。

在系统总功率预报中考虑水库水电站可调特征等同于经济运行问题。水电站根据入库流量情况和水电发电计划，优化可用水量在水电机组和各调度时段的分配，确定最优的机组运行策略和负荷分配策略。因此，水风光互补系统总功率可控预报问题本质上是耦合经济运行模块的双层规划问题，具有多维度、多目标和强约束的特点，如何考虑水库水电站可调特征进行建模并求解是系统总功率可控预报的又一重要问题。

本节考虑水库水电站可调特征，在风电和光电功率预报、入库流量预报的基础上，构建了水风光互补系统总功率可控预报模型，模型分为三个部分，分别为风电和光电功率、入库流量的预报不确定性表征，考虑预报不确定性的水风光互补系统调度预报双层模型，以及多层嵌套求解方法，如图 2.39 所示，步骤如下。

图 2.39　考虑水库水电站可调特征的水风光互补系统总功率可控预报模型图

（1）针对风电、光电功率和入库流量多重预报不确定性问题，基于预报的风电、光电功率和入库流量，使用柔性指数构建了风电、光电功率和入库流量联合不确定性区间。

（2）针对考虑水库水电站可调特征的建模问题，基于预报不确定性区间，构建了考虑经济性和鲁棒性的水风光互补系统调度预报双层模型。

（3）针对模型求解问题，基于粒子群优化（particle swarm optimization，PSO）算法和动态规划（dynamic programming，DP）方法，构建了多层嵌套求解方法。

2.3.2　预报不确定性描述方法

水风光互补系统的输入变量包括风电、光电功率和入库流量等，不同输入变量预报误差的分布类型和参数不同，其边缘分布受到预报方法和要素特征的影响，难以准确描述，基于联合分布的风电、光电功率和入库流量多重情景构建存在不可避免的误差。区间方法不需要考虑预报误差的分布类型，而关注区间内全部可能情景或使目标函数最劣的情景，可以有效降低模型输入的复杂度，避免因考虑联合分布而产生误差。本节使用柔性指数将风电、光电功率和入库流量预报不确定性表示为区间形式，具体方法如下。

1）构建风电、光电功率不确定性区间

其用于表征水风光互补系统总功率可控预报模型构建时考虑的所有风电、光电功率情景。对风电和光电功率相加构建联合不确定性区间，区间范围取决于风电、光电功率预报精度。与分别构建风电功率不确定性区间和光电功率不确定性区间相比，联合不确定性区间可以减小模型输入的复杂度。

$$G_1(\mu_1)=\{N(t)\,|\,\hat{N}(t)-\mu_1(t)N^-(t)\leqslant N(t)\leqslant \hat{N}(t)+\mu_1(t)N^+(t)\} \quad (2.36)$$

$$\hat{N}(t)=\hat{N}_{WP}(t)+\hat{N}_{PV}(t) \quad (2.37)$$

$$N^+(t)=N^-(t)=\lambda_1\hat{N}_{WP}(t)+\lambda_2\hat{N}_{PV}(t) \quad (2.38)$$

式中：$G_1(\mu_1)$ 为风电和光电功率不确定性区间；t 为调度时段编号；$N(t)$ 为 t 时段风电和光电功率；$\hat{N}(t)$ 为 t 时段风电和光电功率预报值；$\hat{N}_{WP}(t)$ 和 $\hat{N}_{PV}(t)$ 分别为 t 时段的风电、光电功率预报值；$N^+(t)$ 和 $N^-(t)$ 分别为预报的风电和光电功率的最大正、负偏移量；$\mu_1(t)$ 为与 t 时段功率相关的柔性指数；λ_1 和 λ_2 分别为与风电和光电功率预报精度相关的参数常量。

2）构建入库流量不确定性区间

其用于表征水风光互补系统总功率可控预报模型构建时考虑的所有入库流量情景。

$$G_2(\mu_2)=\{Q(t)\,|\,\hat{Q}(t)-\mu_2(t)Q^-(t)\leqslant Q(t)\leqslant \hat{Q}(t)+\mu_2(t)Q^+(t)\} \quad (2.39)$$

$$Q^+(t)=Q^-(t)=\lambda_3\hat{Q}(t) \quad (2.40)$$

式中：$G_2(\mu_2)$ 为入库流量不确定性区间；$Q(t)$ 为 t 时段入库流量；$\hat{Q}(t)$ 为 t 时段入库流量预报值；$Q^+(t)$ 和 $Q^-(t)$ 分别为预报入库流量的最大正、负偏移量；$\mu_2(t)$ 为与 t 时段入库流量相关的柔性指数；λ_3 为与入库流量预报精度相关的参数常量。

3）构建风电、光电功率和入库流量联合不确定性区间

其用于表征水风光互补系统总功率可控预报模型构建时考虑的所有风电、光电功率和入库流量情景。

$$G(\mu_1,\mu_2)=\{(N(t),Q(t))\,|\,N(t)\in G_1(\mu_1),Q(t)\in G_2(\mu_2)\} \quad (2.41)$$

式中：$G(\mu_1,\mu_2)$ 为风电、光电功率和入库流量联合不确定性区间。

本节通过柔性指数构建风电、光电功率和入库流量联合不确定性区间，区间范围由最大正、负偏移量和柔性指数确定。最大正、负偏移量可通过预报误差确定，当最大偏移量确定时，通过改变柔性指数可以改变区间范围。柔性指数的范围为[0, 1]，用于表征预报不确定性的大小。柔性指数越接近于 1，表示风电、光电功率或入库流量的不确定性越大；反之，柔性指数越接近于 0，表示预报不确定性越小。通过柔性指数构建不确定性区间无须风电、光电功率和入库流量预报的误差分布，并可以通过柔性指数直观反映水风光互补系统调度预报模型输入变量的不确定性大小。

2.3.3 水风光互补系统总功率可控预报模型

1. 目标函数

本节考虑水库水电站可调特征构建了水风光互补系统调度预报双层模型。上层模型使系统可调控的不确定性区间最大、系统发电量最大和系统弃电量最小，目标函数如下。

1）最大化不确定性区间

该目标函数通过最大化柔性指数提高水风光互补系统应对预报不确定性的能力。对于风电、光电功率和入库流量联合不确定性区间内的所有情景，均可通过水库水电站调节实现系统总功率预报。

$$\max \ \mu^G = \frac{1}{2T}\sum_{t=1}^{T}[\mu_1(t)+\mu_2(t)] \tag{2.42}$$

式中：μ^G 为不确定性区间范围；T 为调度总时段数。

2）最大化系统发电量

该目标函数面向风电、光电功率和入库流量联合不确定性区间内所有情景中发电量最小的情景，通过最大化不确定性区间内的最小发电量提高系统经济效益。

$$\max \ E^{HS} = \min_{(N(t),Q(t))\in G(\mu_1,\mu_2)} \frac{1}{T}\sum_{t=1}^{T}N^{HS}(t)\Delta t \tag{2.43}$$

式中：E^{HS} 为系统发电量；$N^{HS}(t)$ 为 t 时段系统预报总功率；Δt 为时段间隔。

3）最小化系统弃电量

该目标函数面向风电、光电功率和入库流量联合不确定性区间内所有情景中弃电量最大的情景，通过最小化不确定性区间内的最大弃电量减少系统弃电损失。

$$\min \ E_{TP}^{PC} = \max_{(N(t),Q(t))\in G(\mu_1,\mu_2)} \frac{1}{T}\sum_{t=1}^{T}E_{TP}^{PC}(t) \tag{2.44}$$

$$E_{TP}^{PC}(t)=\begin{cases}[N_{WP}(t)+N_{PV}(t)+N_{HP}(t)-N^{HS}(t)]\Delta t, & N_{WP}(t)+N_{PV}(t)+N_{HP}(t)>N^{HS}(t)\\ 0, & N_{WP}(t)+N_{PV}(t)+N_{HP}(t)\leqslant N^{HS}(t)\end{cases} \tag{2.45}$$

式中：E_{TP}^{PC} 为系统弃电量；$N_{WP}(t)$、$N_{PV}(t)$ 和 $N_{HP}(t)$ 分别为 t 时段风电、光电和水电功率；$E_{TP}^{PC}(t)$ 为 t 时段系统弃电量。

水风光互补系统日前预报总功率为上层模型的决策变量，同时为下层模型的输入。下层模型考虑水电站经济运行使得耗水量最小，目标函数如下。

4）最小化耗水量

$$\min \ W^H = \sum_{unit=1}^{M_u}\sum_{t=1}^{T}u_{unit}(t)q_{unit}(t)\Delta t \tag{2.46}$$

式中：W^H 为系统耗水量；M_u 为水电机组台数；$u_{unit}(t)$ 为 t 时段水电机组开停机状态，机组开启时 $u_{unit}(t)=1$，机组关闭时 $u_{unit}(t)=0$；$q_{unit}(t)$ 为 t 时段水电机组耗水量。

2. 约束条件

水风光互补系统调度预报双层模型需要满足水量平衡约束、负荷平衡约束、水电机组动力特性约束、水库特性约束、库容约束、出库流量约束、水电机组出力约束、水电站水头约束、计划用水量约束、水电机组振动区约束、水电机组出力升降约束、水电机组连续开停机约束和旋转备用约束等约束条件。

1）水量平衡约束

$$V(t+1) = V(t) + [Q(t) - q(t)]\Delta t \qquad (2.47)$$

式中：$V(t)$ 和 $V(t+1)$ 分别为 t 时段始末水库库容；$Q(t)$ 和 $q(t)$ 分别为 t 时段水库入库流量和出库流量。

2）负荷平衡约束

$$N_{HP}(t) = N_{LD}(t) - N_{WP}(t) - N_{PV}(t) \qquad (2.48)$$

式中：$N_{LD}(t)$ 为 t 时段系统负荷。

3）水电机组动力特性约束

$$q_{unit}(t) = f_{nhq}[N_{HP,unit}(t), h_{net}(t)] \qquad (2.49)$$

式中：$h_{net}(t)$ 为 t 时段水电机组发电水头；$N_{HP,unit}(t)$ 为 t 时段水电机组出力；f_{nhq} 为水电机组动力特性曲线。

4）水库特性约束

$$\begin{cases} Z^{up}(t) = f_{zv}[V(t)] \\ Z^{down}(t) = f_{zq}[q(t)] \end{cases} \qquad (2.50)$$

式中：f_{zv} 为水库水位-库容关系曲线；$Z^{up}(t)$ 和 $Z^{down}(t)$ 分别为 t 时段水库上游和下游水位；f_{zq} 为水库出库流量-尾水位关系曲线。

5）库容约束

$$\underline{V} \leqslant V(t) \leqslant \overline{V} \qquad (2.51)$$

式中：$\underline{V}$ 和 $\overline{V}$ 分别为允许的最小和最大库容。

6）出库流量约束

$$\underline{q} \leqslant q(t) \leqslant \overline{q} \qquad (2.52)$$

式中：$\underline{q}$ 和 $\overline{q}$ 分别为允许的最小和最大出库流量。

7）水电机组出力约束

$$\underline{N}_{HP} \leqslant N_{HP,unit}(t) \leqslant \overline{N}_{HP} \qquad (2.53)$$

式中：$\underline{N}_{HP}$ 和 $\overline{N}_{HP}$ 分别为水电机组出力的下限和上限。

8）水电站水头约束

$$h_{net}(t) = Z^{up}(t) - Z^{down}(t) - h_{loss}(t) \qquad (2.54)$$

式中：$h_{loss}(t)$ 为 t 时段水头损失。

9）计划用水量约束

$$\left| \sum_{unit=1}^{M_u} \sum_{t=1}^{T} u_{unit}(t) q_{unit}(t) h_{loss}(t) \Delta t - W_{plan} \right| \leqslant \Delta W \qquad (2.55)$$

式中：W_{plan} 为计划用水量；ΔW 为耗水量最大允许误差。

10）水电机组振动区约束

$$[N_{HP,unit}(t) - N_{unit}^{low}][N_{HP,unit}(t) - N_{unit}^{up}] \geqslant 0 \tag{2.56}$$

式中：N_{unit}^{low} 和 N_{unit}^{up} 分别为水电机组振动区的下限和上限。

11）水电机组出力升降约束

$$|N_{HP,unit}(t) - N_{HP,unit}(t-1)| \leqslant \Delta N_{HP} \tag{2.57}$$

式中：ΔN_{HP} 为水电机组功率变化速度上限。

12）水电机组连续开停机约束

$$\begin{cases} \displaystyle\sum_{k=t-SU_{unit}+1}^{t} su_{unit,k} \leqslant u_{unit}(t) \\ \displaystyle\sum_{k=t-SD_{unit}+1}^{t} sd_{unit,k} \leqslant 1 - u_{unit}(t) \end{cases} \tag{2.58}$$

式中：SU_{unit} 和 SD_{unit} 分别为水电机组最小在线和离线时间；$su_{unit,k}$ 表示水电机组开机动作，开机时 $su_{unit,k}=1$，否则，$su_{unit,k}=0$；$sd_{unit,k}$ 表示水电机组关机动作，关机时 $sd_{unit,k}=1$，否则，$sd_{unit,k}=0$。

13）旋转备用约束

$$\sum_{unit=1}^{M_u} \left[u_{unit}(t)\bar{N}_{HP} - N_{HP,unit}(t) \right] \geqslant LR(t) \tag{2.59}$$

式中：$LR(t)$ 为 t 时段旋转备用容量。

综上所述，考虑水库水电站可调特征的水风光互补系统总功率可控预报模型可以表示为

$$\begin{cases} \max\ \mu^G = \dfrac{1}{2T}\displaystyle\sum_{t=1}^{T}\left[\mu_1(t)+\mu_2(t)\right] \\[2mm] \max\ E^{HS} = \min_{(N(t),Q(t))\in G(\mu_1,\mu_2)} \dfrac{1}{T}\displaystyle\sum_{t=1}^{T} N^{HS}(t)\Delta t \\[2mm] \min\ E_{TP}^{PC} = \max_{(N(t),Q(t))\in G(\mu_1,\mu_2)} \dfrac{1}{T}\displaystyle\sum_{t=1}^{T} E_{TP}^{PC}(t) \\[2mm] F_1(W^H, N^{HS}) \leqslant 0 \\[2mm] \min\ W^H = \displaystyle\sum_{unit=1}^{M_u}\sum_{t=1}^{T} u_{unit}(t)q_{unit}(t)\Delta t \\[2mm] F_2(N^{HS}, q) \leqslant 0 \end{cases} \tag{2.60}$$

式中：N^{HS} 为水风光互补系统在各时段的预报总功率；F_1、F_2 为约束函数；q 为出库流量。

3. 模型输入、输出与决策变量

上层模型输入为预报入库流量、预报风电功率、预报光电功率、计划用水量和负荷

特性曲线；输出为系统预报总功率和柔性指数；决策变量为系统预报总功率。

下层模型输入为系统预报总功率和柔性指数；输出为出库流量、水电机组启停状态和负荷分配策略；决策变量为水库出库流量。

2.3.4 模型求解方法

1. 模型转换

本节通过柔性指数将入库流量和风电、光电功率表征为区间形式，相对于概率分布的表征方法，区间形式拥有唯一确定的上下界。区间上界情景在各时段均大于或等于区间内其他情景，同理，区间下界情景在各时段均小于或等于区间内其他情景。由于风电、光电功率是不可调节的，在水电功率相同的情景下，系统总功率在风电、光电功率不确定性区间上界达到最大值，在区间下界达到最小值。对于入库流量不确定性区间，在水库调度策略（时段末上游水位）相同的情景下，水电功率在入库流量区间上界达到最大值，在区间下界达到最小值。综上可知，水风光互补系统在同时出现入库流量不确定性区间和风电、光电功率不确定性区间下界情景时总发电量最小，在同时出现两区间上界情景时总发电量最大。由于系统预报总功率为输出变量，不随入库流量和风电、光电功率情景的变化而变化，系统弃电量在总发电量最大时达到最大值，在总发电量最小时达到最小值。调度预报双层模型可以转换为

$$
\begin{cases}
\max \ \mu^G = \dfrac{1}{2T}\sum_{t=1}^{T}[\mu_1(t)+\mu_2(t)] \\[2ex]
\max \ E^{HS} = \dfrac{1}{T}\sum_{t=1}^{T}N^{HS}(t)\Delta t, \quad N(t)=\hat{N}(t)-\mu_1(t)N^-(t), \quad Q(t)=\hat{Q}(t)-\mu_2(t)Q^-(t) \\[2ex]
\min \ E^{PC}_{TP} = \dfrac{1}{T}\sum_{t=1}^{T}E^{PC}_{TP}(t), \qquad N(t)=\hat{N}(t)+\mu_1(t)N^-(t), \quad Q(t)=\hat{Q}(t)+\mu_2(t)Q^-(t) \\[2ex]
F_1(W^H,N^{HS})\leqslant 0 \\[2ex]
\min \ W^H = \sum_{unit=1}^{M_u}\sum_{t=1}^{T}u_{unit}(t)q_{unit}(t)\Delta t \\[2ex]
F_2(N^{HS},q)\leqslant 0
\end{cases} \tag{2.61}
$$

本节上层模型中设置的多个目标是相互冲突的，求解结果为非劣解集。权重法根据各目标函数的重要程度对其附加权重，可将上层模型转换为单一目标函数，获得唯一的最优解。调度预报双层模型可以转换为

$$
\begin{cases}
\max \ Obj = \omega_1\mu^G+(\omega_2 E^{HS}-\omega_3 E^{PC}_{TP})/(N^{HS}_{\max}\Delta t), \quad \omega_1+\omega_2+\omega_3=1 \\[2ex]
F_1(W^H,N^{HS})\leqslant 0 \\[2ex]
\min \ W^H = \sum_{unit=1}^{M_u}\sum_{t=1}^{T}u_{unit}(t)q_{unit}(t)\Delta t \\[2ex]
F_2(N^{HS},q)\leqslant 0
\end{cases} \tag{2.62}
$$

式中：N_{max}^{HS} 为系统最大输出功率；ω_1、ω_2 和 ω_3 分别为各目标函数对应的权重。

2. 多层嵌套求解方法

本节构建的预报不确定性下的水风光互补系统调度预报双层模型的求解是一个多目标、多维度的优化问题，单一的优化算法难以寻求最优解。对模型进行解耦，将复杂模型分解为易于解决的子问题，融合多种算法进行求解，多层嵌套求解方法如图 2.40 所示，其可分为三个部分：①外层基于负荷特性曲线和可用水量，采用 PSO 算法优化柔性指数和系统预报总功率。②中间层基于外层输出的风电和光电功率不确定性区间、入库流量不确定性区间、系统预报总功率，采用 PSO 算法优化水电机组开机台数和启停状态[13]。③内层基于中间层输出的水电站功率和水电机组启停状态，采用 DP 方法优化水电机组负荷分配策略。多层嵌套求解方法的具体步骤如下。

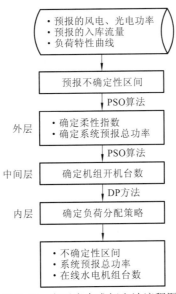

图 2.40　多层嵌套求解方法流程图

（1）外层利用 PSO 算法随机生成柔性指数和符合负荷特性曲线峰型的系统总功率，使其满足变量范围约束。

（2）基于预报的风电、光电功率和柔性指数推求风电、光电功率不确定性范围，结合系统总功率计算水电功率区间，确定水电机组各时段的最小开机台数。

（3）将各时段最小开机台数代入中间层 PSO 算法，随机生成满足连续开停机约束的水电机组台数。

（4）将水电机组台数、入库流量不确定性区间和水电功率区间代入内层 DP 方法，确定水电机组最优负荷分配策略和实际耗水量，将负荷分配策略和实际耗水量返回中间层 PSO 算法。

（5）中间层 PSO 算法收敛或达到最大迭代次数时停止迭代，将水电机组台数、负荷分配策略和实际耗水量返回外层 PSO 算法。

（6）判断实际耗水量是否满足可用水量约束，若不满足，则修正柔性指数和系统总功率，返回步骤（2）；若满足，则保留优化调度结果。

（7）外层 PSO 算法收敛或达到最大迭代次数时停止迭代，输出优化结果，包括系统预报总功率，风电、光电功率和入库流量联合不确定性区间及在线水电机组台数。

2.3.5　评价指标

本节选取 4 个指标对模型预报总功率进行评估，分别为互补系统日均发电量、互补系统弃电率、预报功率完成率和预报功率完成时间占比，具体步骤如下。

（1）基于风电和光电功率预报、入库流量预报、预报模型输出的联合不确定性区间，生成多组风电、光电功率和入库流量情景。

（2）以系统预报总功率、在线机组台数和步骤（1）生成的风电和光电功率、入库流量情景为输入，考虑水风光互补系统物理约束和运行约束进行短期调度。

（3）利用评价指标对模型进行评估，计算公式如下。

一，互补系统日均发电量。该指标表明水风光互补系统发电效益，值越大，经济效益越高。

$$E = \frac{\sum_{m=1}^{M_s}\sum_{t=1}^{T} N_m^{HS}(t)\Delta t}{M_s T} \tag{2.63}$$

式中：M_s 为风电、光电功率和入库流量情景数；$N_m^{HS}(t)$ 为第 m 种情景下 t 时段的系统总功率。

二，互补系统弃电率。该指标表明水风光互补系统弃电损失，值越大，弃电损失越高。

$$R_c = \frac{\sum_{m=1}^{M_s}\sum_{t=1}^{T}[E_m^{PC}(t)/N_{TP,m}(t)]}{M_s T} \tag{2.64}$$

式中：$N_{TP,m}(t)$ 为第 m 种情景下 t 时段水风光互补系统总发电量；$E_m^{PC}(t)$ 为第 m 种情景下 t 时段的系统总弃电量。

三，预报功率完成率。该指标为实际功率占预报功率的比例，范围为[0, 1]，表明预报总功率在量级上的完成程度。

$$R_1 = \frac{\sum_{m=1}^{M_s}\sum_{t=1}^{T} R_{1,m}(t)}{M_s T} \tag{2.65}$$

$$R_{1,m}(t) = \begin{cases} \dfrac{N_{WP,m}(t)+N_{PV,m}(t)+N_{HP,m}(t)}{N_{TP,m}(t)}, & N_{WP,m}(t)+N_{PV,m}(t)+N_{HP,m}(t) < N_{TP,m}(t) \\ 1, & N_{WP,m}(t)+N_{PV,m}(t)+N_{HP,m}(t) \geq N_{TP,m}(t) \end{cases} \tag{2.66}$$

式中：$N_{WP,m}(t)$、$N_{PV,m}(t)$、$N_{HP,m}(t)$ 分别为第 m 种情景下 t 时段的风电、光电和水电功率。

四，预报功率完成时间占比。该指标为完成预报功率的时段占总时段的比例，范围为$[0,1]$，表明预报总功率在时间上的完成程度。

$$R_2 = \frac{\sum\limits_{m=1}^{M_s}\sum\limits_{t=1}^{T} \#[N_{WP,m}(t) + N_{PV,m}(t) + N_{HP,m}(t) \geq N_{TP,m}(t)]}{M_s T} \qquad (2.67)$$

式中：$\#[N_{WP,m}(t) + N_{PV,m}(t) + N_{HP,m}(t) \geq N_{TP,m}(t)]$ 为预报功率完成状态，为 0-1 变量，$N_{WP,m}(t) + N_{PV,m}(t) + N_{HP,m}(t) \geq N_{TP,m}(t)$ 时为 1，反之为 0。

2.3.6　研究实例

1. 研究数据及参数设置

将本节提出的考虑水库水电站可调特征的水风光互补系统总功率可控预报模型应用于官地水风光互补系统日前小时尺度调度预报。使用的数据的时间为 2016 年 9 月～2017 年 8 月，主要包括：

（1）测风塔（102.06°E，27.39°N）采用 NRG 风速仪采集的 70 m 高度处风速数据，风速测量误差在 0.1 m/s 以内，时间分辨率为 10 min；

（2）PVGIS 网站（网址：https://re.jrc.ec.europa.eu/pvg_tools/en/#MR）光伏数据，时间分辨率为 1 h；

（3）官地水电站功率序列，时间分辨率为 1 h；

（4）官地水库入库流量序列、出库流量序列和水库上、下游水位序列，时间分辨率为 1 h；

（5）风电站、光伏电站预报功率序列，时间分辨率为 1 h；

（6）官地水库预报入库流量序列，时间分辨率为 1 h。

模型参数包括计划用水量、水库初始上游水位、预报不确定性区间边界、负荷特性曲线和 PSO 算法参数等。为方便和实际调度结果对比，水库初始上游水位和计划用水量均使用实际值，负荷特性曲线依据官地水电站实际情况选取单峰型负荷曲线，预报不确定性区间边界根据预报精度进行设置，分别取风电功率预报值的 40%、光电功率预报值的 10% 和入库流量预报值的 20%，即 $\lambda_1 = 0.4$，$\lambda_2 = 0.1$，$\lambda_3 = 0.2$。外层和中间层 PSO 算法种群数量分别取 50 和 40，最大迭代次数均设置为 300 次。针对模型性能与通用性评估问题，将模型应用于长系列（2016 年 9 月～2017 年 8 月）进行日前系统总功率预报，并选取典型日（2017 年 3 月 20 日）做进一步分析。

2. 系统总功率预报结果分析

水风光互补系统典型日实际调度功率和模型预报功率结果如图 2.41 所示。由图 2.41（a）可知，风电功率峰值出现在晚上，谷值出现在白天，而光电功率峰值出现在白天，晚上光电功率为零，典型日风电、光电功率存在互补特性。实际调度中，水电站与风电站、光伏电站独立运行，水电功率呈现单峰型特性，未用于对冲风电、光电功率波动，因此系统总功率呈现出与风电、光电总功率相似的波动特征。实际调度中系统日均总功率为 1 621 MW，负荷率为 0.74。调度预报中设置上层模型三个目标函数为等权重，即 $\omega_1 = \omega_2 = \omega_3 = 1/3$。由图 2.41（b）可知，系统总功率峰值为 1 955 MW，谷值为 1 441 MW，负荷率为 0.87，系统日均功率为 1 709 MW，相比于实际调度提高了 5.43%。调度预报中系统总功率呈现单峰型特性，满足负荷特性曲线需求，同时考虑水库水电站可调特征对风电、光电功率波动的对冲，系统总功率在预报时段内更加平稳。

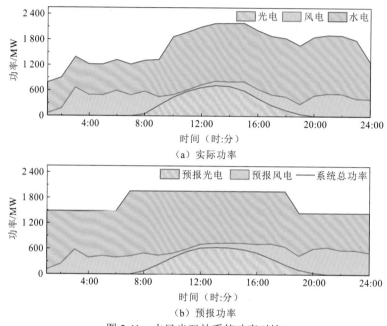

图 2.41 水风光互补系统功率对比

水风光互补系统典型日在线机组台数及对应的风电和光电功率不确定性区间、入库流量不确定性区间如图 2.42 所示。由图 2.42（a）可知，实际调度中，水电机组运行策略根据入库流量和负荷需求确定，机组在线时间为 64 h。调度预报时，水电机组运行策略除考虑入库流量和负荷需求外，还需对冲风电、光电功率波动。当风电、光电功率在系统总功率中占比较大（如典型日中 3:00~7:00 和 19:00 以后）时，在线机组台数为 2 台。当风电、光电功率较小（如典型日中 0:00~2:00）或者系统总功率取峰值（如典型日中 7:00~18:00）时，在线机组台数为 3 台，此时通过增加水电机组开机台数增加水电功率以补足风电和光电功率。调度预报时，水电机组在线时间为 62 h，相比于实际调度情景减少了 3.13%。代价为机组启停次数由 1 次增加为 3 次，机组启停机符合连续开停机约束，在可接受范围内。由图 2.42（b）和（c）可知，风电和光电功率不确定性区间与入库流量不确定性区间的平均宽度分别为 166 MW、196 m³/s，对应的平均柔性指数分别为 0.54 和 0.50。由于晚上风电功率高于白天，且其不确定性强于光电功率，风电和光电功率不确定性区间晚上较大，白天较小。官地水库入库流量受上游水库出库流量的影响较大，入库流量过程比较平稳，入库流量不确定性区间在全天变化较小。

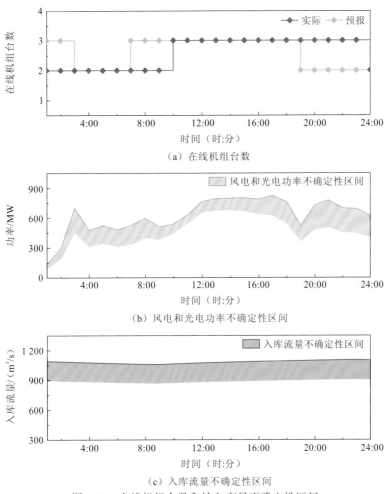

（a）在线机组台数

（b）风电和光电功率不确定性区间

（c）入库流量不确定性区间

图 2.42　在线机组台数和输入变量不确定性区间

3. 系统总功率预报区间

通过多目标优化对模型进行求解，模型输出结果为非劣解集，如图 2.43 所示。由图 2.43（a）可知，系统总功率和不确定性区间目标存在冲突，随着柔性指数（此处为表征风电、光电功率和入库流量不确定性区间的柔性指数在各时段的均值）的增大，水风光互补系统牺牲经济效益以应对风电、光电功率和入库流量不确定性，系统总功率减小。非劣解集中日均系统总功率最大值为 1 760 MW，最小值为 1 610 MW。非劣解集中非劣解的数量由柔性指数的离散精度决定，可通过提高柔性指数的离散精度来增加非劣解数量。由图 2.43（b）可知，水电机组在线时间为 62～64 h，均不超过实际机组在线时间。水电机组在线时间由系统总功率大小和不确定性区间的宽度共同决定，系统总功率或不确定性区间宽度增加都会导致机组在线时间增加。因此，随着柔性指数的增加，不确定性区间宽度增加，而系统总功率减小，机组在线时间无明显变化规律。

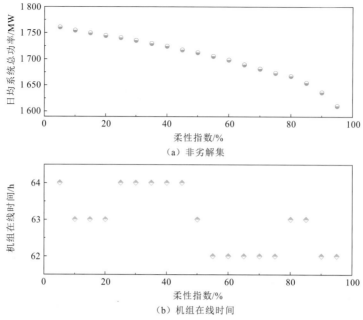

（a）非劣解集

（b）机组在线时间

图 2.43　水风光互补系统总功率预报结果

非劣解集中,水风光互补系统典型日预报总功率集合如图 2.44 所示。由图 2.44 可知,
预报总功率集合中的所有解均符合单峰型曲线特性以满足电网需求, 系统总功率峰值为
1 803～2 029 MW, 谷值为 1 203～1 768 MW。在实际调度中,可以根据可接受的不确定
性区间和负荷需求从集合中选取合适的系统总功率。通过提取预报总功率集合的上界
和下界可以得到预报总功率的灵活性区间。电站或电网管理人员可以根据实际负荷特点,
从灵活性区间内选择合适的方案, 而不局限于预先确定的负荷特性曲线形式。预报总功
率的灵活性区间为系统发电提供了更多参考方案, 也为系统发电功率满足负荷需求提供
了更多可能。但同时需要指出的是, 并非灵活性区间内的所有解都是可行的, 选取高经
济效益的系统功率曲线往往意味着对预报不确定性的低适应能力。

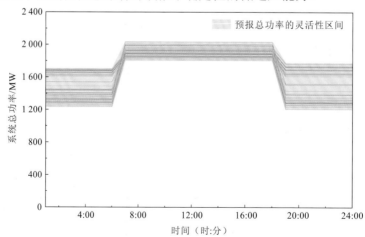

图 2.44　水风光互补系统典型日预报总功率集合

图中各折线表示预报总功率集合

负荷率为系统日平均功率与最大功率的比值，是水风光互补系统发电的重要参考指标。非劣解集中，水风光互补系统典型日预报总功率负荷率结果如图 2.45 所示。由图 2.45 可知，随着系统总功率峰值的增加，系统总功率谷值变化较小，系统的负荷率呈现下降趋势，由约 0.90 下降到约 0.85。系统总功率平均峰值变化高于平均谷值变化，即系统增发电量主要依赖于峰值时段（典型日中 7:00～18:00）。以图 2.42 所示的在线机组台数为例，在谷值时段（0:00～6:00 和 19:00～24:00）在线机组台数多为 2 台，为补足风电和光电功率，使机组接近满发，在不增加机组台数的情况下难以提高发电功率；在峰值时段，在线机组台数多为 3 台，且有余留能力提高发电功率。因此，随着系统发电功率的增加，负荷率呈现下降趋势，两者存在冲突。系统决策人员需要综合考虑发电功率和负荷率选择合适的系统总功率曲线。

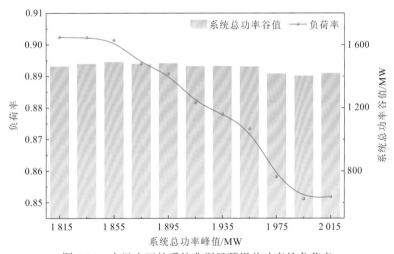

图 2.45　水风光互补系统典型日预报总功率的负荷率

4. 预报模型方案对比及应用

典型日中，实际功率、预报功率和预报功率灵活性区间的结果如表 2.17 所示。由表 2.17 可知，与实际功率相比，预报功率在不增加水电机组在线时间的条件下，提高了系统发电量和负荷率，增加了系统经济效益。预报功率灵活性区间在发电量、负荷率和应对预报不确定性方面提供了更多选择，预报功率谷值的灵活性区间的宽度为 565 MW，峰值的灵活性区间的宽度为 226 MW，负荷率均高于 85%，机组在线时间不超过 64 h（实际水电机组在线时间），电站决策人员可以通过负荷率指标或谷值/峰值指标等挑选合适的系统总功率曲线，增加了决策灵活性。

表 2.17　水风光互补系统典型日预报功率与实际功率的对比

项目	实际功率	预报功率	预报功率灵活性区间
平均值/MW	1 621	1 709	[1 610, 1 760]
谷值/MW	783	1 441	[1 203, 1 768]

项目	实际功率	预报功率	预报功率灵活性区间
峰值/MW	2 189	1 955	[1 803, 2 029]
负荷率/%	74	87	[85, 90]
机组在线时间/h	64	62	[62, 64]

水风光互补系统典型日功率预报结果如图 2.46 所示。由图 2.46 可知，系统总功率由 4 部分组成，分别为风电功率、光电功率、水电功率和功率不确定性区间。功率不确定性区间为由输入变量预报不确定性导致的系统不确定性功率，即需要通过水电调节补足的风电和光电功率部分。水电站中用于发电和调节风电、光电功率的在线机组台数为确定值，水电功率随实际风电、光电功率的变化而变化，三者之和等于系统预报总功率。电站决策人员可以通过调整外层模型不同目标函数的权重改变系统总功率，也可以从预报总功率集合或灵活性区间内选择更为合适的预报功率曲线。例如，当输入变量预报精度较低时，电站决策人员可选择功率不确定性区间较大的系统功率曲线，使水电机组预留更多的容量来调节风电、光电功率，以提高系统应对预报不确定性的能力。

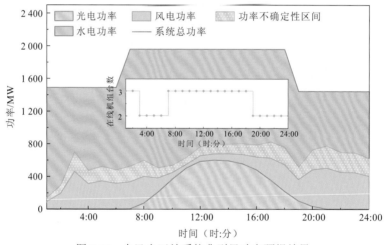

图 2.46　水风光互补系统典型日功率预报结果

5. 预报模型通用性分析

为验证所提出的考虑水库水电站可调特征的水风光互补系统总功率可控预报模型的通用性和有效性，将模型应用于官地水风光互补系统日前总功率预报，时间为 2016 年 9 月～2017 年 8 月，为期一年。基于风电和光电功率预报、入库流量预报、预报模型输出的不确定性区间，分别使用均匀分布和正态分布生成 100 组风电、光电功率和入库流量情景作为模型输入，对功率预报结果进行评估，如图 2.47 和表 2.18 所示。

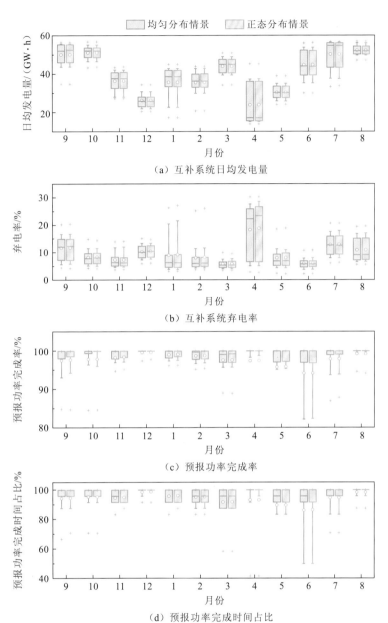

图 2.47　不同月份系统总功率可控预报评价指标对比图

箱体中圆圈表示均值，横线表示中位数，"+"表示 1%和 99%分位数

表 2.18　不同输入情景下各月份系统总功率可控预报评价指标

时间	均匀分布情景				正态分布情景			
	E/（GW·h）	R_c/%	R_1/%	R_2/%	E/（GW·h）	R_c/%	R_1/%	R_2/%
1 月	35.82	9.08	99.05	95.87	35.84	9.29	99.13	96.24
2 月	35.67	8.13	98.73	95.18	35.70	8.30	98.82	95.47
3 月	44.13	5.89	97.62	91.80	44.15	5.94	97.65	91.90

时间	均匀分布情景				正态分布情景			
	$E/$（GW·h）	$R_c/\%$	$R_1/\%$	$R_2/\%$	$E/$（GW·h）	$R_c/\%$	$R_1/\%$	$R_2/\%$
4 月	23.98	18.37	97.44	93.17	24.00	18.91	97.49	93.21
5 月	30.47	8.06	95.82	89.66	30.50	8.13	95.90	89.73
6 月	44.87	5.99	94.20	86.19	44.87	6.03	94.21	86.48
7 月	50.37	12.84	97.91	94.68	50.40	12.92	97.97	94.72
8 月	52.31	10.92	99.26	98.34	52.30	10.95	99.25	98.36
9 月	50.17	11.76	97.56	94.31	50.26	11.81	97.72	94.59
10 月	51.25	8.33	97.88	95.37	51.25	8.39	97.89	95.41
11 月	36.50	7.40	98.32	94.65	36.56	7.42	98.45	95.04
12 月	26.32	10.35	99.62	98.57	26.33	10.49	99.67	98.76
年均	40.16	9.76	97.78	93.98	40.18	9.88	97.85	94.16

由图 2.47、表 2.18 可知：

（1）水风光互补系统在 6～10 月日均发电量较大，11 月～次年 5 月日均发电量较小，分别将均匀分布和正态分布生成的风电、光电功率和入库流量情景作为模型输入，系统年均日均发电量为 40.16 GW·h 和 40.18 GW·h，两者相差较小，仅为 0.02 GW·h。水风光互补系统在 4 月日均发电量最小，且波动较大，主要原因为 4 月入库流量在全年中最小，水电调节能力较小。

（2）分别将均匀分布和正态分布生成的风电、光电功率和入库流量情景作为模型输入，年均弃电率分别为 9.76% 和 9.88%，两者相差较小，仅为 0.12%。弃电率在全年各月分布差异较大，尤其是 4 月弃电率最大，主要原因为 4 月入库流量较小，风电、光电功率较大，水电对风电、光电的调节能力较小，造成大量弃电。另外，水风光互补系统在 7～9 月弃电率较大，主要原因为汛期水库入库流量较大，水电站基本满发，受最大传输能力限制，会出现大量弃风、弃光现象。

（3）分别将均匀分布和正态分布生成的风电、光电功率和入库流量情景作为模型输入，系统预报功率完成率为 97.78% 和 97.85%，平均达 97.82%；预报功率完成时间占比为 93.98% 和 94.16%，平均达 94.07%；在全年各月系统的预报功率完成率和预报功率完成时间占比均较高，表明了模型在季节间的通用性和有效性。

2.3.7 小结

为了提高水风光互补系统总功率预报的准确性和可实现性，本节基于官地水风光互补系统相关数据，开展了考虑水库水电站可调特征的水风光互补系统总功率可控预报研究。首先，基于预报的风电、光电功率和入库流量，使用柔性指数构建了风电、光电功率和入库流量联合不确定性区间；然后，基于联合不确定性区间，构建了考虑经济性和鲁棒性的水风光互补系统调度预报双层模型，其中，上层模型的优化系统可以提高应对预报不确定性的能力和发电效益，下层模型在给定的预报不确定性区间和系统总功率下，优化在线机组台数和负荷分配策略；最后，基于 PSO 算法和 DP 方法，构建多层嵌套求解方法，得到预报总功率及灵活性区间。利用互补系统日均发电量、互补系统弃电率、预报功率完成率和预报功率完成时间占比等 4 个指标对模型预报结果进行评估，研究结论如下。

（1）考虑系统输入变量多重预报不确定性，采用柔性指数构建了风电、光电功率和入库流量联合不确定性区间。区间形式可以在不考虑预报误差分布类型的情景下有效地表征预报不确定性。

（2）模型可以在考虑系统输入变量预报不确定性的条件下提高经济效益。与实际功率相比，系统日均功率增加了 5.43%，水电机组在线时间减少了 3.13%。预报功率通过风电、光电功率不确定性区间表征需要水电调节补足的风电、光电功率部分，水库水电站可调节风电、光电功率不确定性区间和入库流量不确定性区间的平均宽度分别为 166 MW、196 m^3/s。

（3）系统总功率和柔性指数目标存在冲突，随着柔性指数的增大，水风光互补系统需要牺牲一定的经济效益以应对风电、光电功率和入库流量不确定性，系统总功率减小，模型存在非劣解集。预报总功率集合及区间提高了决策的灵活性，电站决策人员可以根据实际需求灵活选择合适的预报功率曲线。

（4）在全年各月系统的预报功率完成率和预报功率完成时间占比均较高，具有季节间的通用性和有效性。系统预报功率完成率为 97.82%，预报功率完成时间占比为 94.07%，通过考虑水库水电站调节能力可以有效提高预报总功率的可实现性。

2.4　水风光互补系统中长期功率联合预报

在电力市场中，电力系统的可供电量预报对于电价的制定、电网发电计划的安排和运行方式的管理等有着不容忽视的作用[14]。而在如今电力需求不断增加及多能互补发电技术不断发展的背景下，水风光互补系统中水电、风电和光电功率被打捆为联合功率输送至电网，其中长期预报有利于该类售电企业进行中长期合约的签订、现货市场的报价与交易。不仅如此，结合电力需求预测，其对于该供电区域未来的发电机组安装，风、光、水不同类型机组的配比安排，以及电网的增容和扩建均有着重要的指示意义。

然而，现有的单独预报水电、风电和光电功率后累加求得水风光互补系统联合功率的方法在累加过程中存在误差累积现象，且未考虑时空相关性与互补性，预报精度有限。为提高功率的预报精度，本节提出一种水风光互补系统中长期功率联合预报方法。该方法考虑系统内各要素的时空相关性与调控过程中水电、风电和光电之间的互补性，其中，时间相关性反映在预报因子考虑了预报功率在时间上的自相关性，以及预报因子对预报功率影响的时滞相关性，空间相关性反映在预报因子中考虑了各类遥相关型指数，体现了相距遥远空间的气象要素对预报功率的影响，接着采用最大互信息系数方法选取预报因子，基于 LSTM 网络和上下限估计（lower upper bound estimation，LUBE）方法进行功率的点预测与区间预测。

本节中长期功率联合预报的主要步骤如下：

（1）中长期水风光出力样本。建立中长期水风光确定性优化调度模型，基于 DP 方法求得系统各功率的时序数据。

（2）预报因子识别。基于最大互信息系数方法进行系统内各功率的预报因子选择，并分析在不同滞后时间下预报因子对预报功率的时滞影响。

（3）点预测比较。比较考虑与不考虑时空相关性和互补性下各功率的预报效果，并优选出各功率的最优预报方案。水电、风电和光电功率的预报精度提升后，累加得到总功率的预报结果，并将其与以联合功率为标签的联合预报法所得的联合功率点预测结果进行对比。

（4）区间预测比较。结合 LSTM 网络与 LUBE 方法进行系统各功率的区间预测，比较联合预报法和累加预报法所得联合功率的区间预测结果。

2.4.1　中长期水风光出力样本

本节的研究对象为雅砻江流域二滩水电站及周围的风电站、光伏电站所构成的水风光互补系统。为了进行电力系统可供电量的中长期预报，首先需要进行中长期水风光优化调度，从而求得系统历年的各出力序列。

进行出力计算所用到的数据有二滩水电站与水库特性资料，二滩水库 1959 年 5 月～2010 年 4 月共 51 个水文年的逐月入库径流数据，以及相应时间范围的峨眉站的逐月光伏、气温数据和盐源站的逐月风速数据。

水风光互补系统优化调度最主要的目标是令调度期内系统发电量最大，可转化为时段内系统总出力最大，相应的目标函数为

$$E_{TP}^* = \max \left\{ \sum_{t=1}^{T} [N_{HP}(t) + N_{WP}(t) + N_{PV}(t)] \times \Delta T(t) \right\} \tag{2.68}$$

式中：E_{TP}^* 为调度期的系统最大发电量，MW·h；T 为调度期时段总个数；$\Delta T(t)$ 为第 t 时段的时段长，h；$N_{HP}(t)$ 为 t 时段水电功率，MW；$N_{WP}(t)$ 为 t 时段风电功率，MW；$N_{PV}(t)$ 为 t 时段光电功率，MW。

除了系统的经济运行外，电力系统的可靠运行是其调度运行的基础和前提。因此，在此设置罚函数进行保证率的约束以确保系统运行的可靠性。

$$g[N_{TP}(t)] = \begin{cases} \beta_f [N_{TP}(t) - N_{firm}], & N_{TP}(t) < N_{firm} \\ 0, & N_{TP}(t) \geq N_{firm} \end{cases} \tag{2.69}$$

式中：$N_{TP}(t)$ 为系统第 t 时段的总功率，MW；N_{firm} 为系统的保证出力，MW；β_f 为惩罚系数。当系统总出力小于保证出力时，对总出力加以惩罚，通过不断调整惩罚系数 β_f 使得最终调度结果在满足特定保证率的前提下经济效益最大。

考虑以下约束条件[15]。

（1）水库水量平衡约束：

$$V(t+1) = V(t) + [Q(t) - Q_{pg}(t) - Q_{qs}(t)] \times \Delta T(t) \tag{2.70}$$

式中：$V(t)$、$V(t+1)$ 分别为 t 时段初、末水库的蓄水量，m^3；$Q(t)$、$Q_{pg}(t)$、$Q_{qs}(t)$ 分别为 t 时段平均入库流量、发电流量和弃水流量，m^3/s。

（2）水库蓄水量约束：

$$\underline{V}(t+1) \leqslant V(t+1) \leqslant \overline{V}(t+1) \tag{2.71}$$

式中：$\underline{V}(t+1)$、$\overline{V}(t+1)$ 分别为 t 时段末水库上游允许的最小、最大蓄水量，m^3。

（3）出库流量约束：

$$\underline{q}(t) \leqslant q(t) \leqslant \overline{q}(t) \tag{2.72}$$

式中：$\underline{q}(t)$、$\overline{q}(t)$ 分别为 t 时段下游综合利用要求的最小下泄流量和水库的最大下泄流量，m^3/s；$q(t)$ 为第 t 时段水库下泄流量，m^3/s。

（4）水电站最大过流能力约束：

$$Q_{pg}(t) \leqslant \overline{Q}_{pg}(t) \tag{2.73}$$

式中：$\overline{Q}_{pg}(t)$ 为 t 时段发电最大引用流量，m^3/s。

（5）水电站出力约束：

$$\underline{N_{HP}}(t) \leqslant N_{HP}(t) \leqslant \overline{N_{HP}}(t) \tag{2.74}$$

式中：$\underline{N_{HP}}(t)$、$\overline{N_{HP}}(t)$ 分别为 t 时段水电站的最小、最大出力，MW。通常，$\overline{N_{HP}}(t)$ 取预想出力。

（6）电网传输容量约束：

$$N_{HP}(t) + N_{WP}(t) + N_{PV}(t) \leqslant P^u \tag{2.75}$$

式中：P^u 为电网最大传输容量，MW。

（7）非负约束：所有变量均为非负数。采用 DP 方法求解系统各出力，该算法的本质在于将原问题分解为一些相对简单的子问题进行求解，从而实现具有多阶段特性的决策优化问题的求解。本章即采用 DP 方法求解水风光互补系统的中长期确定性优化调度模型，建立的逆序递推方程如下。

一，指标函数与最优值函数。将 t 时段水风光互补系统的发电量作为指标函数：

$$E_t[V^{(i)}(t), V^{(j)}(t+1)] = N_{HP}(t) + N_{WP}(t) + N_{PV}(t) + g[N_{TP}(t)] \tag{2.76}$$

式中：$V^{(i)}(t)$、$V^{(j)}(t+1)$ 分别为 t 时段初、末离散后的第 i 个、第 j 个蓄水量，m^3；$E_t[V^{(i)}(t), V^{(j)}(t+1)]$ 为 t 时段初、末状态蓄水量分别为 $V^{(i)}(t)$、$V^{(j)}(t+1)$ 时，可取得的阶段发电量，MW·h。

并可基于此得到相应的最优值函数，以及余留时段（$t \sim T$）发电总效益的最优值：

$$E_t^*[V^{(i)}(t)] = \max\{\sum_{j=t}^{T} E_j[V(j), V(j+1)]\} \tag{2.77}$$

式中：$E_t^*[V^{(i)}(t)]$ 为 t 时段初始状态为 $V^{(i)}(t)$ 时，水风光互补系统可以取得的余留时段（$t \sim T$）最大发电总效益，MW·h。

二，递推方程。根据多阶段决策原理，可列出递推方程：

$$\begin{cases} E_t^*[V^{(i)}(t)] = \max\{E_t[V^{(i)}(t), V^{(j)}(t+1)] + E_{t+1}^*[V^{(j)}(t+1)]\} \\ E_t^*[V^{(1)}(T+1)] = 0 \end{cases} \tag{2.78}$$

经由调度，可得到该系统历年水电、风电和光电功率及联合功率的各月分布情况。图 2.48 绘制了系统历年水电、风电、光电的平均出力和弃电分布情况。图 2.49 绘制了系统历年联合功率、水电功率、风电功率和光电功率在各月的分布情况。

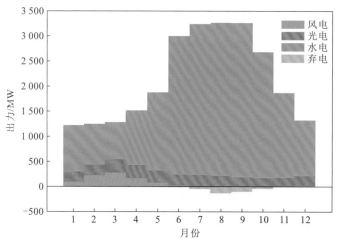

图 2.48　二滩水风光互补系统的多年平均出力及弃电分布情况图

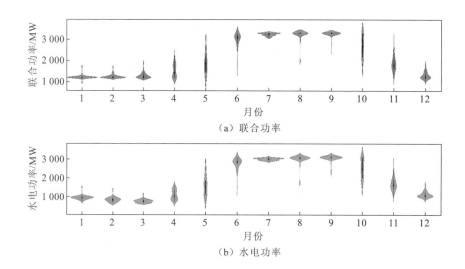

（a）联合功率

（b）水电功率

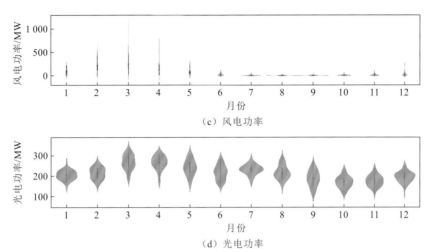

图 2.49　二滩水风光互补系统的联合功率、水电功率、风电功率和光电功率的各月分布图

从图 2.48 可以看出，对于该系统，水电在各月出力的分布中均为主导能源，其次是光电，三者中风电最少。12 月～次年 3 月系统总出力维持在保证出力这一较低水平，而在 5～6 月，来流迅速增加，系统总出力也因此大幅度增加，7～9 月系统总出力几乎维持在电网传输容量不变，而弃电也相应地集中在这段时间。

从图 2.49 可以看出，由于该系统中水电占主导，联合功率与水电功率的各月分布及变化情况一致。在 6～9 月，水电功率维持在较高值，而此时对应的风电功率、光电功率均处在较低水平；而 1～4 月水电功率较小时，风电功率、光电功率均较高。不仅如此，在 4～6 月水电功率逐渐增加时，风电功率和光电功率均呈现下降趋势。因此，风电功率、光电功率与水电功率在数值大小和变化趋势上都是相反的，存在一定的互补性。

2.4.2　预报因子识别

对于中长期预报，将当地的气象要素作为更长预见期的预报因子已经不再合适，而遥相关技术近年来广泛应用于中长期的水文预测、风电预测及光电预测领域[16-17]。遥相关作为一种相距数千千米以外的两地的气候要素之间的高程度相关性，可为中长期预报模型提供输入的预报因子，从而提高模型的泛化能力和预报精度，也可从物理成因、物理机制上为预报提供支撑。因此，本节将进行系统各出力的遥相关预报因子的识别。

遥相关分析所用的大尺度气象要素数据来自中国气象局国家气候中心，其中的大气环流指数包括北极涛动、北太平洋涛动及各类遥相关型指数，囊括了副高、环流和极涡等 88 项指数；海温指数则包括各大洋海温指数、暖池相关指数、厄尔尼诺-南方涛动（El Niño-southern oscillation，ENSO）及 NINO 相关指数等 26 项；其他指数包括了太阳黑子数、登陆台风数等 16 项。因此，可以看出这些要素几乎包括了所有可能影响径流、风速和辐射的气候要素，丰富的待选预报因子集为选取合适的预报因子奠定了基础。由于部分因子的数据存在缺失，在此删去了数据不完整的因子，最终还剩下共 96 项大尺度气象要素。

遥相关预报因子采用最大互信息系数 MIC 和皮尔逊相关系数 ρ 确定。

经由各出力与大尺度气象要素的系数分析,并以最大互信息系数 MIC 结果为排序准则,选出对应各出力的遥相关预报因子。表 2.19～表 2.22 分别展示了对应联合功率、水电功率、风电功率和光电功率的遥相关预报因子的 MIC 和 ρ 结果。

表 2.19 对应联合功率的遥相关预报因子的 **MIC** 和 ρ 结果表

系数	遥相关预报因子							
	EATII	TPB1I	TPB2I	NHPVCII	NOLTOC	ASHAI	NASHII	NAAASHAI
MIC	0.787 5	0.768 3	0.760 6	0.645 3	0.576 0	0.552 2	0.552 2	0.545 3
ρ	0.881 2	0.842 6	0.855 0	0.803 6	0.659 5	0.725 0	0.650 2	0.711 4

表 2.20 对应水电功率的遥相关预报因子的 **MIC** 和 ρ 结果表

系数	遥相关预报因子							
	EATII	TPB1I	TPB2I	NHPVCII	NOLTOC	WNPTN	ASHAI	NASHII
MIC	0.773 1	0.756 2	0.746 5	0.608 9	0.606 1	0.597 0	0.549 1	0.549 1
ρ	0.872 0	0.845 3	0.855 2	0.788 7	0.654 9	0.733 4	0.711 9	0.636 9

表 2.21 对应风电功率的遥相关预报因子的 **MIC** 和 ρ 结果表

系数	遥相关预报因子			
	WPWPAI	IOWPAI	TPB1I	TPB2I
MIC	0.541 4	0.442 8	0.431 6	0.416 9
ρ	−0.595 7	0.422 1	−0.524 7	−0.519 5

表 2.22 对应光电功率的遥相关预报因子的 **MIC** 和 ρ 结果表

系数	遥相关预报因子				
	IOWPSI	IOWPAI	AEPVII	NAPVII	WNPTN
MIC	0.321 7	0.293 7	0.237 4	0.227 2	0.225 9
ρ	0.551 6	0.506 6	−0.305 8	−0.225 2	−0.165 8

从表 2.19 可以看出,联合功率对应的遥相关预报因子有东亚槽强度指数 EATII、西藏高原-1 指数 TPB1I、西藏高原-2 指数 TPB2I、北半球极涡中心强度指数 NHPVCII、登陆中国台风数 NOLTOC、北太平洋副高面积指数 ASHAI、北太平洋副高强度指数 NASHII、北非-大西洋-北美副高面积指数 NAAASHAI。从各因子对应的 MIC 及 ρ 可以看出,前三个指数 EATII、TPB1I、TPB2I 与联合功率的相关性最高,对其影响最大。

从表 2.20 可以看出,由于该水风光互补系统中水电功率占主导,与水电功率对应的预报因子和与联合功率对应的预报因子大致相同,不同之处在于水电功率有西太平洋编号台风数 WNPTN 这一预报因子,而联合功率与之对应的因子为北非-大西洋-北美副高面积指数 NAAASHAI。

从表 2.21 可以看出，与风电功率对应的遥相关预报因子有西太平洋暖池面积指数 WPWPAI、印度洋暖池面积指数 IOWPAI、西藏高原-1 指数 TPB1I 和西藏高原-2 指数 TPB2I。其中，对风电功率影响最大的是 WPWPAI。

从表 2.22 可以看出，与光电功率对应的遥相关预报因子有印度洋暖池强度指数 IOWPSI、印度洋暖池面积指数 IOWPAI、北大西洋-欧洲区极涡强度指数 AEPVII、北美区极涡强度指数 NAPVII、西太平洋编号台风数 WNPTN。其中，对光电功率影响最大的是 IOWPSI 和 IOWPAI。

同时，比较表 2.19～表 2.22 可以看出，联合功率、水电功率与其对应的遥相关预报因子的相关性均较高，而风电功率、光电功率与其对应的遥相关预报因子的相关性则较低。

通过以上分析可筛选出该系统各出力的遥相关预报因子，同时也明确了对各出力影响最大的预报因子，对联合功率和水电功率影响最大的是东亚槽强度指数 EATII、西藏高原-1 指数 TPB1I 和西藏高原-2 指数 TPB2I；对风电功率影响最大的是西太平洋暖池面积指数 WPWPAI；对光电功率影响最大的是印度洋暖池强度指数 IOWPSI 和印度洋暖池面积指数 IOWPAI。接下来从物理成因方面简要阐释所选择的遥相关预报因子对各出力的影响，以对预报进行支撑。

对于二滩水风光互补系统的水电功率，其数值的大小间接反映了雅砻江流域径流的变化，因此这些遥相关预报因子对水电功率的影响是通过对径流的影响来反映的。东亚槽强度指数 EATII 反映了东亚槽的作用，而东亚槽为北半球中高纬度对流层西风带的低压槽，在青藏高原的动力作用及大陆的热力作用下形成[18]，而雅砻江流域又位于青藏高原东部，西南季风和高空西风环流对流域的气候有显著影响，在每年汛期，西南季风会挟带印度洋和孟加拉湾的水汽到流域内，加之冷空气受阻形成大环流趋势，进而导致雅砻江流域内的大范围暴雨，因此对流域内径流的影响不容忽视[19]。而西藏高原-1 指数 TPB1I、西藏高原-2 指数 TPB2I 反映了青藏高原的热力与动力作用，影响该流域的季风，进而影响雅砻江流域的径流[20]。

对于光电功率，其数值的大小间接反映了雅砻江流域的光伏和温度，暖池是海表水温大于 28℃的暖水区，因此印度洋暖池强度指数 IOWPSI 和印度洋暖池面积指数 IOWPAI 均反映了印度洋海表温度的强度，其值越大，说明印度洋海表温度整体较高。而暖池的形成和其强度主要受到太阳辐射的影响，太阳辐射越高，暖池强度和面积指数越高[21]。因此，这两个遥相关预报因子通过反映太阳辐射与温度来影响雅砻江流域的光伏，进而影响光电功率。

对于风电功率，其数值的大小则反映着雅砻江流域的风能。当西太平洋暖池面积指数 WPWPAI 偏大时，说明该暖池水温偏暖，此时西太平洋副热带高压偏北，致使我国降水偏少，而水风存在互补现象，因此雅砻江流域的风能较多，进而影响风电功率。

2.4.3 中长期功率预报

完成了预报因子的识别后，系统各出力的中长期预报采用 LSTM 网络来实现。此处会进行点预测和区间预测研究。

1. 预报方案设置

水风光互补系统是多种能源的集合，其受到气象、水文及各类电站间更为多样且复杂的要素的影响，因此功率预报的特征选择更为复杂，需从时空相关性和互补性角度全面考虑预报因子范畴。

在系统各功率的中长期预报中，设定 1959 年 5 月～2003 年 1 月为训练期，2003 年 2 月～2010 年 4 月为测试期。为了比较考虑时空相关性与互补性对各功率的预报效果的影响，设置各功率的预报方案，如表 2.23 所示。

表 2.23 系统各功率的预报因子方案设置

方案	考虑因素	预报因子
方案一	自相关性	功率的历史数据
方案二	互相关性、空间相关性	气候系统预报因子集
方案三	时空相关性	气候系统预报因子集和功率的历史数据
方案四	时空相关性与互补性	气候系统预报因子集、功率的历史数据和水风光互补系统内与其显著相关的功率

对于水风光互补系统联合功率的预报，通过各方案预报效果的比较，可优选出各功率的最优预报方案。得到最优预报效果的水电功率、风电功率和光电功率后，可累加求得系统总功率，并将其与以联合功率为标签的联合预报法所得联合功率的点预测和区间预测结果进行对比，其对比方案设置如表 2.24 所示。

表 2.24 联合预报法和累加预报法的联合功率预报效果比较方案

预报对象	预报方法
水风光互补系统联合功率	联合预报法
	累加预报法

2. 点预测比较

选用纳什效率系数（NSE）、偏差系数（Bias）、均方根误差（RMSE）和平均绝对误差（MAE）4 项指标对点预测效果进行评价。

由表 2.25 可知，对于联合功率、水电功率和风电功率三类电站功率，首先比较方案一与方案二的预报效果，在测试期方案二的预报效果优于方案一，这是因为方案一所利用的信息是功率在时间上的自相关性，方案二所利用的信息是气候系统指数对功率的时滞影响及空间相关性，其能更好地捕捉到流域未来水文、气象状况的变化，因此方案二的泛化能力较好；方案三综合考虑了时空相关性，因此其在训练期和测试期的效果均有显著提高；水风光互补系统区别于单一能源电站的显著特征是系统内不同类型电站的相互影响，因此方案四在方案三的基础上增加了对系统调控过程中水电、风电和光电互补性的考虑，结果表明该方案的预报效果最优。然而，对于光电，由于风、光出力计算时所用的气象数据的观测站点相距较远，以及遥相关型指数等大尺度气象要素对太阳辐射和温度的影响不够直接与明晰，光电与各类要素的相关性均较弱，在预报因子中考虑这些信息并不会提升预报精度。

表 2.25　不同预报方案下系统各功率的点预测结果的 NSE

方案		功率			
		联合功率	水电功率	风电功率	光电功率
训练期	方案一	0.893	0.910	0.526	0.419
	方案二	0.860	0.888	0.487	0.531
	方案三	0.914	0.899	0.733	0.663
	方案四	0.916	0.905	0.615	0.647
测试期	方案一	0.867	0.878	0.414	0.597
	方案二	0.877	0.882	0.478	0.574
	方案三	0.897	0.894	0.518	0.584
	方案四	0.908	0.899	0.536	0.561

以测试期预报效果最优为准则确定系统各功率的最终预报方案，展示预见期为 1 个月的单步预测中各出力在测试期的预报结果，如图 2.50 所示，表 2.26 统计了各出力在训练期和测试期的预报结果评价指标。

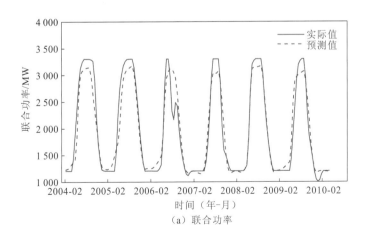

（a）联合功率

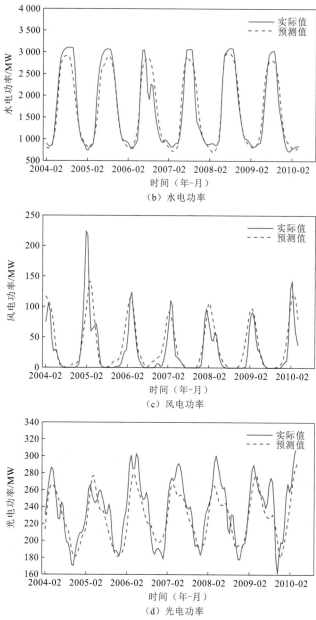

图 2.50 单步预测中测试期各出力预报结果图

表 2.26 单步预测中各出力预报结果评价指标汇总

评价指标	训练期				测试期			
	NSE	Bias/%	RMSE/MW	MAE/MW	NSE	Bias/%	RMSE/MW	MAE/MW
联合功率	0.916	−3.97	253.91	178.76	0.908	−0.57	272.30	170.96
水电功率	0.905	−5.54	295.95	213.85	0.892	−0.56	293.38	197.03
风电功率	0.615	−24.88	80.82	39.41	0.531	24.98	32.51	19.26
光电功率	0.588	0.13	28.23	22.20	0.652	−3.74	24.57	20.08

从图 2.50 可以看出，联合功率与水电功率实际值的变化趋势一致，两者均较为平稳、波动少，因此预报结果较好地把握了其变化的规律，两者的预报效果均较好，这点也可以从表 2.26 中看出，两者对应的 NSE 均较高。然而，风电功率、光电功率的实际值非常不平稳，这点与数据中月平均风速、光伏的更强随机性、波动性有关，且两者的遥相关预报因子与其的相关性不够显著，因而导致两者的预报效果较差，预测曲线仅能反映出其变化的总体趋势，而不能很好地反映出小范围的波动及异常值。

对于电力系统来说，其可供电量取决于总的输出功率，因此，研究系统联合功率的预报意义重大。此处将测试期水电功率、风电功率和光电功率独立预报后累加求得总功率，并与联合功率的预报结果进行对比，如图 2.51 所示，统计单步预测中联合功率与三者独立预报后累加所得总功率的预报结果的评价指标，如表 2.27 所示。

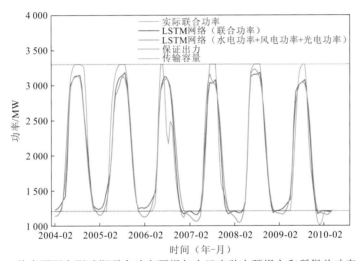

图 2.51　单步预测中测试期联合功率预报与水风光独立预报之和所得总功率的对比

表 2.27　单步预测中联合功率预报与水风光独立预报之和所得总功率的预报结果评价指标

评价指标	训练期				测试期			
	NSE	Bias/%	RMSE/MW	MAE/MW	NSE	Bias/%	RMSE/MW	MAE/MW
联合功率	0.916	-3.97	253.91	178.76	0.908	-0.57	272.30	170.96
水电功率+风电功率+光电功率	0.883	-5.76	299.52	217.23	0.892	-0.56	294.28	199.04

从图 2.51 中可以看出，在高值区域，联合功率与水风光独立预报之和所得总功率的预报结果均较差，与实际联合功率相距较远；在低值区域，水风光独立预报之和所得总功率要显著低于实际值，而联合功率的预报结果与实际值相差不大。

从表 2.27 中可以看出，对于预见期为 1 个月的单步预测，与水风光独立预报之和所得总功率的预报结果相比，联合功率预报取得了更好的效果。在训练期，联合功率预报的 NSE 提升了 0.033，RMSE 和 MAE 则分别下降了 45.61 MW 和 38.47 MW，Bias 也更接近 0；在测试期，其 NSE 提升了 0.016，RMSE 和 MAE 则分别下降了 21.98 MW 和 28.08 MW。

　　除了进行预见期为 1 个月的单步预测外，为了更深入地研究各出力的中长期联合预报，接着进行预见期为 12 个月的多步预测。此时，预测的不再是未来 1 个月的出力值，而是未来 12 个月的出力过程，训练期为 1959 年 5 月～2000 年 4 月，测试期为 2000 年 5 月～2010 年 4 月。多步预测中联合功率、水电功率、风电功率和光电功率预报结果的各项评价指标如表 2.28 所示，并绘制测试期的各出力预报结果如图 2.52 所示。

表 2.28　预见期为 12 个月的多步预测中各出力预报结果评价指标汇总

评价指标	训练期				测试期			
	NSE	Bias/%	RMSE/MW	MAE/MW	NSE	Bias/%	RMSE/MW	MAE/MW
联合功率	0.946	-0.28	203.56	137.38	0.852	6.76	346.44	250.56
水电功率	0.922	0.23	245.20	165.24	0.842	9.64	368.82	263.83
风电功率	0.876	0.78	47.35	30.08	0.444	51.18	36.16	24.08
光电功率	0.653	-0.14	26.17	20.51	0.437	-4.42	28.29	22.99

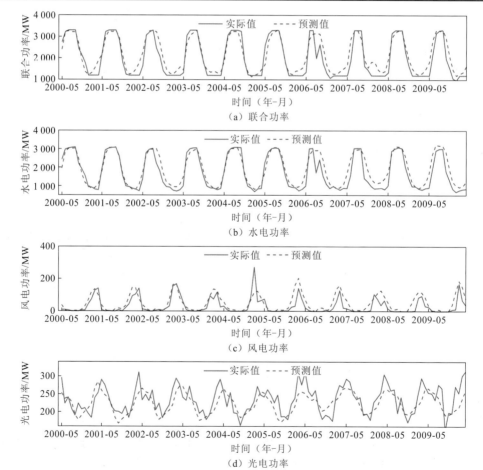

图 2.52　预见期为 12 个月的多步预测中测试期各出力预报结果图

从表 2.28 可以看出，在训练期，联合功率、水电功率、风电功率和光电功率的预报效果整体而言均优于单步预测，推测这是由于多步预测充分利用了水文年各出力的年内变化规律，以及出力与各预报因子之间显著的一年周期相关性。但是在测试期，各出力预报效果均有下降，均劣于对应的单步预测效果，这说明多步预测尽管能很好地利用预报对象与预报因子之间的相关性和预报对象本身的规律性，但外延预报能力依旧不够好。总体而言，在预见期为 12 个月的多步预测中，联合功率的预报效果依然最优，而光电功率预报效果最差。

然后，同样将多步预测中测试期的水电功率、风电功率和光电功率独立预报后累加求得总功率，并与联合功率的预报结果进行对比，如图 2.53 所示，并统计多步预测中两者预报结果的评价指标，如表 2.29 所示。

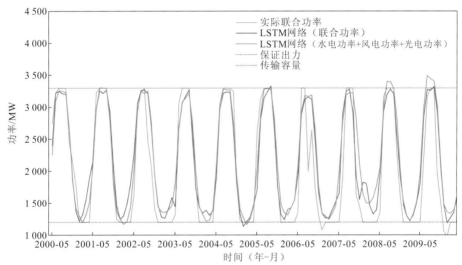

图 2.53　预见期为 12 个月的多步预测中测试期联合功率预报
与水风光独立预报之和所得总功率的对比

表 2.29　预见期为 12 个月的联合功率预报与水风光独立预报之和所得总功率的预报结果评价指标

评价指标	训练期				测试期			
	NSE	Bias/%	RMSE/MW	MAE/MW	NSE	Bias/%	RMSE/MW	MAE/MW
联合功率	0.946	−0.28	203.56	137.38	0.852	6.76	346.44	250.56
水电功率+风电功率+光电功率	0.935	0.21	243.43	164.29	0.828	8.66	372.65	267.37

从图 2.53 可以看出，在高值区域，联合功率预报结果与水风光独立预报之和所得总功率的预报结果相比，联合功率预报结果更接近实际值，且水风光独立预报之和所得总功率的预报结果还存在部分时段显著超过实际值，但是在低值区域，两者的预报结果均有偏大的趋势，这一点也可以从表 2.29 中两者在测试期的 Bias 均偏正，而水风光独立预报之和所得总功率的 Bias 偏正更显著中反映。

从表 2.29 中同样可以看出，对于预见期为 12 个月的多步预测，无论是训练期还是测试期，与水风光独立预报之和所得总功率的预报结果相比，联合功率预报均取得了更好的效果。在训练期，联合功率预报的 NSE 提升了 0.011，RMSE 和 MAE 则分别下降了 39.87 MW 和 26.91 MW，但 Bias 的数值相比于水风光独立预报之和所得总功率距离 0 稍远；在测试期，其 NSE 提升了 0.024，RMSE 和 MAE 则分别下降了 26.21 MW 和 16.81 MW，Bias 也减小了 1.90%。

除此之外，还进行了预见期为未来 2～11 个月的各出力多步预测研究，图 2.54 汇总了联合功率与水电功率、风电功率和光电功率三者独立预报后累加所得总功率的预报结果的各项评价指标在预见期为 1～12 个月的对比。

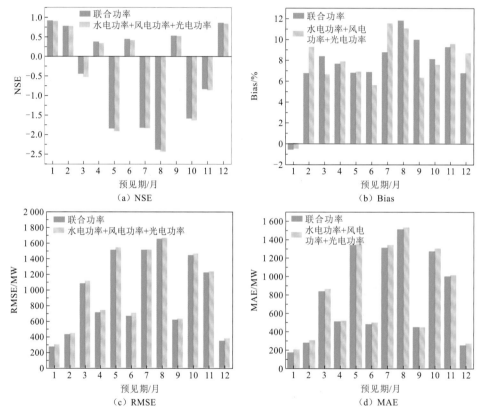

图 2.54　预见期为 1～12 个月时联合功率预报与水风光独立预报之和所得总功率的预报结果评价指标

从图 2.54 可以看出，联合功率预报在预见期为 1～12 个月时的 NSE、RMSE 和 MAE 均优于水电功率、风电功率和光电功率三者独立预报后累加所得总功率的预报结果，且当预见期为未来 1 个月、2 个月和 12 个月时，两者的预报效果均较好。

总体而言，对于点预测，各出力联合预报的效果均优于单独预报的效果，且联合功率的预报效果优于水电功率、风电功率和光电功率三者独立预报后累加所得总功率的预报效果。

3. 区间预测比较

通过 LSTM 网络仅能实现联合功率、水电功率、风电功率和光电功率的中长期点预测，其仅能提供未来时段具体值的预测信息。然而，区间预测将提供未来时段某一概率分布的预测功率的范围，能为决策者提供更多的信息。因此，本节将基于 LSTM-LUBE 模型进行各出力的中长期区间预测。

　　LSTM-LUBE 模型将直接输出各出力在未来时段的上下界，其基本模型结构如图 2.55 所示[22]。不同于点预测，其将一个真实值作为训练的标签来指示网络预测性能的好坏，区间预测并没有一个明确的区间上下界作为训练标签，因此，需要通过间接构造损失函数的方式使该网络朝着预测区间性能更好的方向训练。

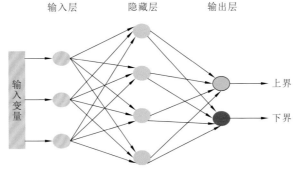

图 2.55　LSTM-LUBE 模型结构

　　考虑到预测区间需要满足在尽可能覆盖更多的真实值的基础上区间宽度较小的准则，本节采用的损失函数如下[23]：

$$\text{Loss} = f_1 + f_2 \tag{2.79}$$

$$\begin{cases} f_1 = k_1 \left[\left| N(t) - \dfrac{u_q(t) + l_q(t)}{2} \right| + \lambda_q \gamma_q d_q \right] \\ \gamma_q = \begin{cases} 0, & N(t) \in [l_q(t), u_q(t)] \\ 1, & N(t) \notin [l_q(t), u_q(t)] \end{cases} \\ d_q = \left| N(t) - \dfrac{u_q(t) + l_q(t)}{2} \right| - \left| \dfrac{u_q(t) - l_q(t)}{2} \right| \end{cases} \tag{2.80}$$

$$f_2 = k_2 \left| u_q(t) - l_q(t) \right| \tag{2.81}$$

式中：$N(t)$ 为第 t 时段的功率实际值；$u_q(t)$、$l_q(t)$ 为模型在第 t 时段的预报结果，分别表示预报值上界和下界。

　　f_1 表示区间中值与实际值的距离，区间中值距离实际值越近，说明预报区间的结果越准确，同时，在 f_1 内还设置了惩罚因子 λ_q 来对实际值不在预报区间内的情况进行惩罚，提升网络训练过程中的区间覆盖率。f_2 则用来计算区间宽度，在区间覆盖率相同的情况下区间宽度越窄，对应的预测区间的质量越高。不仅如此，调整比例系数 k_1、k_2 可以使得网络有针对性地偏向某个指标进行训练，当 k_1、k_2 取值合适的时候，调整惩罚因子 λ_q 可以使得区间的实际覆盖率与宽度均合适。

　　为了评价区间预测的效果，还需要确定评价区间质量好坏的指标，其主要有两类标准，一类是预报区间覆盖的实际值越多，区间预测效果越好；另一类是预报区间越窄，预报质量越高。然而，这两类指标显然是互相矛盾的，若区间覆盖率变高，通常区间宽度会变宽；若区间宽度变窄，则区间覆盖率可能降低。因此，需要一个综合指标来平衡两者，最终选定的评价指标如下。

$$CWC = \begin{cases} \beta_q \cdot PINAW, & PICP \geqslant \mu_q \\ (\partial_q + \beta_q \cdot PINAW) \cdot [1 + e^{-\eta_q(PICP - \mu_q)}], & PICP < \mu_q \end{cases} \quad (2.82)$$

$$\begin{cases} PICP = \dfrac{1}{T}\sum_{t=1}^{T}\beta(t) \\ \beta(t) = \begin{cases} 1, & N(t) \in [l_q(t), u_q(t)] \\ 0, & N(t) \notin [l_q(t), u_q(t)] \end{cases} \end{cases} \quad (2.83)$$

$$PINAW = \frac{1}{T \cdot VR}\sum_{t=1}^{T}[u_q(t) - l_q(t)] \quad (2.84)$$

式中：∂_q、β_q 分别为覆盖宽度综合准则 CWC 的惩罚系数；VR 为预测样本的最大值与最小值之差。

CWC 表示覆盖宽度综合准则；PICP 表示区间覆盖率；PINAW 表示区间标准化平均宽度。从 CWC 的表达式可以看出，当区间覆盖率 PICP 未达到一定的置信水平 μ_q 时，通过惩罚系数 η_q 对该情况进行惩罚；当区间覆盖率 PICP 达到 μ_q 时，此时的评价准则主要为区间宽度 PINAW，旨在求得 CWC 的最小值以得到在区间覆盖率达到一定置信水平时的最小区间宽度。

基于 LSTM-LUBE 模型实现了联合功率、水电功率、风电功率和光电功率的区间预测，与点预测分析类似，绘制了图 2.56、图 2.57，列出了表 2.30 和表 2.31。图 2.56 展示了测试期联合功率、水电功率、风电功率和光电功率区间预测的结果，图 2.57 展示了测试期联合功率与水电功率、风电功率和光电功率独立预报后累加所得总功率的区间预测结果对比图，表 2.30 展示了四者区间预测结果的各项评价指标，表 2.31 展示了联合功率与水电功率、风电功率和光电功率独立预报后累加所得总功率的区间预测结果的各项评价指标对比。

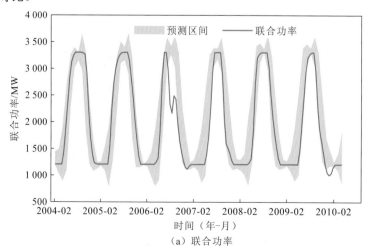

（a）联合功率

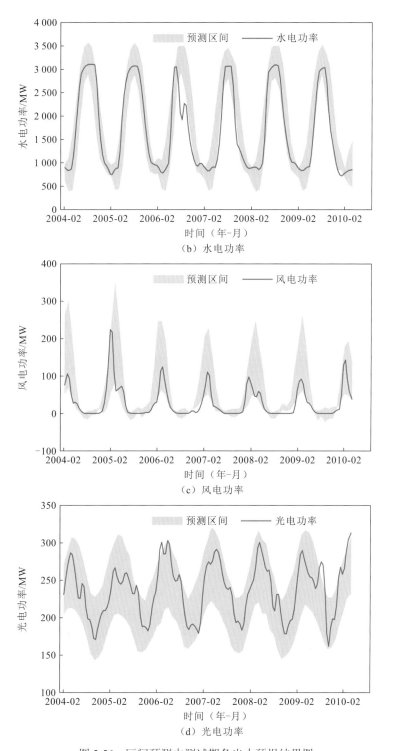

图 2.56　区间预测中测试期各出力预报结果图

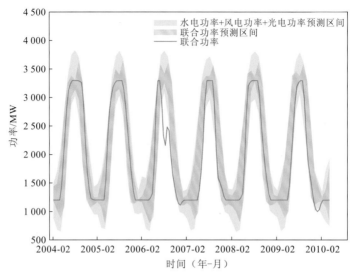

图 2.57 区间预测中测试期联合功率预报与水风光独立预报之和所得总功率的对比图

表 2.30 区间预测中各出力预报结果评价指标汇总

评价指标	训练期			测试期		
	CWC	PICP	PINAW	CWC	PICP	PINAW
联合功率	0.522	0.933	0.261	0.353	0.907	0.176
水电功率	0.516	0.933	0.258	0.550	0.907	0.275
风电功率	0.272	0.937	0.136	0.527	0.907	0.263
光电功率	0.867	0.910	0.433	1.027	0.907	0.514

表 2.31 区间预测中联合功率预报与水风光独立预报之和所得总功率的预报效果评价指标

评价指标	训练期			测试期		
	CWC	PICP	PINAW	CWC	PICP	PINAW
联合功率	0.522	0.933	0.261	0.353	0.907	0.176
水电功率+风电功率+光电功率	0.872	0.966	0.436	0.705	0.947	0.353

从图 2.56 和表 2.30 中可以看出，在训练期，从 CWC 覆盖宽度综合准则来看，联合功率的预报效果要略劣于水电功率，风电功率在训练期的预报效果最好，这是因为其在研究期内存在极大异常值，使得其区间宽度 PINAW 较小，光电功率的预报效果同样较好。然而，在测试期，风电功率和光电功率的区间预测效果急剧下滑，光电功率存在预报区间过宽的问题。在测试期的各出力区间预测中，预报效果最好的为联合功率，最差的为光电功率。

从图 2.57 和表 2.31 可以得出，在训练期和测试期，联合功率区间预测的 CWC 均优于水电功率、风电功率和光电功率区间预测后累加所得总功率。在测试期，其 PICP 降低了 0.04，PINAW 减少了 0.177，CWC 减少了 0.352。从图 2.57 中也可以看出联合功率预报的区间明显窄于水电功率、风电功率和光电功率独立预报后累加所得总功率的区间。

2.4.4　小结

本节针对水风光互补系统的中长期功率预报精度不高的问题，提出了一套适用于水风光互补系统的功率联合预报方法。首先，考虑时空相关性与水风光互补系统的互补性，采用最大互信息系数选取预报因子，然后基于 LSTM 网络与 LUBE 方法构建点预测和区间预测模型，最后以系统联合功率为标签实现功率的联合预报。以二滩水风光互补系统为研究对象，得到如下结论：

（1）综合考虑水风光互补系统各要素的时空相关性与水电、风电和光电之间的互补性，可以有效提高系统各功率的预报精度。

（2）对于水电、风电和光电功率的单独预报，当预报模型相同时，点预测中水电功率预报效果最好，风电功率预报效果最差；区间预测中风电功率预报效果最好，光电功率预报效果最差。

（3）对于水风光互补系统的联合功率预报，通过考虑时空相关性与互补性提升了累加预报法所得联合功率的预报效果，但依然不及联合预报法的预报效果。相较于累加预报法，联合功率的联合预报法在测试期的 NSE 达到 0.908，相较于累加预报法提高了 0.016，90%置信度下区间预测结果的 CWC 在测试期减少了 0.352，预报精度均有提高。

参 考 文 献

[1] YUAN X, LIANG X, WOOD E F. WRF ensemble downscaling seasonal forecasts of China winter precipitation during 1982–2008[J]. Climate dynamics, 2012, 39(7/8): 2041-2058.

[2] 叶林. 基于 WRF 模式输出的光伏发电量预测研究[D]. 银川: 宁夏大学, 2018.

[3] 刘金涛, 宋慧卿, 张行南, 等. 新安江模型理论研究的进展与探讨[J]. 水文, 2014, 34(1): 1-6.

[4] 刘沛汉, 袁铁江, 梅生伟, 等. 基于遗传算法优化神经网络的光伏电站短期功率预测[J]. 水电能源科学, 2016, 34(1): 211-214.

[5] 敖特根. 单纯形法的产生与发展探析[J]. 西北大学学报(自然科学版), 2012, 42(5): 861-864.

[6] 刘叶青, 刘三阳, 谷明涛. 在原始空间用 Rosenbrock 算法训练线性支持向量机[J]. 控制与决策, 2009, 24(12): 1895-1898.

[7] 王玉虎. 三水源新安江模型在中小型水库洪水预报中的应用研究[D]. 合肥: 合肥工业大学, 2016.

[8] BAI Y, LIU M, DING L, et al. Double-layer staged training echo-state networks for wind speed prediction using variational mode decomposition[J]. Applied energy, 2021, 301: 1-21.

[9] 何东, 刘瑞叶. 基于主成分分析的神经网络动态集成风功率超短期预测[J]. 电力系统保护与控制, 2013, 41(4): 50-54.

[10] QING X, NIU Y. Hourly day-ahead solar irradiance prediction using weather forecasts by LSTM[J].

Energy, 2018, 148: 461-468.

[11] 金鑫, 袁越, 傅质馨, 等. 天气类型聚类的支持向量机在光伏系统输出功率预测中的应用[J]. 现代电力, 2013, 30(4): 13-18.

[12] 王丽萍, 李宁宁, 马皓宇, 等. MIC-PCA 耦合算法在径流预报因子筛选中的应用[J]. 中国农村水利水电, 2018(9): 36-41.

[13] 王继东, 宋智林, 冉冉. 基于改进支持向量机算法的光伏发电短期功率滚动预测[J]. 电力系统及其自动化学报, 2016, 28(11): 9-13.

[14] 张芳明. 电力市场环境下的电力系统扩展短期负荷预测研究[D]. 长沙: 湖南大学, 2009.

[15] 陈森林. 水电站水库运行与调度[M]. 北京: 中国电力出版社, 2008.

[16] 熊怡, 周建中, 贾本军, 等. 基于随机森林遥相关因子选择的月径流预报[J]. 水力发电学报, 2022, 41(3): 32-45.

[17] LLEDÓ L, RAMON J, SORET A, et al. Seasonal prediction of renewable energy generation in Europe based on four teleconnection indices[J]. Renewable energy, 2022, 186: 420-430.

[18] 党建涛. 西南天气[M]. 北京: 国防工业出版社, 2007.

[19] 贺志尧, 杨明祥, 李臣明, 等. 基于 Elman 神经网络的锦屏一级水电站年平均径流量集合预报研究[J]. 水电能源科学, 2017, 10(35): 25-28.

[20] 赵守斋. 雅砻江流域主汛期降水长期预报的一种方法[J]. 成都气象学院学报, 1994(1): 89-93.

[21] 周春平, 李万彪. 大洋暖池特征变化和成因的研究[J]. 北京大学学报(自然科学版), 1998(1): 42-51.

[22] TAORMINA R, CHAU K. ANN-based interval forecasting of streamflow discharges using the LUBE method and MOFIPS[J]. Engineering applications of artificial intelligence, 2015, 45: 429-440.

[23] 王若恒. 基于 LSTM 的风电功率区间预测研究[D]. 武汉: 华中科技大学, 2018.

第 3 章

Chapter 3

水风光互补系统短期经济运行

3.1 耦合预报不确定性的三阶段发电计划编制

减少碳排放、实现碳中和目标已成为全球关注的热点问题，发展可再生能源是一条有效的途径。然而，随着不可调节的能源纳入电网，电力系统的调峰、调频面临巨大的困难。通过利用能源间的互补性进行联合调度可有效平抑系统出力波动，减少弃风、弃光风险。水电作为一个可调节能源，可利用其灵活性对能源出力进行捆绑送出。尤其是在短期，为满足负荷需求，通过水电的调节可减小弃电或欠发。因此，如何有效利用水电编制一个水风光互补系统的发电计划成为一个关键的科学问题。

水库入库流量、风速和光伏强度的日前预报对于编制水风光日前发电计划至关重要。而预见期通常大于 1 天，因此，为了充分利用预报信息，应该进一步考虑水风光互补系统的余留效益和风险，使水风光互补系统的整体效益最优。而水电作为一个可调节能源，应该进一步考虑其调节性。在即将执行的阶段，应该提前确定水电在线机组，因此，对于任何情景，该阶段的水电机组应不可调节。在剩余阶段，随着预报信息的滚动，可进一步调节水电机组以满足负荷要求。目前，主要基于两阶段模型进行优化：①考虑预见期和预见期外的两阶段模型，使发电系统风险最小；②考虑日前不可调节阶段和可调节阶段，使发电系统的经济性最大。然而，缺少同时考虑日前两阶段和余留阶段的相关研究。为此，本章提出了耦合水电不可调节阶段、可调节阶段及余留阶段的三阶段模型。

3.1.1 水风光互补系统效益–风险评价指标体系

由于风光出力波动较大，而水电调节能力有限，为了满足负荷的需求，水风光互补系统不可避免地存在一些风险，如图 3.1 所示。例如，当水风光互补系统的总出力大于负荷需求时，系统存在弃电风险。相反，也可能存在出力不足的风险（欠发风险）。而水电调节能力不足时，可能存在弃水风险等。为有效评估水风光互补系统调度的结果，研究构建一套水风光互补系统短期调度风险评价指标体系。

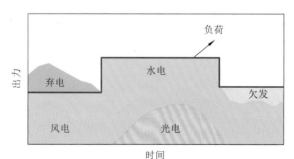

图 3.1 水风光互补系统调度风险示意图

1. 发电效益

水风光互补系统的发电效益主要是水电、风电和光电的实际发电量之和，即总发电量扣除弃电量。因此，水风光互补系统实际输出的电量 E_{TP} 可表示为

$$E_{TP} = \sum_{t=1}^{T} [N_{WP}(t) + N_{PV}(t) + N_{HP}(t) - N^{PC}(t)] \times \Delta t \qquad (3.1)$$

式中：$N_{WP}(t)$、$N_{PV}(t)$、$N_{HP}(t)$ 和 $N^{PC}(t)$ 分别为水风光互补系统在 t 时段的风电出力、光电出力、水电出力和弃电量；T 为日内调度时段数；Δt 为调度时段长。其中，水电、风电和光电出力的计算公式分别为

$$N_{HP}(t) = f_H [H(t), Q_{pg}(t)] \qquad (3.2)$$

$$N_{WP}(t) = \begin{cases} 0, & 0 \leqslant v(t) < v_{in} \text{ 或 } v(t) > v_{out} \\ \dfrac{[v(t)]^3 - v_{in}^3}{v_r^3 - v_{in}^3} I_{WP}, & v_{in} \leqslant v(t) < v_r \\ I_{WP}, & v_r \leqslant v(t) \leqslant v_{out} \end{cases} \qquad (3.3)$$

$$N_{PV}(t) = I_{PV} \times \frac{R_c(t)}{R_r} \times \{1 + k_S [T_c(t) - T_r]\} \qquad (3.4)$$

式中：$f_H(\cdot)$ 为水电机组出力函数（机组负荷分配表）；$H(t)$ 和 $Q_{pg}(t)$ 分别为水库在 t 时段的净水头和发电流量；$v(t)$ 为 t 时段的风速；v_{in}、v_{out} 和 v_r 分别为风电的切入、切出和额定风速；I_{WP} 和 I_{PV} 分别为风电和光电的装机容量；$R_c(t)$ 和 $T_c(t)$ 分别为 t 时段的辐射强度和光伏面板温度；R_r 和 T_r 分别为标准环境下的额定辐射强度和温度；k_S 为光电温度系数。

2. 弃电风险

如图 3.1 所示，当水风光互补系统的总出力超过负荷需求时，系统会出现弃电现象。或者，当水风光互补系统总出力大于最大输出容量时，系统必须弃掉一部分电量。对于水风光互补系统，优先考虑弃掉不稳定的风电或光电。

$$N^{PC}(t) = \begin{cases} N_{TP}(t) - N_{LD}(t), & N_{TP}(t) > N_{LD}(t) \\ 0, & N_{TP}(t) \leqslant N_{LD}(t) \end{cases} \qquad (3.5)$$

式中：$N_{TP}(t)$ 和 $N_{LD}(t)$ 分别为水风光互补系统在 t 时段的总出力和负荷。

1）弃电概率

当水风光互补系统总出力较大且超过负荷需求，水电已下调至最小出力时，互补系统不得不弃掉一部分风电或光电，如图 3.1 所示。

$$R^{PC} = P[N_{TP}(t) > N_{LD}(t)] = \frac{l_1}{n} \qquad (3.6)$$

式中：R^{PC} 为水风光互补系统的弃电概率；n 为情景数；l_1 为发生弃电的情景数；$P(\cdot)$ 为风险事件发生概率。

2）弃电率

为了量化弃风、弃光的量级，弃电率表示为系统弃电量与风光总发电量之比，即

$$\gamma_{PC} = \frac{\sum\limits_{t=1}^{T} N^{PC}(t)}{\sum\limits_{t=1}^{T} [N_{WP}(t) + N_{PV}(t)]} \tag{3.7}$$

式中：γ_{PC} 为水风光互补系统的弃电率。

3. 欠发风险

如图 3.1 所示，当风光出力过小，水电出力已达上限，水风光互补系统的总出力无法满足负荷需求时，系统会出现欠发现象。欠发量为

$$N^{OS}(t) = \begin{cases} N_{LD}(t) - N_{TP}(t), & N_{TP}(t) < N_{LD}(t) \\ 0, & N_{TP}(t) \geqslant N_{LD}(t) \end{cases} \tag{3.8}$$

式中：$N^{OS}(t)$ 为水风光互补系统 t 时段的欠发量。

1）欠发概率

当风光出力较小，而水电调节能力不足时，水风光互补系统会存在欠发的现象。如在早高峰，风电出力下降较大，而光电出力刚处于上升阶段，风光出力处于低谷阶段，若水电调节不足，则水风光互补系统不可避免地存在欠发的风险，如图 3.1 所示。

$$R^{OS} = P[N_{TP}(t) < N_{LD}(t)] = \frac{l_2}{n} \tag{3.9}$$

式中：R^{OS} 为欠发概率；l_2 为发生欠发的情景数。

2）欠发率

欠发率表示为系统欠发量与计划发电量之比，即

$$\gamma_{OS} = \frac{\sum\limits_{t=1}^{T} N^{OS}(t) \times \Delta t}{\sum\limits_{t=1}^{T} N_{LD}(t) \times \Delta t} \tag{3.10}$$

式中：γ_{OS} 为水风光互补系统的欠发率。

4. 弃水风险

当水库下泄流量大于发电所耗流量时，系统会出现弃水风险 R^{SW}，可表示为

$$R^{SW} = P(q > Q_{pg}) = \frac{l_3}{n} \tag{3.11}$$

式中：q 为水库下泄流量；Q_{pg} 为水电机组发电流量；l_3 为发生弃水的情景数。

3.1.2　基于三阶段模型的水风光互补系统发电计划编制

1. 三阶段模型

为了充分利用预报信息和考虑水电机组决策，研究提出了一个三阶段模型，如图 3.2 所示。首先，整个调度期分为两个阶段：①日前阶段，采用短期预报信息，编制日前发电计划；②余留阶段，采用中期预报信息，考虑余留阶段的效益和风险。考虑日前水电机组的可调节和不可调节，日前阶段进一步分为两个阶段：①不可调节阶段，考虑水电机组启停计划，认为水电机组在即将执行的时段是不可调节的；②可调节阶段，水电机组可随预报信息的更新进一步调节。因此，基于预报信息和水电机组决策的原则，整个调度期可分为三个阶段。

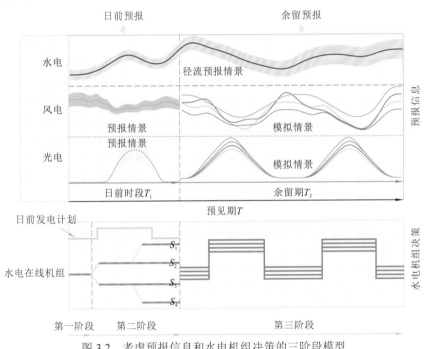

图 3.2　考虑预报信息和水电机组决策的三阶段模型

（1）第一阶段（即将执行阶段）：考虑短期预报信息，水电机组组合恒定，不随预报信息而变化。

（2）第二阶段（滚动决策阶段）：考虑短期预报信息，水电机组组合可随预报信息的变化而调节。结合第一阶段编制水风光互补系统的日前发电计划。

（3）第三阶段（余留阶段）：考虑中期预报信息，即预报期为日后至最大预见期。例如，系统预见期为 7 天，余留阶段的信息为第 2～7 天。

2. 总发电效益和风险

对于三阶段模型，整个调度期的效益和风险可通过耦合日前阶段和余留阶段两阶段得到。

（1）三阶段总发电量：

$$E_T = \frac{\sum_{i=1}^{M_1}\sum_{j=1}^{M_2}[E_{D,i} + E_{R,j}(i)]}{M_1 \times M_2} \tag{3.12}$$

式中：E_T 为水风光互补系统三阶段总计划发电量；$E_{D,i}$ 和 $E_{R,j}$ 分别为日前阶段情景 i 和余留阶段情景 j 下的发电量；M_1 和 M_2 分别为日前阶段和余留阶段的总情景数。

（2）三阶段总欠发概率：

$$\begin{cases} R_T^{OS} = \dfrac{\sum_{i=1}^{M_1}\sum_{j=1}^{M_2}\#[N_{TP,i,j}(t) < N_{LD,i,j}(t)]}{M_1 \times M_2}, \quad \forall t \\ \#(\cdot) = \begin{cases} 1, & N_{TP,i,j}(t) < N_{LD,i,j}(t), \forall t \\ 0, & N_{TP,i,j}(t) \geqslant N_{LD,i,j}(t) \end{cases} \end{cases} \tag{3.13}$$

式中：R_T^{OS} 为水风光互补系统三阶段总欠发概率；$N_{TP,i,j}(t)$ 和 $N_{LD,i,j}(t)$ 分别为日前阶段情景 i 和余留阶段情景 j 的组合下水风光互补系统在时段 t 的总出力和负荷；$\#(\cdot)$ 为水风光互补系统的欠发统计函数。同理，三阶段弃电概率和弃水风险的计算方法相同。

（3）三阶段总欠发率：

$$\gamma_{OS,T} = \frac{\sum_{i=1}^{M_1}\sum_{j=1}^{M_2}\dfrac{N_{D,i}^{OS} + N_{R,j}^{OS}}{N_{LD,i,j}}}{M_1 \times M_2} \tag{3.14}$$

式中：$\gamma_{OS,T}$ 为水风光互补系统三阶段总欠发率；$N_{LD,i,j}$ 为日前阶段情景 i 和余留阶段情景 j 下的系统负荷；$N_{D,i}^{OS}$ 为日前阶段情景 i 下的欠发出力；$N_{R,j}^{OS}$ 为余留阶段情景 j 下的欠发出力。

（4）三阶段总弃电率：

$$\gamma_{PC,T} = \frac{\sum_{i=1}^{M_1}\sum_{j=1}^{M_2}\dfrac{N_{D,i}^{PC} + N_{R,j}^{PC}}{N_{WS,i,j}}}{M_1 \times M_2} \tag{3.15}$$

式中：$\gamma_{PC,T}$ 为水风光互补系统三阶段总弃电率；$N_{WS,i,j}$ 为日前阶段情景 i 和余留阶段情景 j 下的风光总出力；$N_{D,i}^{PC}$ 为日前阶段情景 i 下的弃电出力；$N_{R,j}^{PC}$ 为余留阶段情景 j 下的弃电出力。

3. 负荷特性

对于发电计划的出力送出方式，其输出功率必须呈现出特定的变化趋势（如单峰型或双峰型）以追踪大电网负荷，研究采用典型日负荷曲线形状进行约束，若典型日表现为单峰型，计划出力也按照单峰型变化。为表征负荷曲线，研究采用负荷率描述其峰谷差。负荷率是指日内的平均负荷与最大负荷之比。

$$\delta = \frac{\sum_{t=1}^{T} N_{LD}(t)}{T \times \max\{N_{LD}(t)\}} \tag{3.16}$$

式中：δ 为负荷率，发电计划编制时，可根据实际典型日曲线的负荷率范围对其进行约束。

4. 优化模型及求解

为了编制一个最优的日前发电计划，水风光互补系统的欠发、弃电等风险应该最小化。对于一个水风光互补系统，欠发量过大是不可取的，因此，将欠发率约束在一个较小的范围内。而弃电率将作为优化模型的第一目标函数。为了增大发电效益，在相同弃电率的情况下，水风光互补系统的发电量应最大化。因此，优化模型的第二目标函数为发电量最大。对于优化模型的其他约束，考虑电力平衡、水量平衡及水电机组约束等。这些目标函数和约束条件如表 3.1 所示。

表 3.1　水风光互补系统日前发电计划优化模型

优化模型		公式
目标函数	第一目标函数	$\min F_1 = \gamma_{PC,T}$
	第二目标函数	$\max F_2 = E_{TP}$
约束条件	欠发率	$\gamma_{OS,T} \leqslant \gamma'_{OS}$
	电力平衡	$N_{TP}(t) = N_{HP}(t) + N_{WP}(t) + N_{PV}(t)$
	水量平衡	$V(t) = V(t-1) + [Q(t) - q(t)] \times \Delta t$
	水电机组约束	$U_{on} \geqslant U_{on}^{\min}$ 且 $U_{off} \geqslant U_{off}^{\min}$
	净水头	$H(t) = Z^{up}(t) - Z^{down}(t) - h_{loss}(t)$
	水位约束	$\underline{Z^{up}}(t) \leqslant Z^{up}(t) \leqslant \overline{Z^{up}}(t)$
	下泄流量约束	$\underline{q}(t) \leqslant q(t) \leqslant \overline{q}(t)$
	水电机组特性曲线	$q_{unit}(t) = f_{NHQ}[N_{HP}(t), H(t)]$
	水位-库容曲线	$Z^{up}(t) = f_{ZV}[V(t)]$
	流量-下游水位曲线	$Z^{down}(t) = f_{ZQ}[q(t)]$
求解方法	多层嵌套求解方法	外层（PSO 算法）：确定负荷曲线
		中间层（PSO 算法）：确定水电机组组合方案
		内层（DP 方法）：确定负荷分配方案

表 3.1 中，F_1 和 F_2 分别为优化模型的第一和第二目标函数，γ'_{OS} 为水风光互补系统允许的欠发率，$V(t)$ 和 $V(t-1)$ 分别为 t 时段和 $t-1$ 时段水库的库容，$Q(t)$ 和 $q(t)$ 分别为 t 时段水库的入库流量和出库流量，U_{on} 和 U_{off} 分别为水电机组的在线时间和离线时间，$U_{on}^{\min}$ 和 $U_{off}^{\min}$ 分别为水电机组的最小在线时间和离线时间，$Z^{up}(t)$ 和 $Z^{down}(t)$ 分别为水库在

t 时段的平均上游水位和下游水位，$H(t)$ 和 $h_{loss}(t)$ 分别为水库在 t 时段的净水头和水头损失，$\underline{Z}^{up}(t)$ 和 $\overline{Z}^{up}(t)$ 分别为水库在 t 时段允许的最低和最高上游水位，$\underline{q}(t)$ 和 $\overline{q}(t)$ 分别为水库在 t 时段的最小和最大下泄流量，$q_{unit}(t)$ 为水电机组发电所耗流量，$f_{NHQ}(\cdot)$、$f_{ZV}(\cdot)$ 和 $f_{ZQ}(\cdot)$ 分别为水电机组特性曲线函数、水位-库容曲线函数和流量-下游水位曲线函数。

由于优化模型的决策变量包括每个时段的负荷、水电机组组合和负荷分配，该优化模型表现出一个复杂、高维的形式。例如，当预见期为 3 天，步长为 1 h，水电机组为 4 台时，模型存在 294 个决策变量。为求解复杂的模型和提高计算效率，使用多层嵌套求解方法（表 3.1）来求解该优化模型。

（1）外层：采用 PSO 算法搜索负荷率和峰值（确定负荷曲线），在水风光互补系统的欠发风险最小的情况下，使其发电量最大。

（2）中间层：在给定负荷的条件下，采用 PSO 算法搜索水电的最优机组组合。

（3）内层：在给定负荷和机组在线台数的条件下，采用 DP 方法编制最优负荷分配表，以达到耗水量最小的目标。

为了节省优化模型的计算时间，在寻优过程中可提前计算的内容包括：

（1）机组负荷分配表。可采用 DP 方法提前计算出不同在线水电机组的最优负荷分配表。通过给定的负荷和水头，可直接查得对应的最小耗水量。

（2）第三阶段的风险和发电效益。第三阶段的风险和发电效益由第二阶段的末水位决定。因此，可计算不同末水位对应的风险和发电效益并提前保存。当编制水风光互补系统日前发电计划时，根据水量平衡计算得到的末水位，可查找得到第三阶段的效益和风险。此方法可为计算节省大量的时间。

3.1.3 实例研究

1. 研究数据

研究区域为雅砻江流域官地水风光互补系统。数据为 2016 年 1~12 月，每月选取了 1 个典型日，共 12 个典型日。选取原则为：①风光出力波动较大；②风光出力较大或较小。从选取的典型日可知：在非汛期，风光出力及其波动较大，水库入库流量较小，而在汛期，风光出力较小，水库入库流量较大。水风光互补系统运行参数如表 3.2 所示。

表 3.2 水风光互补系统运行参数

参数	数值	单位
预见期	3	天
起始水位	1 328	m
末水位	1 328	m
允许欠发率	1	%

2. 第三阶段的风险-效益计算

为了进一步提升模型的计算效率，可预先计算第三阶段的结果并储存，如图 3.3～图 3.6 所示。基于日前阶段的末水位（或第三阶段的初始水位），可直接查询第三阶段的风险和效益。由图 3.3～图 3.6 可知，余留期的发电量随初始水位的升高而增加，主要是由于随着水库初始水位的升高，可用水量增加，其调节能力也会相应增加，尤其是在非汛期，基本呈现线性增长趋势。在非汛期，受到水电机组的出力限制，当可用水量大于机组满发的用水量时，水库会出现弃水现象，且水力发电量不会继续增加。例如，在 8 月和 9 月，当初始水位超过 1 328.5 m 时，第三阶段的发电量基本不变，且对应的弃电量也保持不变。

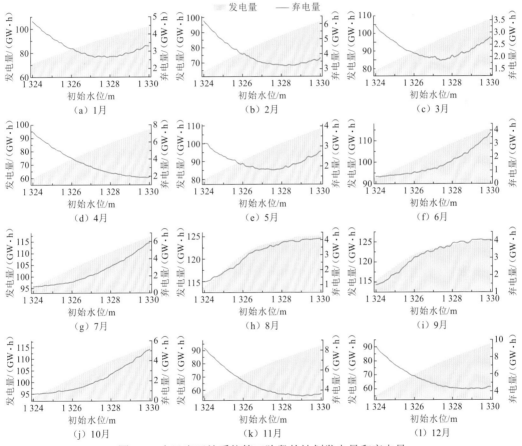

图 3.3　水风光互补系统第三阶段的计划发电量和弃电量

在非汛期，弃电量随着可用水量的增加先降低后增加，主要原因为：当可用水量增加时，更多的水电可以平抑风光的波动，使系统弃电量降低，而当总发电量超过输送限制时，随着水电的增加，更多的风光会被弃掉。结果说明，当风光波动已知时，计划的可用水量不宜过小或过大。而对于汛期，弃电量随着水电的增加而增加，主要是由于在汛期水电几乎满发或接近满发，在输出能量的限制下，仅有部分风光会被捆绑送出，剩余风光被弃掉。

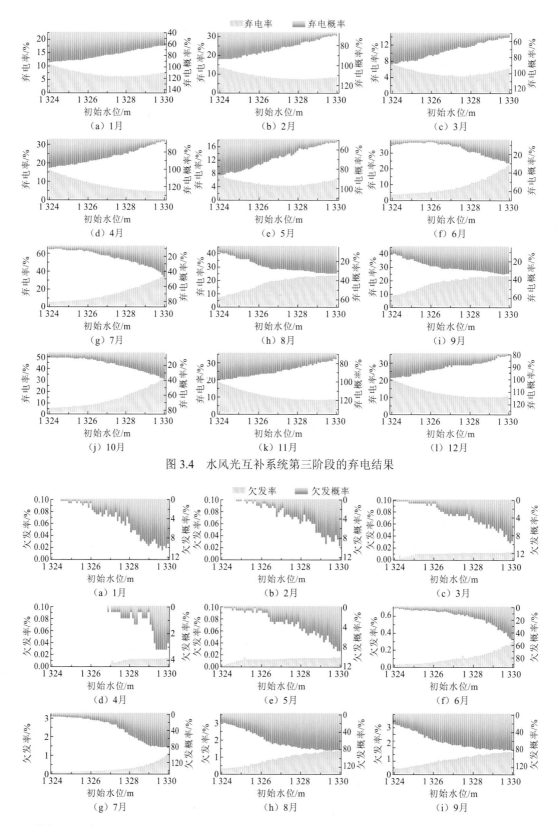

图 3.4　水风光互补系统第三阶段的弃电结果

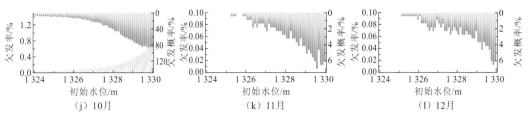

图 3.5 水风光互补系统第三阶段的欠发结果

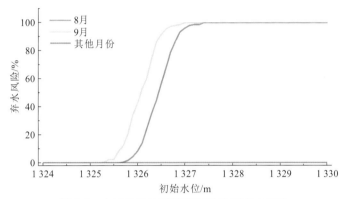

图 3.6 水风光互补系统第三阶段的弃水风险

第三阶段的弃电结果如图 3.4 所示。在非汛期,弃电概率随着水电量的增加而降低,而弃电率随着水电量的增加先减小后增加。先降低的原因是水电量的增加缓解了风光的出力波动,减小了弃电的可能。因此,弃电率和弃电概率均有所降低。而当水风光总出力超过输出限制时,弃电率开始上升,出现弃电现象的情景数(弃电概率)仍有所下降。对于汛期,由于水库来水量充足,水电基本满发或接近满发,所以在系统输出限制下,随着水电量的增加,弃电概率和弃电率均呈现上升的趋势。对于汛期和非汛期的弃电规律,水风光互补系统在汛期的弃电率小于非汛期,但弃电概率大于非汛期。其主要原因是在汛期风光波动率较大,弃电的概率也大,而在非汛期系统总出力超过输出限制的情景较少,所以大部分弃电是因为水电调节不足。

第三阶段的欠发结果如图 3.5 所示。结果显示,水风光互补系统在第三阶段的欠发率基本可以控制在 1%以内,而且在非汛期欠发量非常小,基本可以忽略,对应的欠发概率也在 10%以内,说明水风光互补系统仅有较少的情景出现欠发的可能。而对于汛期,系统欠发率也较小,但欠发概率却较大。其主要原因是在很多情景下,风光出力太小,水电在该时段满发而无法进一步调节以满足负荷,因此出现欠发风险。综上所述,尽管水风光互补系统在汛期的欠发概率较大,但整体的欠发率非常小。

第三阶段的弃水风险如图 3.6 所示,仅 8 月和 9 月的典型日会存在弃水风险。例如,在 8 月,当第三阶段的初始水位超过 1 325.7 m 时,水库开始出现弃水,当水库水位超过 1 327.4 m 时,水库在第三阶段一定会弃水。而其他月份的典型日不会存在弃水风险。

3. 水风光互补系统的最优日前发电计划

由于第一阶段即将执行，对于任意的水风光输入情景，水电的在线机组保持不变。通过三阶段模型编制的水风光互补系统最优日前发电计划如图 3.7～图 3.10 所示（分别为 1 月、4 月、7 月和 10 月的典型日）。从优化结果可知，1 月和 4 月典型日的风光出力较大且波动性较大，而 7 月和 10 月典型日的风光出力较小。

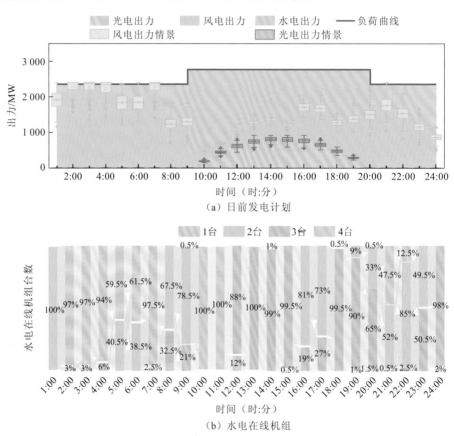

图 3.7　水风光互补系统 1 月的最优日前发电计划和水电在线机组组合

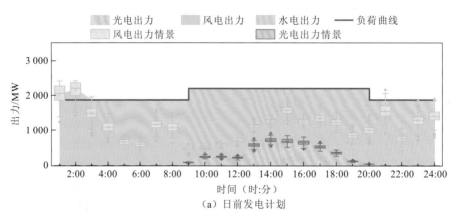

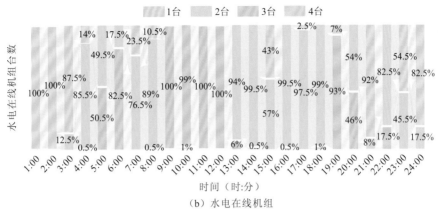

图 3.8 水风光互补系统 4 月的最优日前发电计划和水电在线机组组合

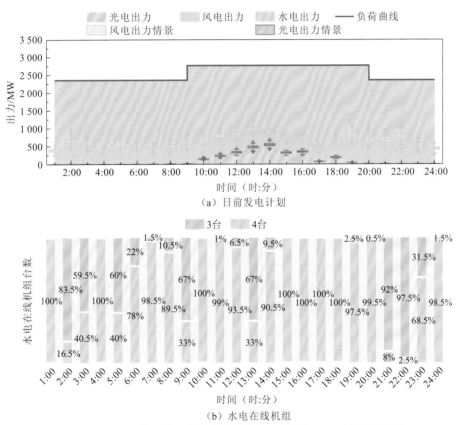

图 3.9 水风光互补系统 7 月的最优日前发电计划和水电在线机组组合

对于 1 月,为了互补风光的出力波动,水电机组频繁启停,尤其在早高峰时段(9:00～11:00),开启了 4 台水电机组以满足负荷需求。其主要原因是该时段风电下降至低谷段,而光电处于刚上升阶段,导致大部分负荷由水电承担。从风光出力的不确定性可知,在 1 月典型日发生弃电的概率较大,且在早高峰可能存在欠发风险。而对于 4 月典型日,由于风电出力在 0:00～2:00 时段超过负荷需求,系统不得不弃掉部分风电。因此,水风

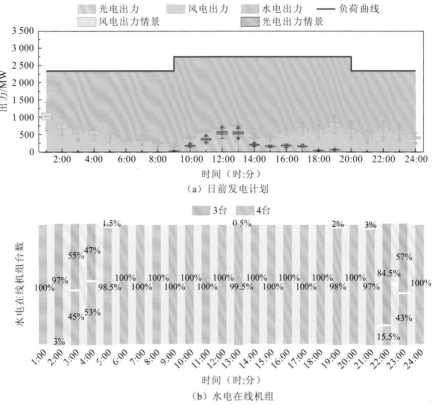

（a）日前发电计划

（b）水电在线机组

图 3.10　水风光互补系统 10 月的最优日前发电计划和水电在线机组组合

光互补系统在 4 月发生弃电的概率为 100%。同理，为了互补风光的出力波动，水电机组频繁启停。但从水电机组组合方案可知，在早高峰时段水电采用 3 台机组的方案，出现欠发的概率较小。

对于 7 月和 10 月典型日，系统发电主要依赖于水电，水电机组保持 3 台或 4 台运行，尤其是 10 月，水电机组基本以 4 台稳定运行。其主要原因是风光出力太小，而水电处于汛期，来水比较大。在 10 月，由于水电在多个时段处于满发或接近满发，其机组调节能力较小，系统出现欠发的风险较大。

不同典型日的效益、风险结果如图 3.11 和图 3.12 所示。汛期的典型日来水高于非汛期，而预报阶段的总发电量也高于非汛期。弃电量略小于非汛期，但弃电率却高于非汛期，说明汛期的总风光出力较小，对应的弃电率较大。弃电概率的对比也反映出此规律。在非汛期，弃电率基本可以控制在 8% 以内。而汛期由于输出路线的限制，弃电率均高于 5%，且在 8 月典型日为 14.43%。非汛期的弃电概率较高，主要是由于风光总出力较大，水电调节不足，水风光总出力超过负荷需求而必须弃掉一部分电量。对于欠发率（约束条件控制在 1%），从 12 个典型日的欠发率结果可以看出，其均控制在 1% 以内。对于弃水风险，仅 6 月、8 月和 9 月存在弃水风险，且弃水风险为 100%。8 月和 9 月存在弃水的主要原因是来水较大，第三阶段也可能发生弃水。而 6 月弃水的原因为：6 月典型日的风电、光电和水电均较大，在水库调蓄的过程中超过了最高水位而导致少量的弃水。对于各典型日的负荷率，除 2 月和 12 月典型日的负荷率低于 0.9 以外，其他月份的负荷率均在 0.9 以上。这说明对于水风光互补系统的日前发电计划，在负荷率较高的情况下系统更稳定。

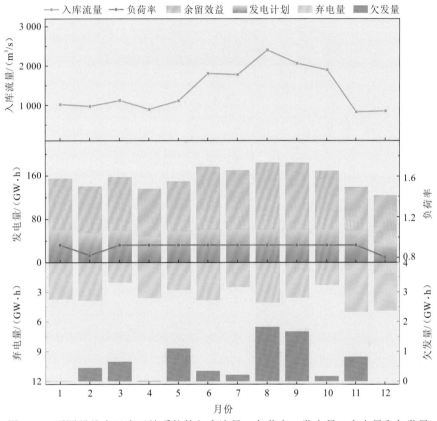

图 3.11　不同月份水风光互补系统的入库流量、负荷率、发电量、弃电量和欠发量

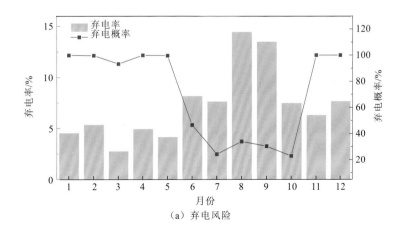

（a）弃电风险

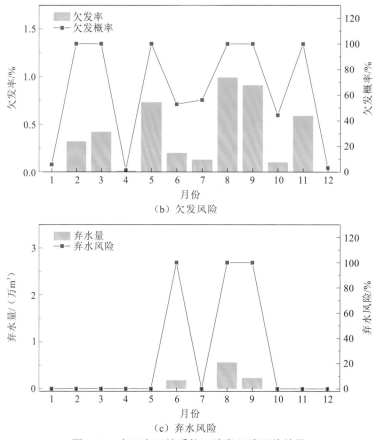

（b）欠发风险

（c）弃水风险

图 3.12　水风光互补系统三阶段风险评估结果

尽管在非汛期水库的入库流量较小，但预见期内的总发电量却较大。例如，1 月典型日的平均入库流量为 1 017 m³/s，预见期内的总发电量为 154.47 GW·h。而 9 月典型日的平均入库流量为 2 059 m³/s，约为 1 月典型日的 2 倍，但总发电量为 183.76 GW·h，仅约为 1 月典型日的 1.2 倍。结果表明，1 月的风光出力可减轻水电的出力不足，且水电平抑了风光的波动，使水风光互补系统的弃电率控制在 5% 以内。而 9 月的风光出力较小，主要负荷由水电承担，水电可进一步缓解风光的波动。这些结果说明，水电的调节能力可以缓解风光的出力波动，同时风光的出力可以减轻水电的出力不足，水风光确实具有互补的特性。

4. 对比分析

为了评估三阶段模型的有效性和实用性，将三阶段模型与已有的两阶段模型进行对比分析。两个优化模型的异同点如表 3.3 所示。

表 3.3　两个优化模型的异同点

项目	模型	
	两阶段模型	三阶段模型
余留阶段	考虑	考虑
水电机组	按计划进行机组运行	分不可调节和可调节阶段
预报信息	3 天预见期	3 天预见期
目标函数	欠发风险最小、发电量最大	欠发风险最小、发电量最大

对比分析的目的是验证三阶段模型的实用性和优越性。两个模型在预见期内的发电量、欠发率、弃电率和弃水风险对比结果如表 3.4 所示。由表 3.4 可知，基于三阶段模型的水风光互补系统平均发电量可提高 2.23 GW·h，平均弃电率降低了 0.26%。而对于欠发率，均控制在 1% 阈值范围内。弃水风险仅 6 月、8 月和 9 月存在。相比于两阶段模型，三阶段模型在非汛期的效益提高比较明显。例如，11 月水风光互补系统的发电量可提高 6.69 GW·h，弃电率可降低 1.77%。而对于汛期，因为大部分负荷由水电承担，水电机组基本保持全部在线状态，所以两种方法的优化结果基本相同。例如，6 月两种方法的优化结果（发电量、欠发率、弃电率和弃水风险）相同，但汛期整体的发电量有较小的提高。因此，以上对比结果表明，基于三阶段模型的优化结果优于两阶段模型。

表 3.4　两阶段模型和三阶段模型的风险-效益对比结果

时间	发电量/（GW·h）		欠发率/%		弃电率/%		弃水风险/%	
	两阶段模型	三阶段模型	两阶段模型	三阶段模型	两阶段模型	三阶段模型	两阶段模型	三阶段模型
1 月	152.01	154.47	0	0	4.56	4.55	0	0
2 月	136.79	140.14	0	0.32	5.69	5.35	0	0
3 月	154.75	157.26	0	0.42	2.86	2.77	0	0
4 月	131.89	135.66	0	0.01	5.55	4.94	0	0
5 月	146.49	149.32	0.01	0.73	4.49	4.15	0	0
6 月	176.32	176.32	0.20	0.20	8.15	8.15	100	100
7 月	169.62	169.83	0.12	0.13	7.44	7.67	0	0
8 月	184.10	184.18	0.98	0.99	14.43	14.43	100	100
9 月	183.71	183.76	0.90	0.91	13.40	13.48	100	100
10 月	168.66	168.91	0.10	0.10	7.25	7.47	0	0
11 月	131.82	138.51	0	0.59	8.06	6.29	0	0
12 月	118.90	123.43	0	0	8.17	7.64	0	0
年均	154.59	156.82	0.19	0.37	7.50	7.24	25.00	25.00

从上述对比结果可知,无论是发电效益还是发电风险,三阶段模型都优于两阶段模型。

3.1.4 小结

针对水风光互补系统发电计划中预报信息未充分利用、水电机组决策未充分考虑等问题,提出了考虑日前不可调节阶段、可调节阶段及余留阶段的三阶段模型。首先,由于风光出力的波动和水电的调节不足,水风光互补系统不可避免地存在弃风、弃光、弃水和欠发等风险,提出了一套水风光互补系统风险评价指标体系。其次,为描述三阶段风电、光电出力的波动性及预报的不确定性,构建了基于变量相关性和不同预见期的多能随机模拟模型。最后,基于模拟的预报情景和效益-风险评价指标建立了考虑三阶段的水风光互补系统日前发电计划模型。以雅砻江官地水风光互补系统为实例的研究结果表明:

(1)为编制水风光互补系统最优日前发电计划,研究提出了一个耦合日前不可调节阶段、可调节阶段及余留阶段的三阶段模型,模型考虑了各种模拟的预报情景。为了提高计算效率,采用多层嵌套求解方法将复杂、多维的优化模型的决策变量由 294 个减小至 26 个。

(2)采用多个典型日对比三阶段模型和一个未考虑水电机组决策的两阶段模型,结果表明,三阶段模型的优化方案可使水风光互补系统在预见期内的平均发电量增大 2.23 GW·h,相应的弃电率减小 0.26%。对比结果表明,基于三阶段模型的水风光互补系统的安全性和发电效益均高于两阶段模型。

(3)在非汛期,水电机组为了缓解风光出力波动而频繁启停,尤其是在早高峰时段(9:00~11:00),风电出力下降,光电出力刚上升,水电调节最为困难。

3.2 水风光互补系统中期弃电风险模拟

基于水风光的互补性及水电的调节能力,风光规模不断扩大,可再生能源渗入电网的比例越来越大,减少了传统能源的消耗。然而,风光的随机性和波动性也越大,在已有的水电调节能力限制下,水风光互补系统的弃电率也随之增加。因此,探索水风光互补系统的弃电规律尤为重要。在短期,可以通过负荷需求的匹配度评估水风光互补系统的弃风、弃光。然而,在水风光互补系统的长期互补运行中无法准确地描述其弃电规律,导致中长期发电计划出现偏差,水风光互补系统的整体效益有所降低。因此,如何有效模拟水风光互补系统的弃电规律成为一个重要的科学问题。

目前,在中长期调度中为考虑短期互补,可以通过一个优化模型或基于可用水量的 S 形曲线计算水风光互补系统的短期弃电率。然而,对于一个水风光互补系统,风光的波动性是弃电的主要原因,在风光波动较小时,所需的水电量较小,水电的调节能力足以缓解系统弃电,而当风光波动较大时,为了满足负荷或减小弃电风险,所需水电量也较大,水电机组的调节更频繁。基于此,本章提出了以风光波动和水电调节能力为约束条件的水风光互补系统日弃电率模型,旨在实现水风光互补系统弃电率的精准模拟。

3.2.1　水风光短期弃电方式

1. 日内风光波动

在水风光日内互补调度中，出现弃电的主要原因包括风光出力波动较大或水电调节能力不足。对于风光出力的日内波动性，一般采用标准差进行描述，其表达式为

$$\sigma_F = \sqrt{\frac{\sum \left(N_{WP} + N_{PV} - \langle N_{WP} + N_{PV} \rangle\right)^2}{n-1}} \tag{3.17}$$

式中：N_{WP} 和 N_{PV} 分别为风电出力和光电出力，具体计算方法见式（3.3）和式（3.4）；$\langle N_{WP} + N_{PV} \rangle$ 为风光日内平均出力；n 为日内时段数。

2. 水风光互补系统弃电方式

对于一个水风光互补系统，水风光互补运行过程中不可避免地出现弃电现象，对于弃电中弃风和弃光的比例按以下原则进行分配。

（1）该时段仅有风电出力或光电出力时，系统所弃掉的电均为风电或光电。

（2）该时段既有风电出力，又有光电出力时，按照该时段风光出力的比例进行弃电。例如，风电量为 100 MW·h，光电量为 50 MW·h，水风光互补系统的弃电量为 12 MW·h 时，弃风量为 8 MW·h，弃光量为 4 MW·h。

基于上述弃电原则，水风光互补系统的弃风量和弃光量可以表示为

$$\begin{cases} E_{WP}^{PC}(t) = \dfrac{E_{WP}(t)}{E_{WP}(t) + E_{PV}(t)} E^{PC}(t) \\ E_{PV}^{PC}(t) = \dfrac{E_{PV}(t)}{E_{WP}(t) + E_{PV}(t)} E^{PC}(t) \end{cases} \tag{3.18}$$

式中：$E^{PC}(t)$ 为系统弃电量；$E_{WP}^{PC}(t)$ 和 $E_{PV}^{PC}(t)$ 分别为弃风量和弃光量；$E_{WP}(t)$ 和 $E_{PV}(t)$ 分别为风力发电量和光伏发电量。弃风率和弃光率可进一步表示为

$$\begin{cases} \gamma_W = \dfrac{\sum E_{WP}^{PC}(t)}{\sum E_{WP}(t)} \\ \gamma_S = \dfrac{\sum E_{PV}^{PC}(t)}{\sum E_{PV}(t)} \end{cases} \tag{3.19}$$

对于一个确定的水风光互补系统，当风光出力和可用水量已知时，以负荷曲线为约束，通过水量平衡和电力平衡即可模拟出系统的发电量和弃电量。以实测入库流量、风速和光伏数据为模型输入，求得长序列弃电率和总发电量。

3.2.2　多维条件期望的弃电函数

水风光日内互补调度过程中，易出现弃风和弃光风险。而这些风险与风光的波动及

可用水量（或水电量）等变量有关。为了解析这种关系，研究提出了一套考虑短期互补的风险函数，包括弃风率函数和弃光率函数。首先，基于多变量间的相关性建立联合分布函数，然后，以导致水风光互补系统弃电的因素为条件，构建弃电率的多维条件模型。

1. 联合分布的建立

考虑到水风光互补系统的弃电率与风光的波动性和水电的可调节能力等因素有关，基于其相关性建立多变量联合分布。首先，对自变量和因变量进行分布拟合，通过拟合效果优选最佳分布函数。然后，基于因变量和自变量之间的相关性，采用 Copula 函数建立联合分布。

1）边缘分布

对于水风光互补系统，弃风、弃光的主要原因为风光出力波动太大、水电调节能力不足、风光占比过大等。对于这些导致弃电的风险因素，其分布函数可以通过常用水文分布拟合优选，表达式为

$$u_X = F(X) = \int_{-\infty}^{X} f(x)\mathrm{d}x \tag{3.20}$$

式中：X 为输入变量，可以为风光出力波动、风电出力、光电出力、水电出力及水风光总出力；$f(x)$ 为变量 X 的概率密度函数；$F(X)$ 和 u_X 为变量 X 的累积分布函数或概率。

由于水电的互补调节，弃风率和弃光率为 0 的次数可能较多。为此，风险指标的边缘分布采用分段函数进行描述，其函数形式可表示为

$$u_Y = F(Y) = \begin{cases} A, & Y \leq 0 \\ A + B \times \int_{0}^{Y} f(y)\mathrm{d}y, & Y > 0 \end{cases} \tag{3.21}$$

式中：Y 为风险变量，可为弃风率或弃光率；$f(y)$ 为变量 Y 的概率密度函数；$F(Y)$ 和 u_Y 为变量 Y 的累积分布函数或概率；A 为弃风率序列等于 0 的概率；B 为拟合分布的系数，其中 $A+B=1$。

对于边缘分布的选择，采用水文分析常用的 10 种分布函数进行拟合，包括：韦布尔（Weibull，WEI）分布、伽马（Gamma，GAM）分布、广义极值（generalized extreme value，GEV）分布、广义逻辑（generalized logistic，GLO）分布、广义帕累托（generalized Pareto，GPA）分布、广义正态（generalized normal，GNO）分布、耿贝尔（Gumbel，GUM）分布、三参数对数正态（three-parameter lognormal，LN3）分布、正态（normal，NOR）分布和皮尔逊 III 型（Pearson III，P-III）分布。这些分布的参数采用矩法估计（基于 R 语言 lmom 包），采用均方根误差（RMSE）选择拟合效果最佳的分布，采用 KS（Kolmogorov-Smirnov）检验方法确认分布是否通过检验。为了评估这些分布的合理性，经验频率采用目前我国水文计算中常用的数学期望公式。

2）Copula 函数

根据变量之间的相关性，可采用 Copula 函数构建已知变量和风险指标的联合分布。为了解析已知条件下弃电率的期望值，建立两种类型的联合分布：①已知条件的联合分布，即变量 X 的联合分布；②风险和已知条件的联合分布，即变量 X 和风险 Y_i 的联合分

布。其表达式为

$$F(X_1,\cdots,X_n)=C(u_{X,1},\cdots,u_{X,n}) \tag{3.22}$$

$$F(Y_i,X_1,\cdots,X_n)=C(u_{Y,i},u_{X,1},\cdots,u_{X,n}) \tag{3.23}$$

式中：$C(\cdot)$ 为多变量 Copula 函数；$u_{X,1},\cdots,u_{X,n}$ 分别为变量 $X_1,\cdots,X_n$ 的累积概率。

通常采用阿基米德 Copula 函数和椭圆 Copula 函数构建联合分布，对于二维联合分布，通常采用阿基米德 Copula 函数，而对于高维联合分布，通常采用椭圆 Copula 函数。

$$C(u_1,u_2,\cdots,u_n;\boldsymbol{\theta})=\varphi^{-1}[\varphi(u_1;\boldsymbol{\theta})+\varphi(u_2;\boldsymbol{\theta})+\cdots+\varphi(u_n;\boldsymbol{\theta})] \tag{3.24}$$

$$C(u_1,u_2,\cdots,u_n)=\Phi_n[\Phi^{-1}(u_1),\Phi^{-1}(u_2),\cdots,\Phi^{-1}(u_n);\boldsymbol{\rho}] \tag{3.25}$$

式中：$u_1,u_2,\cdots,u_n$ 为边缘分布函数；$\varphi(\cdot)$ 为阿基米德 Copula 函数的生成元；$\varphi^{-1}(\cdot)$ 为生成函数的反函数；$\boldsymbol{\theta}$ 为 Copula 函数的参数；$\Phi_n(\cdot)$ 为 n 维标准正态分布；$\Phi^{-1}(\cdot)$ 为标准正态分布的反函数；$\boldsymbol{\rho}$ 为协方差矩阵。对于 Copula 函数的参数采用极大似然法评估，分布拟合检验采用 RMSE 和 KS 检验方法进行。

2. 水风光互补系统风险函数

水风光互补系统的弃电表现为弃风或弃光，通常存在一个可接受的阈值，如 5%。因此，研究建立了一个大于弃电阈值的条件概率分布，如当风光波动和可用水量一定时，水风光互补系统的弃风率超过 5%的概率。为了进一步解析短期互补调度的弃风率和弃光率，提出了水风光互补系弃电率的条件期望模型和条件最可能模型，即在已知风光波动和可用水量的条件下，通过条件期望模型或条件最可能模型即可计算出水风光互补系弃电率的期望水平和最可能值。

条件期望模型的意义：①已知风光日内波动和可用水量，即可模拟出水风光互补系统日弃电率；②对于已知的风光波动，通过条件期望值的大小可以判断至少需要多少水电能将弃电控制在阈值范围内。

1）弃电率阈值函数

对于已知变量 $\boldsymbol{X}$，在短期互补调度下，风险率 γ 超过某阈值 γ_μ 的概率可以作为风险评估的依据。例如，在风光波动和可用水量一定的条件下，弃风率超过 5%的概率，如概率太大，可增加水力发电量，减少弃风。其条件概率模型可以表示为

$$\begin{aligned}
P(\gamma\geqslant\gamma_\mu\,|\,X_1=x_1,\cdots,X_n=x_n)&=\int_{\gamma_\mu}^1 f(\gamma\,|\,X_1,\cdots,X_n)\mathrm{d}\gamma\\
&=\int_{\gamma_\mu}^1\frac{f(\gamma,X_1,\cdots,X_n)}{f(X_1,\cdots,X_n)}\mathrm{d}\gamma\\
&=\int_{\gamma_\mu}^1\frac{c(u_Y,u_{X,1},\cdots,u_{X,n})f(\gamma)\Pi f(X_i)}{c(u_{X,1},\cdots,u_{X,n})\Pi f(X_i)}\mathrm{d}\gamma\\
&=\int_{u_1}^1\frac{c(u_Y,u_{X,1},\cdots,u_{X,n})}{c(u_{X,1},\cdots,u_{X,n})}\mathrm{d}u_Y
\end{aligned} \tag{3.26}$$

式中：$c(\cdot)$ 为多维联合分布概率密度函数；$f(\cdot)$ 为多变量概率密度函数；$\Pi f(X_i)$ 为变量

X 的概率密度函数的乘积。

2）弃电率期望水平函数

已知输入变量 X，在短期互补调度下，求解风险率 γ 的期望水平。例如，在风光波动和可用水量一定的条件下，求解弃风率的期望水平。其条件期望模型可以表示为

$$
\begin{aligned}
E(\gamma \mid X_1 = x_1, \cdots, X_n = x_n) &= \int_0^1 \gamma \cdot f(\gamma \mid X = x)\mathrm{d}\gamma \\
&= \int_0^1 \gamma \cdot \frac{c(u_Y, u_{X,1}, \cdots, u_{X,n})}{c(u_{X,1}, \cdots, u_{X,n})}\mathrm{d}u_Y \\
&= \int_0^1 F^{-1}(u_Y) \cdot \frac{c(u_Y, u_{X,1}, \cdots, u_{X,n})}{c(u_{X,1}, \cdots, u_{X,n})}\mathrm{d}u_Y
\end{aligned}
\tag{3.27}
$$

式中：$F^{-1}(u_Y)$ 为变量 Y 的累积分布函数的反函数。

3）弃电率最可能函数

已知输入变量 X，在短期互补调度下，推导风险率 γ 的最可能值。在风光波动和可用水量一定的条件下，弃风率或弃光率服从某个分布函数，而该分布的最高点即所求。因此，对条件期望分布进行求导，并求解导数等于 0 对应的弃风率，可以表示为

$$
\begin{aligned}
\frac{\mathrm{d}f(\gamma \mid X = x)}{\mathrm{d}\gamma} &= \frac{\mathrm{d}f(\gamma)c(u_Y, u_{X,1}, \cdots, u_{X,n})}{c(u_{X,1}, \cdots, u_{X,n})\mathrm{d}\gamma} \\
&= \frac{c(u_Y, u_X)}{c(u_X)}\frac{\mathrm{d}f(\gamma)}{\mathrm{d}\gamma} + \frac{\mathrm{d}c(u_Y, u_X)}{c(u_X)\mathrm{d}u_Y}[f(\gamma)]^2
\end{aligned}
\tag{3.28}
$$

$$
c(u_Y, u_X)f'_\gamma(\gamma) + c'_{u_Y}(u_Y, u_X)[f(\gamma)]^2 = 0
\tag{3.29}
$$

式中：u_X 为多个条件变量 X 的累积分布函数的向量；$f'_\gamma(\gamma)$ 为弃电率概率密度函数对弃电率的求导；$c'_{u_Y}(\cdot)$ 为 Copula 函数对弃电率的累积分布的求导。

通过该模型可以评估多种风险变量条件下弃电率的期望值或最可能值，通过该值的大小可以进一步调节可用水量，为互补系统提高资源利用率，减小弃风、弃光提供理论依据。

3.2.3 实例研究

将官地水风光互补系统作为案例进行研究，相关介绍和参数同 3.1.3 小节。模型的输入数据主要包括：入库流量（步长 1 h）、可用水量（步长 1 h）、风速（步长 10 min）和光伏数据（步长 1 h）。时间长度为 2016 年 1 月 1 日～12 月 31 日。

1. 水风光互补系统短期调度结果分析

将 2016 年的实测入库流量、可用水量、风速和光伏数据代入水风光多能互补调度优化模型中，其中水风光互补系统日发电量和水风光月平均占比如图 3.13 所示。由图 3.13 可知，在汛期（6～10 月）水力发电量占水风光互补系统总发电量的 79%～93%，说明

系统发电量主要取决于水电。在非汛期（11 月～次年 5 月）水电月平均占比为 38%～67%，风电的月平均占比为 25%～50%，光电的月平均占比为 8%～12%。这说明在非汛期风光的发电量约占总发电量的 50%。与 10 月相比，11 月的来水较小，风光发电量较大，系统总发电量较大，说明风光的出力互补了水电出力的不足。相比于 3 月，4 月的风光发电量几乎不变。然而，由于水电占比不足，总发电量降低。这说明在非汛期，水风光互补系统中水电的占比不应过低。

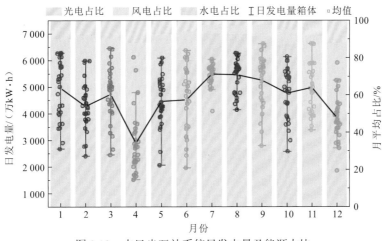

图 3.13 水风光互补系统日发电量及能源占比

水风光互补系统中弃风率和弃光率结果如图 3.14 所示。结果表明，在非汛期，水风光互补系统的平均弃风率和弃光率较小，分别为 9.85% 和 3.62%，说明水风光互补系统的弃电主要为弃风，而弃光率在可接受范围内。弃风率较大的主要原因是水电的出力不足而无法互补所有的风电和光电。在汛期，水风光互补系统的平均弃风率和弃光率都较大，分别为 31.24% 和 37.56%。其主要原因是在汛期，水电站发电量较大，导致剩余输出容量过小而大量弃风、弃光。

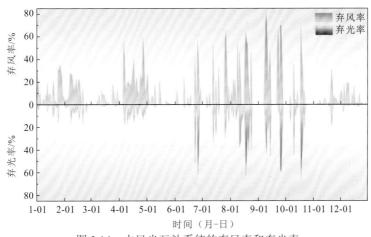

图 3.14 水风光互补系统的弃风率和弃光率

为进一步分析弃风率和弃光率与哪些因素相关，分析了多变量（风光波动、水电、风电、光电及总发电量）的相关性，如图 3.15 所示。在非汛期，弃风率与风光波动、水电、风电和光电的相关性分别为 0.46、–0.42、0.20 和-0.043，说明弃风率主要与风光波动和水电相关。弃风率与风光波动正相关，说明风光波动越大，弃风率越大；与水电负相关，说明水力发电越小，其调节能力越小，弃风率越大。这进一步说明在非汛期水电

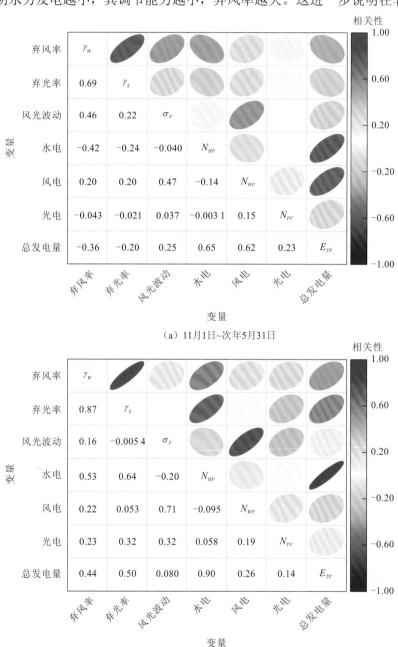

（a）11月1日~次年5月31日

（b）6月1日~10月31日

图 3.15 水风光互补系统风险与能源出力的相关性

平抑了风光波动，缓解了弃风、弃光，水电在日内互补了风光。弃风率与总发电量呈一定的负相关关系，而总发电量由风电和水电决定，风电的大小与风光波动呈较强的相关性。因此，为了获取的信息不重复，在非汛期弃风的主要因素为风光波动和水电。同理可得，弃光率也与风光波动和水电具有一定的相关性。

对于汛期，弃电率（包括弃风率和弃光率）与水电和总发电量相关性较强，而总发电量与水电的相关性为 0.90，说明水风光互补系统的总发电量由水电决定。而弃电率与水电正相关，水电越大，弃电率越大，主要原因是在汛期水电站出力较大，而受到装机容量和输出容量的限制，水电越接近满发，其调节能力越小，输出的风电和光电越小，弃风、弃光也越大。因此，可得出结论：在汛期弃风、弃光的主要因素为水电。

由两个时段的相关性可知，与风光波动相关性最强的为风电，相关性分别为 0.47 和 0.71，结果说明风电的极不稳定性导致了风光波动较大。在非汛期，总发电量与风电呈较强的正相关性，与光电也有一定的相关性，说明风光增大了系统总发电量。在 6 月下旬～11 月上旬，总发电量主要取决于水电。

综上所述，在非汛期，出现弃风和弃光的原因为风光波动和水电，可基于一个三维条件分布建立水风光互补系统弃风率和弃光率的函数模型。在汛期，出现弃风和弃光的原因主要为水电。同理，可基于一个二维条件分布建立水风光互补系统弃风率和弃光率的函数模型。

2. 边缘分布和联合分布的检验

1）边缘分布拟合结果

为了更好地优选出不同变量服从的分布，采用常见的 10 种分布函数拟合变量序列，采用 KS 检验方法和均方根误差（RMSE）指标选择最佳分布函数。在非汛期，检验指标对比结果如图 3.16 所示（RMSE 越小，拟合程度越好；KS 检验方法的 P 值超过 0.05，说明该分布通过检验，图中红色气泡表示未通过检验的分布）。结果表明，弃风率优选的分布函数为 GPA 分布，对应的 RMSE 为 0.019，KS 经验方法的 P 值为 0.95，通过检验。同理，弃光率、风光波动和水电优选的分布函数分别为 GAM 分布、GEV 分布和 GEV 分布。

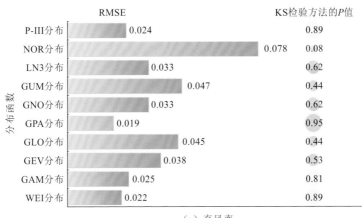

（a）弃风率

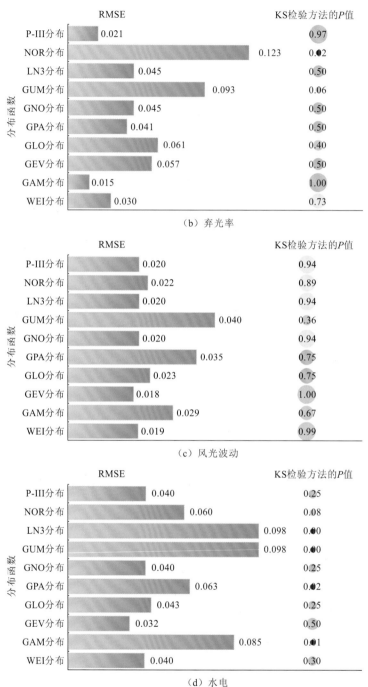

图 3.16 非汛期变量分布选择

四个变量所优选的分布拟合效果如图 3.17 所示，结果显示所选分布可以很好地拟合变量序列。在汛期弃风率、弃光率和水电所优选的边缘分布分别为 GEV 分布、GEV 分布和 GPA 分布。这些所优选的分布函数的参数如表 3.5 所示。

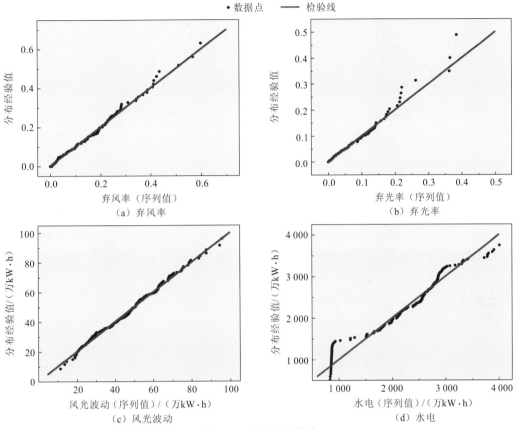

图 3.17　边缘分布拟合

表 3.5　各变量优选分布函数的参数

变量	分布函数	参数 1	参数 2	参数 3
弃风率（非汛期）	GPA 分布	−0.007 7	0.164 2	0.106 0
弃光率（非汛期）	GAM 分布	0.510 3	0.144 1	—
风光波动（非汛期）	GEV 分布	40.244 3	16.164 8	0.178 2
水电（非汛期）	GEV 分布	2 051.11	857.99	0.506 8
弃风率（汛期）	GEV 分布	0.389 0	0.241 8	0.289 9
弃光率（汛期）	GEV 分布	0.540 5	0.243 8	0.628 9
水电（汛期）	GPA 分布	2 043.44	8 790.28	2.484 1

2）联合分布拟合结果

对于联合分布的选择，二维联合分布选择 Frank Copula 函数，三维联合分布选择 Gaussian Copula 函数。对于实例中的联合分布，需建立 2 个二维联合分布和 2 个三维联合分布，如表 3.6 所示。

表 3.6　非汛期和汛期建立的联合分布

时段	变量	边缘分布	联合分布
非汛期	弃风率	$u_1 = F_{GPA}(\gamma_W)$	
	弃光率	$u_2 = F_{GAM}(\gamma_S)$	$H(\gamma_W, \sigma_F, N_{HP}) = \Phi_3[\Phi^{-1}(u_1), \Phi^{-1}(u_3), \Phi^{-1}(u_4)]$
	风光波动	$u_3 = F_{GEV}(\sigma_F)$	$H(\gamma_S, \sigma_F, N_{HP}) = \Phi_3[\Phi^{-1}(u_2), \Phi^{-1}(u_3), \Phi^{-1}(u_4)]$
	水电	$u_4 = F_{GEV}(N_{HP})$	
汛期	弃风率	$u_5 = F_{GEV}(\gamma_W)$	
	弃光率	$u_6 = F_{GEV}(\gamma_S)$	$H(\gamma_W, N_{HP}) = C(u_5, u_7)$
	水电	$u_7 = F_{GPA}(N_{HP})$	$H(\gamma_S, N_{HP}) = C(u_6, u_7)$

　　非汛期所建联合分布的拟合如图 3.18 所示，PCC 为皮尔逊相关系数。弃风率样本和风光波动及水电的相关性较强，所选联合分布的理论概率和经验频率拟合效果较好，其中 RMSE 为 0.010 5，KS 检验方法的 P 值为 0.349 8（>0.05，通过检验）。弃光率、风光波动和水电的联合分布拟合结果：RMSE 为 0.013 7，KS 检验方法的 P 值为 0.238 9（>0.05，通过检验）。结果说明所选 Gaussian Copula 函数可以很好地描述联合分布。

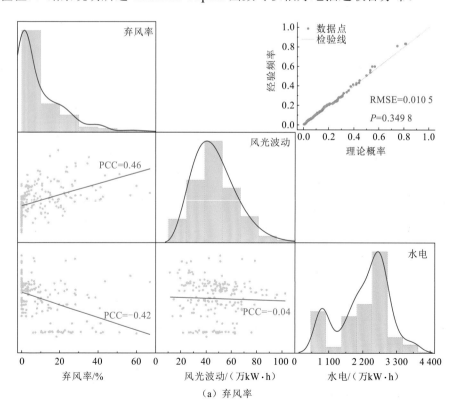

（a）弃风率

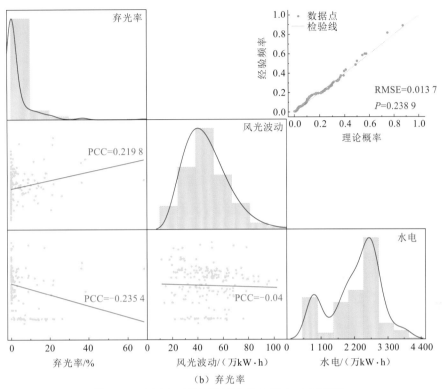

（b）弃光率

图 3.18　水风光互补系统联合分布拟合（非汛期）

汛期所建联合分布的拟合如图 3.19 所示。弃风率样本和水电的相关性较强，通过二维 Copula 函数计算的理论概率和对应的经验频率拟合效果较好，其中 RMSE 为 0.029 4，KS 检验方法的 P 值为 0.809 8（＞0.05，说明联合分布服从所选 Copula 函数的假设不会被拒绝）。弃光率和水电的联合分布拟合结果：RMSE 为 0.036 1，KS 检验方法的 P 值为 0.809 8（＞0.05，通过检验）。结果说明所选 Copula 函数可以很好地描述联合分布。

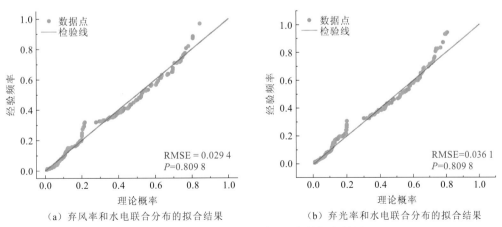

（a）弃风率和水电联合分布的拟合结果　　　　（b）弃光率和水电联合分布的拟合结果

图 3.19　弃电率与水电联合分布的拟合结果

3. 水风光互补系统风险函数

采用所提出的条件概率模型可以评估水风光互补系统不同输入条件下日内互补调度的弃电率超过阈值的概率,可为水风光互补系统互补调度的弃电风险评估提供参考。进一步,利用条件期望模型或条件最可能模型对水风光互补系统日内互补调度的弃电率进行期望水平和最可能评估,该期望值或最可能值可用于中长期嵌套日模型时弃电率的计算。

1)弃电率阈值函数

通过条件概率模型可以计算出弃电率超过 5% 的概率。水风光互补系统在非汛期的计算结果如图 3.20 所示。从图 3.20 可以看出,当风光波动较小时,弃风率和弃光率基本可以控制在 5% 以内。例如,当风光波动为 20 万 kW·h 时,若可用水电量超过 2 000 万 kW·h,那么弃风率低于 5% 的概率为 85%,弃光率低于 5% 的概率为 90%。当可用水电量超过 4 000 万 kW·h 时,弃风率和弃光率低于 5% 的概率接近 100%。这说明水电可以完全互补风光波动。然而,当风光波动较大,水电较小时,弃风率和弃光率则很难控制在 5% 以内。例如,当风光波动为 80 万 kW·h,水电为 1 000 万 kW·h 时,弃风率低于 5% 的概率接近 0,而弃光率低于 5% 的概率也很小。这说明风光波动太大,水风光互补系统肯定会弃电,而且会超过 5% 的控制范围。当水电超过 4 000 万 kW·h 时,无论风光波动多大,水风光互补系统的弃电率基本可以控制在 5% 以内。

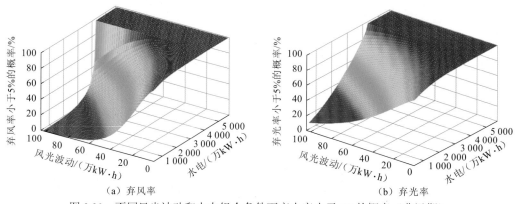

(a)弃风率   (b)弃光率

图 3.20 不同风光波动和水电组合条件下弃电率小于 5% 的概率(非汛期)

同理,对于汛期的水风光互补系统,基于条件概率模型可以计算出弃电率超过 5% 的概率,结果如图 3.21 所示。从图 3.21 可以看出,当水电较小时,弃电率控制在 5% 的概率很大。其主要原因是在汛期,风光出力都较小,水电足以平抑其波动。例如,当可用水电量约为 2 000 万 kW·h 时,弃风率和弃光率低于 5% 的概率约为 100%。当可用水电量超过 5 000 万 kW·h 时,弃风率和弃光率低于 5% 的概率非常小。其主要原因是水电太大,很难将所有风光输送出去,弃风率和弃光率则很难控制在 5% 以内。

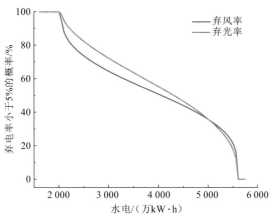

图 3.21　不同风光波动和水电组合条件下弃电率小于 5% 的概率（汛期）

2）弃电率期望水平函数

基于条件期望模型计算得出不同风光波动和水电组合条件下弃电率的期望水平，非汛期结果如图 3.22 所示。弃风率随着水电的增加会降低，当风光波动较小时，只需少量的水电即可控制弃风。例如，当风光波动为 20 万 kW·h 时，弃风率和弃光率可控制在 5% 以内。然而，当风光波动较大时，水风光互补系统一定发生弃风、弃光。例如，当风光波动为 60 万 kW·h，可用水电量小于 1 000 万 kW·h 时，水风光互补系统的弃风率和弃光率至少为 22% 和 10%。当可用水电量达到一定值时，水风光互补系统的弃电率基本可以控制在 5% 以内。例如，当水电为 3 300 万 kW·h 时，弃风率和弃光率低于 5%。对条件期望结果分析可得，在中长期调度中，若已知风光波动的大小，可通过调节水量将系统的弃电率控制在可行阈值范围内。

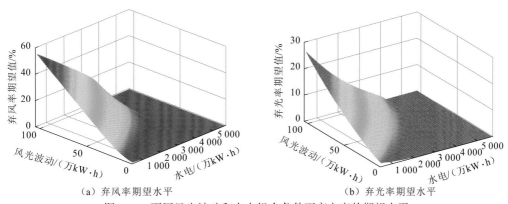

（a）弃风率期望水平　　　　　　　　（b）弃光率期望水平

图 3.22　不同风光波动和水电组合条件下弃电率的期望水平

对水风光日内互补调度结果分析可知，汛期弃电率仅与水电相关，其条件期望水平如图 3.23 所示。弃风率随着水电的增加会增加，主要原因为水电出力较大甚至满发，送出线路的空余容量较小，更容易产生弃风、弃光。例如，当可用水电量约为 5 500 万 kW·h 时，弃风率和弃光率达到最大值。在汛期，当可用水电量偏小时，在风光出力较小的情况下，水风光互补系统的弃风率和弃光率的期望水平较小。例如，当可用水电量为

2 500 万 kW·h 时，弃电率可控制在 10%以内。对条件期望结果分析可知，在中长期调度中，根据水电的出力大小可以评估水风光互补系统弃电率的期望水平。

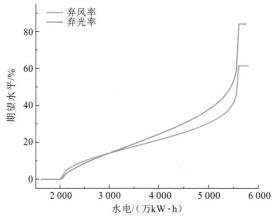

图 3.23 不同水电条件下弃电率的期望水平

4. 风险函数的检验与对比分析

采用 2017 年水库入库流量、风速和光伏数据，通过水风光短期互补调度模型优化出弃风率、弃光率和总发电量。基于实测风电和光电的风光波动与水力发电量，通过条件期望模型或条件最可能模型求得弃风率和弃光率。为了验证条件模型的优势，对比分析了条件最可能模型、条件期望模型、线性函数与优化模型的拟合效果，结果如图 3.24 所示。从每个月的拟合结果可知，线性函数低估了弃电率（包括弃风率和弃光率），可用于模拟弃电率较小值。而条件最可能模型有效模拟了弃电率较大值，易高估弃风率较小的情景。例如，对于 1 月弃风率，条件最可能模型可以较好地模拟弃风率较大的情景。1 月26 日优化模型的弃风率为 29.70%，条件最可能模型的计算结果为 29.96%，而条件期望模型和线性函数的结果分别为 18.38%和 13.55%。从 3 月的结果可知，条件最可能模型高估了弃光率，说明该模型会高估较小的弃电率情景。

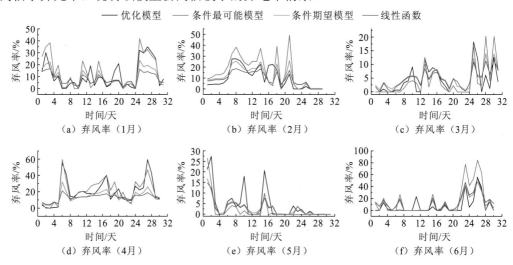

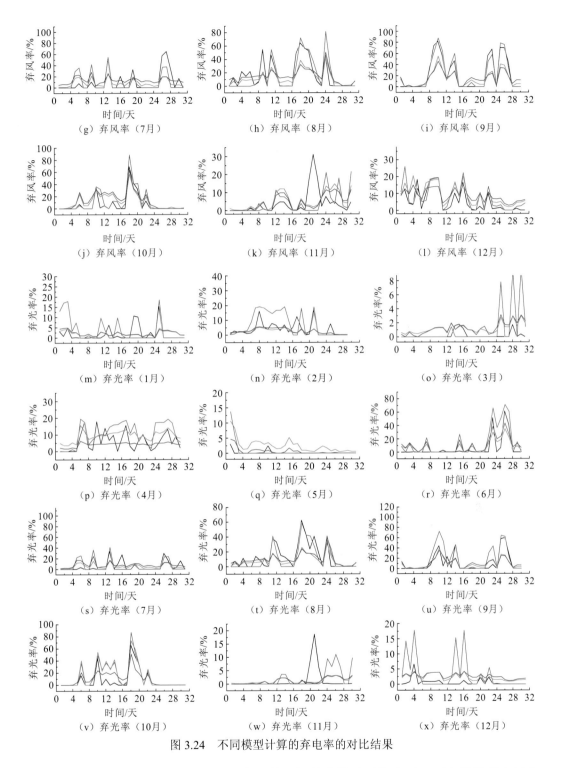

图 3.24　不同模型计算的弃电率的对比结果

对于条件期望模型，拟合效果虽有误差，但基本处于平均水平，可有效模拟弃风率的平均水平。例如，1 月的弃风率均值为 11.27%，最可能值为 13.23%，期望值为 10.09%，线性函数结果为 8.29%。对于弃光率，月平均值为 1.81%，最可能值为 3.32%，期望值为 2.09%，线性函数结果为 2.13%。从 RMSE 的结果（图 3.25）可以进一步看出，条件期望模型的拟合效果最好。

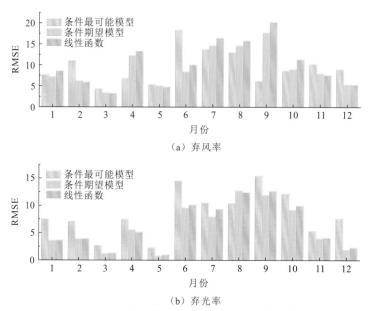

（a）弃风率

（b）弃光率

图 3.25 条件模型与线性函数 RMSE 结果对比

综上所述，所提出的条件模型可以很好地描述水风光互补系统短期互补调度的弃风率和弃光率，且模拟效果优于线性函数。通过实例结果得出如下结论：若评估的弃风率或弃光率较大，可将条件最可能模型计算结果作为优选方案；若评估的弃风率或弃光率较小，可将条件期望模型或线性函数计算结果作为优选方案。而对于水风光互补系统日弃电率的模拟，应采用条件最可能模型，日以上尺度应采用条件最可能模型或条件期望模型。

3.2.4 小结

围绕水风光互补系统弃电风险难以刻画、演化规律难以捕捉等问题，构建了水风光互补系统弃电率解析函数。首先，采用相关性方法定量分析了关键风险因子对水风光互补系统弃电率的影响及其影响程度，探明了水风光互补系统弃风率、弃光率与风光波动、水电等多因素之间的互馈关系。其次，为表征多风险因素对水风光互补系统弃电率的影响，建立了基于多风险因素的多维条件期望模型，揭示了不同风险阈值下水风光互补系统弃电的演化规律，实现了水风光互补系统弃电率的精准模拟。实例结果表明：

（1）在非汛期，水风光互补系统的平均弃风率和弃光率较小，分别为 9.85% 和 3.62%，说明水风光互补系统的弃电主要为弃风，而弃光率在可接受范围内。弃风率较大的主要原因是水电的出力不足而无法互补所有的风电和光电。在汛期，水风光互补系统的平均弃风率和弃光率都较大，分别为 31.24% 和 37.56%，主要原因是在汛期，水电站几乎满发，无法互补风光出力而导致大量弃风、弃光。

（2）对于相关性分析结果，在非汛期，弃电率的大小主要与风光波动和水电有关，在汛期，弃电率仅与水电有关。以此相关性结果构建多维条件分布函数模型，由拟合检验结果可知，对于非汛期，弃风率、弃光率、风光波动和水电优选的分布函数分别为 GPA 分布、GAM 分布、GEV 分布和 GEV 分布。而弃风率、弃光率和水电在汛期优选的边缘分布分别为 GEV 分布、GEV 分布和 GPA 分布。所选 Gaussian Copula 函数也可以很好地描述联合分布。

（3）相比于线性函数，所提条件期望模型和条件最可能模型可以更好地模拟弃电率。条件最可能模型适用于评估弃电率较大的情景，条件期望模型适用于日尺度以上的弃电率评估。本节为水风光互补系统风险评估提供了一种新的方法，同时也为能源系统实现中长期互补运行提供了理论依据。

3.3　考虑电力市场的短期调度

3.3.1　考虑日前市场竞价和合同分解的水风光互补系统短期优化调度

在电力市场中，由于复杂的市场机制及资源与电价的多重不确定性，水风光互补系统的调度决策更为困难。根据不同的时间尺度，电力市场主要包括现货市场与远期市场，在现货市场中，水风光互补系统需要制订最优的日前市场竞价策略以最大化效益；在远期市场中，水风光互补系统可以通过签订双边合同以约定价格出售一定的电量。日前市场竞价策略和远期市场的双边合同会相互影响。双边合同被划分为不同的时间尺度（月、周、日），在日尺度的双边合同签订之后，日尺度合同的总电量需要被分解到一天中的各个时段。日尺度合同的分解方式可能会影响水风光互补系统在日前市场的竞价策略和效益；反之，日前市场的竞价策略与电价也会影响日尺度合同的完成。因此，日前市场竞价和日尺度合同分解的协同优化通过协调现货市场与远期市场可能可以增加水风光互补系统的整体效益。为此，本节拟开展考虑日前市场竞价和合同分解的水风光互补系统短期优化调度研究。

本节方法旨在协同优化水风光互补系统在日前市场的竞价策略，以及日尺度合同的分解，包括以下三步：①考虑风光及电价的不确定性，随机模拟生成风光及电价的情景，通过同步回代缩减的方法缩减情景数量，并将这些情景作为模型输入；②以水风光互补系统日前市场竞价与日尺度合同的总效益最大为目标函数，考虑水风光互补系统短期优化调度的相关约束条件，构建随机优化调度模型；③采用双层嵌套求解方法进行求解，外层通过布谷鸟算法优化日前市场的竞价策略及日尺度合同的分解，内层通过 DP 方法优化水电机组负荷分配。

将雅砻江官地水风光互补系统作为研究案例，其包括官地水电站及其附近的 5 座风电站与 3 座光伏电站，具体参数见表 3.7。

表 3.7 官地水风光互补系统详细参数

系统组成	参数	值	单位
官地水电站	装机容量	2 400	MW
	最小下泄流量	305	m^3/s
	最高上游水位	1 330	m
	最低上游水位	1 328	m
	水库调节库容	1.232	亿 m^3
	最小发电水头	91.7	m
	最大发电水头	128	m
	水头损失	2	m
光伏电站	总装机容量	920	MW
风电站	总装机容量	2 411	MW
水风光互补系统	传输线路容量	2 400	MW

研究数据包括以下 5 类：①2016 年小时尺度水库入库流量、上游水位、水电站出力；②2016 年 10min 尺度测风塔风速数据；③来源于 PVGIS 的 2016 年小时尺度光伏出力系数；④由于中国现货市场暂处于试运行阶段，参考的 Nord Pool 电力市场的小时尺度电价数据；⑤假设水风光互补系统为价格接受者，将每个月平均出力的 70%设定为日尺度合同的总能量，日尺度合同总能量的 50%、30%和 20%被划分至一天中的峰时段、平时段和谷时段。其中，峰时段设定为 9:00～12:00 和 18:00～23:00，平时段设定为 7:00～9:00 和 12:00～18:00，谷时段设定为 1:00～7:00 和 23:00～24:00。日尺度合同的电价假定为日前市场预测电价的平均值。所有的时间序列数据都被线性插值处理为小时尺度。布谷鸟算法的种群大小和迭代次数分别设定为 100 和 1 000。

如图 3.26 所示，与作为对比的日尺度合同平均分解方案相反，日尺度合同最优分解方案下在同一时段（峰时段、平时段或谷时段）各小时的日尺度合同分解量是不同的。在第 8、9、10、18 和 19 小时，预测的日前市场电价远远高于日尺度合同电价，在这些小时内，日尺度合同最优分解方案下的日尺度合同分解量小于日尺度合同平均分解方案。在日前市场电价较高的小时，较小的日尺度合同分解量可以为日前市场竞价留下较大的空间，因此可以增加总利润。与日尺度合同电价相比，预测的日前市场电价在第 24 小时比较低，因此日尺度合同最优分解方案下，第 24 小时的日前市场竞价量比日尺度合同平均分解方案小。上述结果表明，日尺度合同最优分解方案可以根据电价的变化留出自适应竞价空间，将日尺度合同在三个时段的总能量更灵活、更合理地分配到一天中的每个小时，因此在日前市场电价高于日尺度合同电价时，可以在日前市场上出售更多的能量。

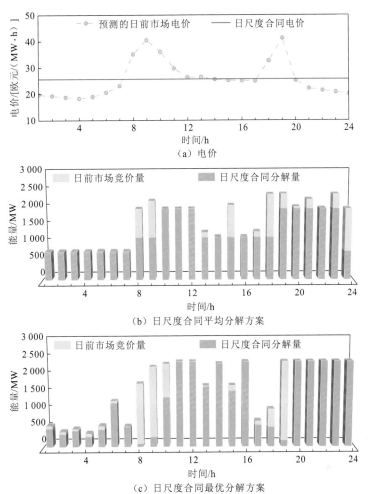

（a）电价

（b）日尺度合同平均分解方案

（c）日尺度合同最优分解方案

图 3.26　2016 年 3 月 3 日最优日前市场竞价策略与日尺度合同分解结果

　　图 3.27 展示了在日尺度合同平均分解与最优分解方案下，2016 年各月典型日在 100 组不同风光及电价情景下的效益。在 12 个月的典型日中，日尺度合同最优分解方案的平均效益均大于日尺度合同平均分解方案，效益增加百分比为 0.48%~9.80%，平均值为 3.34%。这表明，尽管每日合同能量的总量和价格是确定的，但在多重不确定性下，每日合同的优化分解可以增加水风光互补系统日前市场竞价与日尺度合同的总效益。此外，相较于日尺度合同平均分解方案，日尺度合同最优分解方案下效益的变化范围更大，这是因为在日尺度合同平均分解方案下，每天每小时的合同能量是确定的，与日尺度合同最优分解方案相比，决策变量的维度和效益的变化范围会减小。

　　图 3.28 展示了 2016 年 3 月 1 日两种方案下的水风光互补系统弃电率、日尺度合同完成率、日前市场竞价完成率。在日尺度合同最优分解方案下，100 个随机输入情景下的日前市场竞价完成率均大于 98.78%，平均为 99.93%，而弃电率则均低于 4.0%，平均为 0.88%；而在日尺度合同平均分解方案下，日前市场竞价完成率在 73%~100%，平均为 92.68%，一些情景下的弃电率大于 5%，平均达 1.53%。这是由于在日尺度合同平均

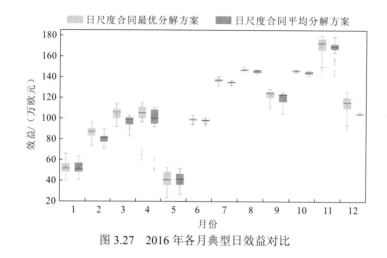

图 3.27　2016 年各月典型日效益对比

分解方案下，每小时分解的合同能量是确定的，风电和光电的不确定性与波动可能导致弃电发生；在日尺度合同最优分解方案下，每小时分解的合同能量可以根据预测的风力和光伏发电量进行适应性调整，因此可以减少弃电。

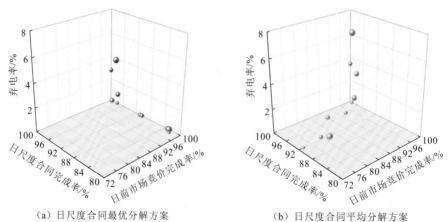

（a）日尺度合同最优分解方案　　　　　（b）日尺度合同平均分解方案

图 3.28　典型日两种方案下水风光互补系统的弃电率、日尺度合同完成率、日前市场竞价完成率

本节探讨了作为价格接受者的水风光互补系统日前市场竞价和合同分解的协同优化，构建了随机短期优化调度模型来同步优化日前市场竞价策略与日尺度合同分解，采用耦合布谷鸟算法与 DP 方法的双层嵌套求解方法求解模型。以雅砻江流域的官地水风光互补系统为例开展实例研究，结果如下。

（1）提出的优化调度模型可以根据电价变化为日前市场留下灵活的竞价空间，将日尺度合同的总能量合理地分解到一天内的各个小时，如当日前市场电价高于日尺度合同电价时，可以在日前市场出售更多的能量。

（2）与日尺度合同平均分解方案相比，日尺度合同最优分解方案可以增加水风光互补系统日前市场竞价与日尺度合同的总效益，典型日内平均可增加效益 3.34%。

（3）与日尺度合同平均分解方案相比，日尺度合同最优分解方案下弃电率从 1.53%

降低至 0.88%，日尺度合同完成率平均可提高 7.82%。

上述结果验证了所提出的方法可以有效地用于优化水风光互补系统日前市场竞价与日尺度合同分解策略。本节研究仍存在一些不足，如更为准确的风光情景可以通过物理模型预测模拟，本节方法仅适用于作为价格接受者的水风光互补系统，这些问题可以在之后的研究中进一步探讨。

3.3.2　考虑远期资源价值的互补系统短期竞标策略制订

由于水库系统调度运行的序贯性与水、风、光等资源的预报不确定性，如何综合考虑预见期外资源的价值进行水风光互补系统现货市场的竞标尤为重要，步骤如下：①首先利用集合预测描述水、风、光资源预见期外的不确定性；②对水风光互补系统远期资源价值的效用函数进行拟合，将水库蓄水量、预测的平均入流、光伏和风力发电输出及平均现货价格作为自变量；③建立双层嵌套模型，采用滚动优化方法，在预见期内和预见期外共同实现利润最大化。以锦屏一级水风光互补系统为研究案例，利用模型外层输出最优竞标曲线，使用模型内层优化机组状态及决策。锦屏一级水风光互补系统的特性参数如表 3.8 所示。

表 3.8　锦屏一级水风光互补系统特性参数表

系统组成	参数	值
水电站	装机容量/MW	3 600
	单一水电机组装机容量/MW	600
	汛限水位/m	1 859
	死水位/m	1 800
	正常蓄水位/m	1 880
	最小机组开关时间/h	1
	最小机组泄流量/ (m³/s)	122
	年均发电量/ (10^3 GW·h)	16.6
光伏电站	一号光伏电站装机容量/MW	2 000
	二号光伏电站装机容量/MW	300
	额定辐射强度/ (W/m²)	1 000
	额定温度/℃	25
风电站	一号风电站装机容量/MW	99
	二号风电站装机容量/MW	136.5
	三号风电站装机容量/MW	48
	额定风速/ (m/s)	15
水风光互补系统	电网传输容量限制/MW	3 600

按小时尺度收集的数据如下。

（1）锦屏一级水库入流数据。

（2）地表表层温度数据和入射短波通量数据来自峨眉山站。风速数据（10 m）来自盐源站。2002～2017 年收集了与可再生能源发电相关的数据（http://data.cma.cn/）。

（3）锦屏一级水库的泄流数据（2016～2017 年）。

利用 5 个拐点描述每一时刻的竞标曲线。通过使用双层嵌套模型，决策变量的数量减少到 240 个。图 3.29 中显示了水库库容百分比（预见期末）与预见期外水风光互补系统收益的相关关系。

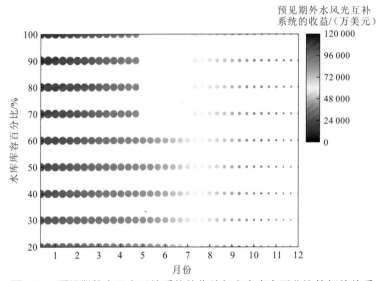

图 3.29　预见期外水风光互补系统的收益与水库库容百分比的相关关系

结果表明，预见期外的未来利润随着水库蓄水量的增加而增加。应该注意的是，5 月中旬～7 月中旬水库的运行水位低于汛限水位。在此基础上，本节拟合了预见期外未来利润关于水库蓄水量的线性函数。将预见期末水库的蓄水量、预期平均径流、光伏和风力发电输出及预见期外的平均现货价格作为自变量，将 R^2 作为评价指标，结果显示各月的 R^2 均超过 0.6，验证了函数的有效性。

在此基础上，使用滚动优化方法，对水风光互补系统的竞标策略进行优化，并获得机组运行策略：目标为最大化远期利润与预见期内的利润。外层采用布谷鸟算法，内层采用 DP 方法，其中布谷鸟算法的种群大小设置为 100，迭代次数设置为 500，以在可接受的计算时间（优化单日竞标策略约耗费 0.5 h）内获得良好的结果，见图 3.30。

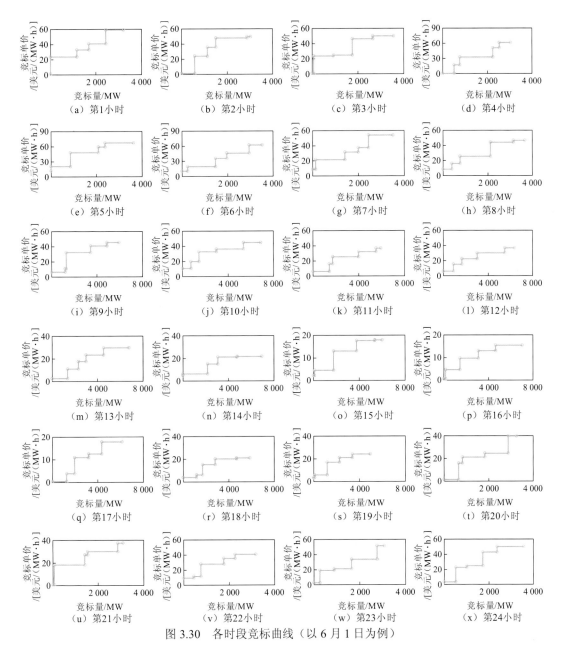

图 3.30　各时段竞标曲线（以 6 月 1 日为例）

此外，本节进一步推导了未考虑预见期外收益（OBS-FLH）的最优竞标策略。

图 3.31 中显示，与 OBS-FLH 相比，优化竞标方案（OBS）在预见期外获得了更多利润，而在预见期内获得的利润更少。它表明，2016 年 3 月、6 月、9 月和 12 月，OBS的预期总利润在 10 天内提高了 0.45%。这表明在制订竞标策略的时候，考虑水风光互补系统预见期外的利润至关重要。

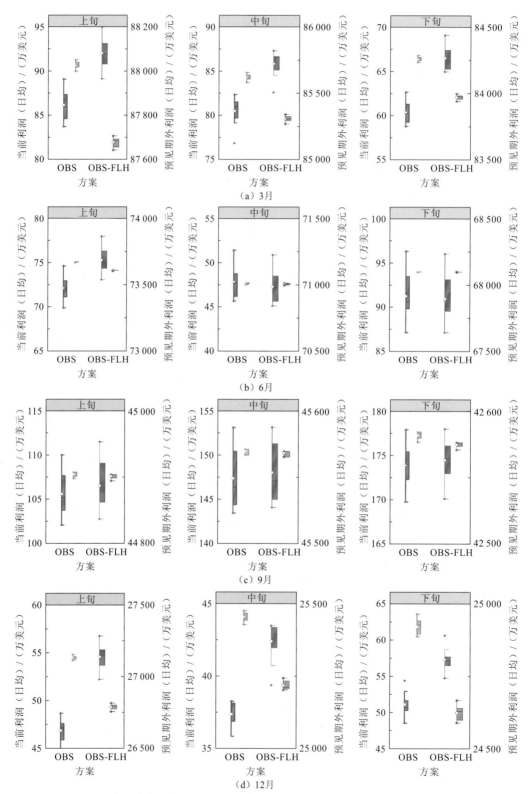

图 3.31　优化竞标方案（OBS）和对比方案（OBS-FLH）竞标策略的结果比较

第 4 章

Chapter 4

水风光互补系统中长期
联合优化调度

4.1 基于两阶段调度模型的水风光互补系统长期解析调度函数

4.1.1 两阶段互补调度

采用隐随机优化和显随机优化的模拟优化方法对调度函数进行推求[1-4]。但是，模拟优化方法推求调度函数时，受决策因子和函数形式选择的影响。模拟优化方法推求调度函数虽然可以取得较好的效果，但缺乏理论层面的剖析。因此，需要理论推导水风光互补系统的解析调度函数。水风光互补系统长期调度模型分为两阶段：第一阶段为当前时段 t，第二阶段为从时段 $t+1$ 到调度期末。本小节首先计算了水电站发电量，然后以发电量最大为目标，构建了水风光互补调度模型。

在长期调度中，时段 t 内水电站发电量的计算公式可以写作：

$$b_{LH}[S_l(t), S_l(t+1), q_l^{VO}(t)] = \eta \left\{ \frac{Z_l^{up}[S_l(t)] + Z_l^{up}[S_l(t+1)]}{2} - Z_l^{down} \right\} q_l^{VO}(t) \tag{4.1}$$

式中：$b_{LH}[S_l(t), S_l(t+1), q_l^{VO}(t)]$ 为时段 t 内的水电站发电量，$S_l(t)$ 为长期调度中，时段 t 初的水库库容，$q_l^{VO}(t)$ 为长期调度中，时段 t 内水库泄流量，以体积单位表示；η 为水电站综合出力系数；$Z_l^{up}(\cdot)$ 为水库水位库容关系，将库容 $S_l(t)$ 转换为长期调度中的上游水位 $Z_l^{up}[S_l(t)]$；Z_l^{down} 为长期调度中的下游水位，简化为常数[5]；$\left\{ \dfrac{Z_l^{up}[S_l(t)] + Z_l^{up}[S_l(t+1)]}{2} - Z_l^{down} \right\}$ 为时段 t 内平均水头。

以上水电站发电量的计算公式为离散形式。为推求积分形式，假设水库入流在每个阶段初立即引起上游水位的增加。无穷小的水电站发电量 $\mathrm{d}b_{LH}[S_l(t), S_l(t+1), q_l^{VO}(t)]$ 为

$$\mathrm{d}b_{LH}[S_l(t), S_l(t+1), q_l^{VO}(t)] = \eta \left\{ \frac{Z_l^{up}[S_l(t)] + Z_l^{up}[S_l(t) - \mathrm{d}q_l^{VO}(t)]}{2} - Z_l^{down} \right\} \mathrm{d}q_l^{VO}(t) \tag{4.2}$$

式中：$\mathrm{d}q_l^{VO}(t)$ 为无穷小的水库泄流量。对于无穷小的水库泄流量，$Z_l^{up}[S_l(t)]$ 约等于 $Z_l^{up}[S_l(t) - \mathrm{d}q_l^{VO}(t)]$。此外，$\mathrm{d}q_l^{VO}(t)$ 等于 $-\mathrm{d}S_l(t)$。无穷小的水电站发电量简化为

$$\mathrm{d}b_{LH}[S_l(t), S_l(t+1), q_l^{VO}(t)] \approx -\eta\{Z_l^{up}[S_l(t)] - Z_l^{down}\}\mathrm{d}S_l(t) = -\eta h[S_l(t)]\mathrm{d}S_l(t) \tag{4.3}$$

式中：$h[S_l(t)]$ 为时段 t 内平均水头。

长期调度中，时段 t 内的可供水量 $\mathrm{AW}(t)$ 是时段初库容 $S_l(t)$ 与时段内入库水量 $Q_l^{VO}(t)$ 之和。其中，$Q_l^{VO}(t)$ 以体积单位表示。由于 $S_l(t+1)$ 等于 $S_l(t) + Q_l^{VO}(t) - q_l^{VO}(t)$，可供水量 $\mathrm{AW}(t)$ 可以写作：

$$\mathrm{AW}(t) = S_l(t) + Q_l^{VO}(t) = S_l(t+1) + q_l^{VO}(t) \tag{4.4}$$

第一阶段水电站发电量可以表示为[6]

$$b_{LH}[q_l^{VO}(t)] = -\eta \int_{AW(t)}^{AW(t)-q_l^{VO}(t)} h[S_l(t)]dS_l(t) = \eta \int_{AW(t)-q_l^{VO}(t)}^{AW(t)} h(x_{ST})dx_{ST} \quad (4.5)$$

式中：x_{ST} 为库容积分变量。当库容超过水库最大库容时，水头 $h(x_{ST})$ 为常数。类似地，第二阶段水电站发电量可以表示为

$$b_{LH}^{cum}[S_l(t+1)+Q_l^{CV}(t+1)] = \eta \int_0^{S_l(t+1)+Q_l^{CV}(t+1)} h(x_{ST})dx_{ST} \quad (4.6)$$

式中：$b_{LH}^{cum}[S_l(t+1)+Q_l^{CV}(t+1)]$ 为长期调度中，第二阶段水库累计发电量（从时段 $t+1$ 到调度期末 T 的发电量之和），$Q_l^{CV}(t+1)$ 为第二阶段累计入库水量，以体积单位表示，即 $Q_l^{CV}(t+1)$ 等于 $Q_l^{VO}(t+1)+Q_l^{VO}(t+2)+\cdots+Q_l^{VO}(T)$。积分下限设为 0，因为在第二阶段能源需求极大时水库可能被腾空。

第二阶段水库累计入库水量通常不是确定的，假定为独立同分布[7]。$f_{Q_l^{CV}(t+1)}(\cdot)$ 是 $Q_l^{CV}(t+1)$ 的概率密度函数。考虑弃水，第二阶段累计期望发电量为

$$\begin{aligned}b_{LH}^{cum}[S_l(t+1)+Q_l^{CV}(t+1)] &= \int_0^{+\infty} b_{LH}^{cum}[S_l(t+1)+x_{CI}]f_{Q_l^{CV}(t+1)}(x_{CI})dx_{CI} \\ &= \int_0^{\overline{S}+\overline{q_l^{CV}}(t+1)-S_l(t+1)} b_{LH}^{cum}[S_l(t+1)+x_{CI}]f_{Q_l^{CV}(t+1)}(x_{CI})dx_{CI} \\ &\quad + b_{LH}^{cum}[\overline{S}+\overline{q_l^{CV}}(t+1)]\int_{\overline{S}+\overline{q_l^{CV}}(t+1)-S_l(t+1)}^{+\infty} f_{Q_l^{CV}(t+1)}(x_{CI})dx_{CI}\end{aligned} \quad (4.7)$$

其中，

$$b_{LH}^{cum}[S_l(t+1)+x_{CI}] = \eta \int_0^{S_l(t+1)+x_{CI}} h(x_{ST})dx_{ST}$$

式中：x_{CI} 为第二阶段累计入库水量对应的积分变量；$\overline{q_l^{CV}}(t+1)$ 为第二阶段的最大泄流量，以体积单位表示；$\overline{S}$ 为水库库容上界。如图 4.1 所示，当 $Q_l^{CV}(t+1)$ 小于 $\overline{S}+\overline{q_l^{CV}}(t+1)-S_l(t+1)$ 时，弃水不会发生。

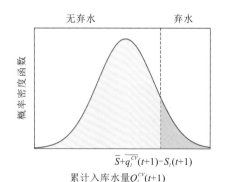

图 4.1 第二阶段累计入库水量的概率密度函数

风力发电和光伏发电均具有随机性与间歇性，对其发电量进行聚合，可以形成风光总发电量[8]。两阶段调度模型构建如下：

$$
\begin{cases}
\max \ (1-\overline{\gamma})\{b_{LH}[q_l^{VO}(t)] + b_{LH}^{cum}[S_l(t+1) + Q_l^{CV}(t+1)] + b_{LR}(t) + b_{LR}^{cum}(t+1)\} \\
\quad - \displaystyle\int_{N_{TR}\Delta t/(1-\overline{\gamma}) - b_{LH}[q_l^{VO}(t)]}^{\overline{b_{LR}(t)}} ((1-\overline{\gamma})\{b_{LH}[q_l^{VO}(t)] + x_{RE}\} - N_{TR}\Delta t) f_{b_{LR}(t)}(x_{RE}) \mathrm{d}x_{RE} \\
\quad - \displaystyle\int_{N_{TR}\Delta t^{cum}/(1-\overline{\gamma}) - b_{LH}^{cum}[S_l(t+1)+Q_l^{CV}(t+1)]}^{\overline{b_{LR}^{cum}(t+1)}} ((1-\overline{\gamma})\{b_{LH}^{cum}[S_l(t+1) + Q_l^{CV}(t+1)] + x_{CR}\} \quad (4.8) \\
\quad - N_{TR}\Delta t^{cum}) f_{b_{LR}^{cum}(t+1)}(x_{CR}) \mathrm{d}x_{CR} \\
\mathrm{AW}^{total} = S_l(t+1) + Q_l^{CV}(t+1) + q_l^{VO}(t)
\end{cases}
$$

式中：$\overline{\gamma}$ 为短期调度中由出力超过负荷曲线导致的平均弃电率，该值不包含由出力超过传输能力限制导致的弃电率；$b_{LH}[q_l^{VO}(t)] + b_{LH}^{cum}[S_l(t+1) + Q_l^{CV}(t+1)]$ 为长期调度第一阶段和第二阶段水电站发电量之和；$b_{LR}(t)$ 为长期调度第一阶段风光总发电量；$b_{LR}^{cum}(t+1)$ 为长期调度第二阶段风光总发电量；$\overline{b_{LR}(t)}$ 和 $\overline{b_{LR}^{cum}(t+1)}$ 分别为长期调度第一阶段与第二阶段最大风光总发电量；N_{TR} 为传输能力限制；Δt 为第一阶段时间步长；Δt^{cum} 为第二阶段时长，Δt^{cum} 等于 $T-t$；$f_{b_{LR}(t)}(\cdot)$ 和 $f_{b_{LR}^{cum}(t+1)}(\cdot)$ 分别为 $b_{LR}(t)$ 和 $b_{LR}^{cum}(t+1)$ 的概率密度函数；x_{RE} 和 x_{CR} 分别为第一阶段和第二阶段风光总发电量对应的积分变量；AW^{total} 为第一阶段和第二阶段总可供水量。

目标函数的第一行表示第一阶段和第二阶段的总发电量；目标函数的第二行表示第一阶段的期望弃电量；目标函数的第三行和第四行表示第二阶段的期望弃电量。如图4.2所示，当发电量超过传输能力限制时发生弃电。

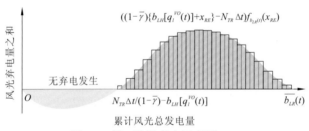

图4.2　第一阶段弃电示意图

第一阶段水电站发电量与风光总发电量 $(1-\overline{\gamma})\{b_{LH}[q_l^{VO}(t)] + b_{LR}(t)\}$ 减去第一阶段弃电量 $\int_{N_{TR}\Delta t/(1-\overline{\gamma}) - b_{LH}[q_l^{VO}(t)]}^{\overline{b_{LR}(t)}} ((1-\overline{\gamma})\{b_{LH}[q_l^{VO}(t)] + x_{RE}\} - N_{TR}\Delta t) f_{b_{LR}(t)}(x_{RE}) \mathrm{d}x_{RE}$，可得第一阶段实际发电量。第一阶段实际发电量为凸函数，其关于 $q_l^{VO}(t)$ 的二阶偏导数为负：

$$
\begin{aligned}
&\partial^2 [(1-\overline{\gamma})b_{LH}[q_l^{VO}(t)] + (1-\overline{\gamma})b_{LR}(t) - \int_{N_{TR}\Delta t/(1-\overline{\gamma}) - b_{LH}[q_l^{VO}(t)]}^{\overline{b_{LR}(t)}} ((1-\overline{\gamma})\{b_{LH}[q_l^{VO}(t)] \\
&\quad + x_{RE}\} - N_{TR}\Delta t) f_{b_{LR}(t)}(x_{RE}) \mathrm{d}x_{RE}] / \partial[q_l^{VO}(t)]^2 \\
&= -(1-\overline{\gamma})\{\partial b_{LH}[q_l^{VO}(t)] / \partial q_l^{VO}(t)\}^2 f_{b_{LR}(t)}\{N_{TR}\Delta t / (1-\overline{\gamma}) - b_{LH}[q_l^{VO}(t)]\} \\
&\quad + (1-\overline{\gamma})\{\partial b_{LH}^2[q_l^{VO}(t)] / \partial[q_l^{VO}(t)]^2\} \int_0^{N_{TR}\Delta t/(1-\overline{\gamma}) - b_{LH}[q_l^{VO}(t)]} f_{b_{LR}(t)}(x_{RE}) \mathrm{d}x_{RE}
\end{aligned} \quad (4.9)
$$

其中，$\partial b_{LH}^2[q_l^{VO}(t)] / \partial[q_l^{VO}(t)]^2 < 0$，因此，式（4.9）为负。

第二阶段实际发电量关于 $S_l(t+1)$ 的二阶偏导数如下：

$$
\begin{aligned}
&\partial^2 [(1-\overline{\gamma}) b_{LH}^{cum} [S_l(t+1) + Q_l^{CV}(t+1)] + (1-\overline{\gamma}) b_{LR}^{cum}(t+1) \\
&- \int_{N_{TR}\Delta t^{cum}/(1-\overline{\gamma}) - b_{LH}^{cum}[S_l(t+1)+Q_l^{CV}(t+1)]}^{\overline{b_{LR}^{cum}}(t+1)} ((1-\overline{\gamma})\{b_{LH}^{cum}[S_l(t+1) + Q_l^{CV}(t+1)] + x_{CR}\} \\
&- N_{TR}\Delta t^{cum}) f_{b_{LR}^{cum}(t+1)}(x_{CR}) \mathrm{d}x_{CR}] / \partial [S_l(t+1)]^2 \\
&= -(1-\overline{\gamma})\{\partial b_{LH}^{cum}[S_l(t+1) + Q_l^{CV}(t+1)] / \partial [S_l(t+1)]\}^2 f_{b_{LR}^{cum}(t+1)}\{N_{TR}\Delta t^{cum} / (1-\overline{\gamma}) \\
&- b_{LH}^{cum}[S_l(t+1) + Q_l^{CV}(t+1)]\} + (1-\overline{\gamma})\{\partial^2 b_{LH}^{cum}[S_l(t+1) + Q_l^{CV}(t+1)] \\
&/ \partial [S_l(t+1)]^2\} \int_0^{N_{TR}\Delta t^{cum}/(1-\overline{\gamma}) - b_{LH}^{cum}[S_l(t+1)+Q_l^{CV}(t+1)]} f_{b_{LR}^{cum}(t+1)}(x_{CR}) \mathrm{d}x_{CR}
\end{aligned} \tag{4.10}
$$

当 $\partial^2 b_{LH}^{cum}[S_l(t+1) + Q_l^{CV}(t+1)] / \partial [S_l(t+1)]^2 < 0$ 时，式（4.10）小于 0，第二阶段发电量是关于 $S_l(t+1)$ 的二阶偏导凸函数。满足该条件时，式（4.8）中的两阶段调度模型为凸规划，局部最优解为全局最优解。当该模型不满足凸规划的条件时，需要从可能极值点中选取最值点。

4.1.2　最优调度条件

为推求水风光互补系统的最优调度条件，根据式（4.8），两阶段调度模型的拉格朗日函数为

$$
\begin{aligned}
&L[q_l^{VO}(t), S_l(t+1), \lambda] \\
&= (1-\overline{\gamma})\{b_{LH}[q_l^{VO}(t)] + b_{LH}^{cum}[S_l(t+1) + Q_l^{CV}(t+1)] + b_{LR}(t) + b_{LR}^{cum}(t+1)\} \\
&- \int_{N_{TR}\Delta t/(1-\overline{\gamma}) - b_{LH}[q_l^{VO}(t)]}^{\overline{b_{LR}}(t)} ((1-\overline{\gamma})\{b_{LH}[q_l^{VO}(t)] + x_{RE}\} - N_{TR}\Delta t) f_{b_{LR}(t)}(x_{RE}) \mathrm{d}x_{RE} \\
&- \int_{N_{TR}\Delta t^{cum}/(1-\overline{\gamma}) - b_{LH}^{cum}[S_l(t+1)+Q_l^{CV}(t+1)]}^{\overline{b_{LR}^{cum}}(t+1)} ((1-\overline{\gamma})\{b_{LH}^{cum}[S_l(t+1) + Q_l^{CV}(t+1)] + x_{CR}\} \\
&- N_{TR}\Delta t^{cum}) f_{b_{LR}^{cum}(t+1)}(x_{CR}) \mathrm{d}x_{CR} \\
&+ \lambda[\mathrm{AW}^{total} - S_l(t+1) - q_l^{VO}(t) - Q_l^{CV}(t+1)]
\end{aligned} \tag{4.11}
$$

式中：λ 为拉格朗日乘子。

第一阶段期望弃电量对泄流量 $q_l^{VO}(t)$ 求偏导，有

$$
\begin{aligned}
&\frac{\partial \int_{N_{TR}\Delta t/(1-\overline{\gamma}) - b_{LH}[q_l^{VO}(t)]}^{\overline{b_{LR}}(t)} ((1-\overline{\gamma})\{b_{LH}[q_l^{VO}(t)] + x_{RE}\} - N_{TR}\Delta t) f_{b_{LR}(t)}(x_{RE}) \mathrm{d}x_{RE}}{\partial q_l^{VO}(t)} \\
&= \int_{N_{TR}\Delta t/(1-\overline{\gamma}) - b_{LH}[q_l^{VO}(t)]}^{\overline{b_{LR}}(t)} (1-\overline{\gamma}) \frac{\partial b_{LH}[q_l^{VO}(t)]}{\partial q_l^{VO}(t)} f_{b_{LR}(t)}(x_{RE}) \mathrm{d}x_{RE} \\
&- \frac{\partial \{N_{TR}\Delta t / (1-\overline{\gamma}) - b_{LH}[q_l^{VO}(t)]\}}{\partial q_l^{VO}(t)} ((1-\overline{\gamma})\{b_{LH}[q_l^{VO}(t)] + N_{TR}\Delta t / (1-\overline{\gamma}) \\
&- b_{LH}[q_l^{VO}(t)]\} - N_{TR}\Delta t) f_{b_{LR}(t)}\{N_{TR}\Delta t / (1-\overline{\gamma}) - b_{LH}[q_l^{VO}(t)]\} \\
&= \int_{N_{TR}\Delta t/(1-\overline{\gamma}) - b_{LH}[q_l^{VO}(t)]}^{\overline{b_{LR}}(t)} (1-\overline{\gamma}) \frac{\partial b_{LH}[q_l^{VO}(t)]}{\partial q_l^{VO}(t)} f_{b_{LR}(t)}(x_{RE}) \mathrm{d}x_{RE}
\end{aligned} \tag{4.12}
$$

类似地，第二阶段期望弃电量对库容 $S_l(t+1)$ 求偏导，有

$$
\begin{aligned}
&\partial \int_{N_{TR}\Delta t^{cum}/(1-\overline{\gamma})-b_{LH}^{cum}[S_l(t+1)+Q_l^{CV}(t+1)]}^{\overline{b_{LR}^{cum}}(t+1)} ((1-\overline{\gamma})\{b_{LH}^{cum}[S_l(t+1)+Q_l^{CV}(t+1)]+x_{CR}\} \\
&- N_{TR}\Delta t^{cum})f_{b_{LR}^{cum}(t+1)}(x_{CR})\mathrm{d}x_{CR}/\partial S_l(t+1) \\
&= \int_{N_{TR}\Delta t^{cum}/(1-\overline{\gamma})-b_{LH}^{cum}[S_l(t+1)+Q_l^{CV}(t+1)]}^{\overline{b_{LR}^{cum}}(t+1)} (1-\overline{\gamma})\{\partial b_{LH}^{cum}[S_l(t+1)+Q_l^{CV}(t+1)] \\
&/ \partial S_l(t+1)\}f_{b_{LR}^{cum}(t+1)}(x_{CR})\mathrm{d}x_{CR}
\end{aligned}
\tag{4.13}
$$

根据式（4.12）和式（4.13），对式（4.11）求一阶偏导，有

$$
\begin{aligned}
&\frac{\partial L[q_l^{VO}(t),S_l(t+1),\lambda]}{\partial q_l^{VO}(t)} \\
&= (1-\overline{\gamma})\frac{\partial b_{LH}[q_l^{VO}(t)]}{\partial q_l^{VO}(t)}[1-\int_{N_{TR}\Delta t/(1-\overline{\gamma})-b_{LH}[q_l^{VO}(t)]}^{\overline{b_{LR}}(t)} f_{b_{LR}(t)}(x_{RE})\mathrm{d}x_{RE}]-\lambda \\
&= 0
\end{aligned}
\tag{4.14}
$$

$$
\begin{aligned}
&\frac{\partial L[q_l^{VO}(t),S_l(t+1),\lambda]}{\partial S_l(t+1)} \\
&= (1-\overline{\gamma})\frac{\partial b_{LH}^{cum}[S_l(t+1)+Q_l^{CV}(t+1)]}{\partial S_l(t+1)} \\
&\times[1-\int_{N_{TR}\Delta t^{cum}/(1-\overline{\gamma})-b_{LH}^{cum}[S_l(t+1)+Q_l^{CV}(t+1)]}^{\overline{b_{LR}^{cum}}(t+1)} f_{b_{LR}^{cum}(t+1)}(x_{CR})\mathrm{d}x_{CR}]-\lambda \\
&= 0
\end{aligned}
\tag{4.15}
$$

其中，

$$
1-\int_{N_{TR}\Delta t/(1-\overline{\gamma})-b_{LH}[q_l^{VO}(t)]}^{\overline{b_{LR}}(t)} f_{b_{LR}(t)}(x_{RE})\mathrm{d}x_{RE} = F_{b_{LR}(t)}\{N_{TR}\Delta t/(1-\overline{\gamma})-b_{LH}[q_l^{VO}(t)]\}
$$

$F_{b_{LR}(t)}(\cdot)$ 表示 $b_{LR}(t)$ 的分布函数；

$$
\begin{aligned}
&1-\int_{N_{TR}\Delta t^{cum}/(1-\overline{\gamma})-b_{LH}^{cum}[S_l(t+1)+Q_l^{CV}(t+1)]}^{\overline{b_{LR}^{cum}}(t+1)} f_{b_{LR}^{cum}(t+1)}(x_{CR})\mathrm{d}x_{CR} \\
&= F_{b_{LR}^{cum}(t+1)}\{N_{TR}\Delta t^{cum}/(1-\overline{\gamma})-b_{LH}^{cum}[S_l(t+1)+Q_l^{CV}(t+1)]\}
\end{aligned}
$$

$F_{b_{LR}^{cum}(t+1)}(\cdot)$ 表示 $b_{LR}^{cum}(t+1)$ 的分布函数。

综合式（4.14）和式（4.15），水风光互补系统的最优调度条件如下：

$$
\frac{\dfrac{\partial b_{LH}[q_l^{VO}(t)]}{\partial q_l^{VO}(t)}}{\dfrac{\partial b_{LH}^{cum}[S_l(t+1)+Q_l^{CV}(t+1)]}{\partial S_l(t+1)}} = \frac{F_{b_{LR}^{cum}(t+1)}\{N_{TR}\Delta t^{cum}/(1-\overline{\gamma})-b_{LH}^{cum}[S_l(t+1)+Q_l^{CV}(t+1)]\}}{F_{b_{LR}(t)}\{N_{TR}\Delta t/(1-\overline{\gamma})-b_{LH}[q_l^{VO}(t)]\}}
$$

$$
\tag{4.16}
$$

式中：$N_{TR}\Delta t^{cum}/(1-\overline{\gamma})-b_{LH}^{cum}[S_l(t+1)+Q_l^{CV}(t+1)]$ 和 $N_{TR}\Delta t/(1-\overline{\gamma})-b_{LH}[q_l^{VO}(t)]$ 表示剩余风光总发电量，即风光总发电量不会发生弃电的最大值。以上最优调度条件表示泄流量与库容的边际效用之比等于第二阶段与第一阶段风光总发电量的分布函数之比，其中分布函数自变量为对应阶段的剩余风光总发电量。

根据 Draper 和 Lund[9] 及 You 和 Cai[7] 的推导框架，水库的最优调度条件如下：

$$\frac{\partial b_{LH}[q_l^{VO}(t)]}{\partial q_l^{VO}(t)} = \frac{\partial b_{LH}^{cum}[S_l(t+1)+Q_l^{CV}(t+1)]}{\partial S_l(t+1)} \tag{4.17}$$

通过对比式（4.16）和式（4.17）可知：互补调度的最优调度条件相比于水库调度已经发生改变。实际上，水库调度是互补调度的一种特殊形式。当无弃电发生时，$F_{b_{LR}^{cum}(t+1)}\{N_{TR}\Delta t^{cum}/(1-\overline{\gamma})-b_{LH}^{cum}[S_l(t+1)+Q_l^{CV}(t+1)]\}$ 与 $F_{b_{LR}(t)}\{N_{TR}\Delta t/(1-\overline{\gamma})-b_{LH}[q_l^{VO}(t)]\}$ 之比等于 1，式（4.16）与式（4.17）相同。

4.1.3 发电调度函数

通过水风光互补系统的最优调度条件，可进一步推求发电调度函数。第一阶段风光总发电量 $b_{LR}(t)$、第二阶段风光总发电量 $b_{LR}^{cum}(t+1)$ 和第二阶段入库水量 $Q_l^{CV}(t+1)$ 分别服从正态分布 $N(\langle b_{LR}(t)\rangle, \sigma^2[b_{LR}(t)])$、$N(\langle b_{LR}^{cum}(t+1)\rangle, \sigma^2[b_{LR}^{cum}(t+1)])$ 和 $N(\langle Q_l^{CV}(t+1)\rangle,$ $\sigma^2[Q_l^{CV}(t+1)])$[10-12]。在预见期较短时，入库水量预报准确性较高[13]，故第一阶段入库水量设为常数。本小节解析了水库和水风光互补系统的发电调度函数。

第一阶段和第二阶段水电站发电量 $b_{LH}[q_l^{VO}(t)]$ 与 $b_{LH}^{cum}[S_l(t+1)+Q_l^{CV}(t+1)]$ 的一阶导数分别如下：

$$\frac{\partial b_{LH}[q_l^{VO}(t)]}{\partial q_l^{VO}(t)} = \frac{\partial[\eta\int_{AW(t)-q_l^{VO}(t)}^{AW(t)}h(x_{ST})dx_{ST}]}{\partial q_l^{VO}(t)} = \eta h[AW(t)-q_l^{VO}(t)] \tag{4.18}$$

$$\frac{\partial b_{LH}^{cum}[S_l(t+1)+Q_l^{CV}(t+1)]}{\partial S_l(t+1)} = \eta\int_0^{\overline{S}+\overline{q_l^{CV}(t+1)}-S_l(t+1)}h[S_l(t+1)+x_{CI}]f_{Q_l^{CV}(t+1)}(x_{CI})dx_{CI} \tag{4.19}$$

将式（4.18）和式（4.19）代入式（4.17），水库最优调度条件可以简化为

$$h[S_l(t+1)] = \int_0^{\overline{S}+\overline{q_l^{CV}(t+1)}-S_l(t+1)}h[S_l(t+1)+x_{CI}]f_{Q_l^{CV}(t+1)}(x_{CI})dx_{CI} \tag{4.20}$$

为推求水库发电调度函数，式（4.20）中的积分号需要去除。因此，做两处简化：① 水位库容关系曲线采用多项式拟合[14]。由于下游水位 Z_l^{down} 是常数，水头方程也是多项式。水头方程 $h(\cdot)$ 可以简化为一个二次方程 $h(x_{ST})=p_1^{WH}x_{ST}^2+p_2^{WH}x_{ST}+p_3^{WH}$，其中 p_1^{WH}、p_2^{WH} 和 p_3^{WH} 是参数，可以通过拟合求得。② 标准正态分布的概率密度函数由分段多项式近似，相关参数可通过矩法推求[15]。由此，可解析水库发电调度函数如下：

$$S_l(t+1) = C_{LH}(1)\langle Q_l^{CV}(t+1)\rangle + C_{LH}(2)$$
$$-\sqrt{C_{LH}(3)\langle Q_l^{CV}(t+1)\rangle^2 + C_{LH}(4)\langle Q_l^{CV}(t+1)\rangle + C_{LH}(5)} \tag{4.21}$$

式中：$C_{LH}(k)$ $(k=1,2,\cdots,5)$ 为 p_1^{WH}、p_2^{WH}、p_3^{WH} 和 $\sigma[Q_l^{CV}(t+1)]$ 的闭式表达式。水库发电调度函数的推导过程如下。

采用矩法，对标准正态分布的概率密度函数使用分段多项式方程 $f_{PI}(v)$ 近似。其中，

v 是服从标准正态分布的变量，方程如下：

$$f_{PI}(v) = \begin{cases} 0, & v < -2.2 \\ -0.060\,3v^3 - 0.197\,2v^2 + 0.021\,8v + 0.402\,5, & -2.2 \leqslant v < 0 \\ 0.060\,3v^3 - 0.197\,2v^2 - 0.021\,8v + 0.402\,5, & 0 \leqslant v \leqslant 2.2 \\ 0, & v > 2.2 \end{cases} \quad （4.22）$$

$f_{PI}(v)$ 相比于标准正态分布函数的最大绝对误差和平均绝对误差分别为 6.60×10^{-3} 和 3.00×10^{-14}。需要说明的是，$f_{PI}(v)$ 在 $v \in (-\infty, -2.2) \bigcup (2.2, +\infty)$ 时简化为 0，因为根据 Shah[16] 的研究，标准正态分布的分布函数在 $v \in (-\infty, -2.2) \bigcup (2.2, +\infty)$ 时可简化为常数。

将式（4.20）等号右侧的积分上限标准化，即

$$[\overline{S} + \overline{q_l^{CV}}(t+1) - S_l(t+1) - \langle Q_l^{CV}(t+1)\rangle] / \sigma[Q_l^{CV}(t+1)]$$

$\sigma[Q_l^{CV}(t+1)]$ 与 $\langle Q_l^{CV}(t+1)\rangle$ 的比值小于 0.2[17]，因此，$\langle Q_l^{CV}(t+1)\rangle / \sigma[Q_l^{CV}(t+1)]$ 大于 5。此外，$\overline{q_l^{CV}}(t+1)$ 大于 $2\langle Q_l^{CV}(t+1)\rangle$。因此，

$$[\overline{S} + \overline{q_l^{CV}}(t+1) - S_l(t+1) - \langle Q_l^{CV}(t+1)\rangle] / \sigma[Q_l^{CV}(t+1)] > \langle Q_l^{CV}(t+1)\rangle / \sigma[Q_l^{CV}(t+1)] > 5$$

类似地，将式（4.20）等号右侧的积分下限标准化，可得到 $-\langle Q_l^{CV}(t+1)\rangle / \sigma[Q_l^{CV}(t+1)]$ 小于 -5。式（4.20）等号右侧可简化为

$$\int_0^{\overline{S} + \overline{q_l^{CV}}(t+1) - S_l(t+1)} h[S_l(t+1) + x_{CI}] f_{Q^{CV}(t+1)}(x_{CI}) \mathrm{d}x_{CI}$$
$$= \int_{-2.2}^{2.2} h\{S_l(t+1) + v\sigma[Q_l^{CV}(t+1)] + \langle Q_l^{CV}(t+1)\rangle\} f(v) \mathrm{d}v \quad （4.23）$$

将式（4.23）代入式（4.20），该一元二次方程有两个解，从可能极值点中选取最值点。由此，可推求得到式（4.21）。其中，$C_{LH}(k)$ 的表达式如下：

$$C_{LH}(1) = 34.60 \quad （4.24）$$

$$C_{LH}(2) = -\frac{p_2^{WH}}{2p_1^{WH}} \quad （4.25）$$

$$C_{LH}(3) = 1\,231.00 \quad （4.26）$$

$$C_{LH}(4) = -\frac{3.68 \times 10^{-15} p_2^{WH}}{p_1^{WH}} \quad （4.27）$$

$$C_{LH}(5) = \frac{0.25(p_2^{WH})^2 - p_1^{WH} p_3^{WH}}{(p_1^{WH})^2} + 29.04\sigma^2[Q_l^{CV}(t+1)] \quad （4.28）$$

水库发电调度函数可能是关于 $\langle Q_l^{CV}(t+1)\rangle$ 的线性方程，也可能是关于 $\langle Q_l^{CV}(t+1)\rangle$ 的非线性方程。线性调度函数的判别式可从式（4.21）根号内二次方程的判别式推求：

$$\Delta = [C_{LH}(4)]^2 - 4C_{LH}(3)C_{LH}(5) \quad （4.29）$$

式中：Δ 为线性调度函数的判别式。当该判别式等于 0 时，水库发电调度函数为线性方程。

将式（4.18）和式（4.19）代入式（4.16），水风光互补系统最优调度条件可简化为

$$h[S_l(t+1)] = \frac{F_{b_{LR}^{cum}(t+1)}\{N_{TR}\Delta t^{cum} / (1-\overline{\gamma}) - b_{LH}^{cum}[S_l(t+1) + Q_l^{CV}(t+1)]\}}{F_{b_{LR}(t)}\{N_{TR}\Delta t / (1-\overline{\gamma}) - b_{LH}[q_l^{VO}(t)]\}}$$
$$\times \int_0^{\overline{S} + \overline{q_l^{CV}}(t+1) - S_l(t+1)} h[S_l(t+1) + x_{CI}] f_{Q_l^{CV}(t+1)}(x_{CI})\mathrm{d}x_{CI} \qquad (4.30)$$

由于正态分布的分布函数 $F_{b_{LR}^{cum}(t+1)}(\cdot)$ 和 $F_{b_{LR}(t)}(\cdot)$ 是离散的，以上最优调度条件无法直接求得解析解。但是，可在余留库容 $S_l(t+1)$ 的邻域内求解。下面以 $\langle Q_l^{CV}(t+1)\rangle$ 为决策因子，作为示例，对发电调度函数解析解的推求过程进行说明。

$F_{b_{LR}^{cum}(t+1)}(\cdot)$ 可以被转换为标准正态分布的分布函数 $F(\cdot)$。在线性分段区间内，$F(\cdot)$ 随着随机变量 $v[S_l(t+1),\langle Q_l^{CV}(t+1)\rangle]$ 线性增加：

$$v[S_l(t+1),\langle Q_l^{CV}(t+1)\rangle]$$
$$= \{N_{TR}\Delta t^{cum} / (1-\overline{\gamma}) - b_{LH}^{cum}[S_l(t+1) + Q_l^{CV}(t+1)] - \langle b_{LR}^{cum}(t+1)\rangle\} / \sigma[b_{LR}^{cum}(t+1)] \qquad (4.31)$$

$$F\{v[S_l(t+1),\langle Q_l^{CV}(t+1)\rangle]\} = \frac{F^{LS}(\xi_2+1) - F^{LS}(\xi_2)}{v^{LS}(\xi_2+1) - v^{LS}(\xi_2)}\{v[S_l(t+1),\langle Q_l^{CV}(t+1)\rangle] - v^{LS}(\xi_2)\} \qquad (4.32)$$

式中：$v[S_l(t+1),\langle Q_l^{CV}(t+1)\rangle]$ 服从标准正态分布，并且 $v[S_l(t+1),\langle Q_l^{CV}(t+1)\rangle] \in [v^{LS}(\xi_2), v^{LS}(\xi_2+1)]$，$v^{LS}(\xi_2)$ 和 $v^{LS}(\xi_2+1)$ 为线性分段区间 ξ_2 和 ξ_2+1 的终点；$F^{LS}(\xi_2)$ 和 $F^{LS}(\xi_2+1)$ 为标准正态分布对应随机变量 $v^{LS}(\xi_2)$ 和 $v^{LS}(\xi_2+1)$ 的分布函数，如图 4.3 所示。

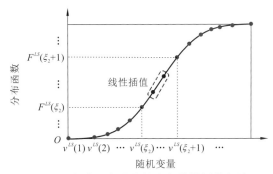

图 4.3　标准正态分布的分段线性插值方法

$F_{b_{LR}(t)}(\cdot)$ 和 $F_{b_{LR}^{cum}(t+1)}(\cdot)$ 均可转化为正态分布函数。尽管它们的线性分段区间划分可以相同，但变量 $\{N_{TR}\Delta t^{cum} / (1-\overline{\gamma}) - b_{LH}^{cum}[S_l(t+1) + Q_l^{CV}(t+1)] - \langle b_{LR}^{cum}(t+1)\rangle\} / \sigma[b_{LR}^{cum}(t+1)]$ 和 $\{N_{TR}\Delta t / (1-\overline{\gamma}) - b_{LH}[q_l^{VO}(t)] - \langle b_{LR}(t)\rangle\} / \sigma[b_{LR}(t)]$ 可能落入不同的线性分段区间。采用 $v^{LS}(\xi_1)$ 和 $v^{LS}(\xi_2)$ 来区分 $F_{b_{LR}(t)}(\cdot)$ 与 $F_{b_{LR}^{cum}(t+1)}(\cdot)$ 对应的线性分段区间终点。类似地，对水头方程也进行了线性插值。因此，发电量计算时，$S_l(t+1)$ 的最高次数被降低。以 $b_{LH}[S_l(t+1),\langle Q_l^{CV}(t+1)\rangle]$ 为例，仅在区间 $[S_l(t+1), S_l^{LS}(\tau_1+1)]$ 使用线性插值的水头方程，以降低 $S_l(t+1)$ 的最高次数；区间 $[S_l^{LS}(\tau_1+1), \mathrm{AW}(t)]$ 仍使用二次水头方程。发电量如下：

$$b_{LH}[S_l(t+1),\langle Q_l^{CV}(t+1)\rangle] = \eta \int_{S_l(t+1)}^{\mathrm{AW}(t)} h(x_{ST})\mathrm{d}x_{ST}$$

$$= \eta \left\{ \int_{S_l(t+1)}^{S_l^{LS}(\tau_1+1)} [p_1^{LW}(\tau_1)x_{ST} + p_2^{LW}(\tau_1)]\mathrm{d}x_{ST} \right. \tag{4.33}$$

$$\left. + \int_{S_l^{LS}(\tau_1+1)}^{\mathrm{AW}(t)} (p_1^{WH}x_{ST}^2 + p_2^{WH}x_{ST} + p_3^{WH})\mathrm{d}x_{ST} \right\}$$

式中：$S_l^{LS}(\tau_1)$ 为水头方程线性分段区间 τ_1 的终点；$p_1^{LW}(\tau_1)$ 和 $p_2^{LW}(\tau_1)$ 分别为分段线性水头方程在区间 $[S_l^{LS}(\tau_1), S_l^{LS}(\tau_1+1)]$ 的参数。

$b_{LH}^{cum}[S_l(t+1),\langle Q_l^{CV}(t+1)\rangle]$ 的线性插值过程与 $b_{LH}[S_l(t+1),\langle Q_l^{CV}(t+1)\rangle]$ 类似。$S_l^{LS}(\tau_2)$ 用来表示线性分段区间在 $b_{LH}^{cum}[S_l(t+1),\langle Q_l^{CV}(t+1)\rangle]$ 中水头方程的终点。对 $F_{b_{LR}(t)}(\cdot)$、$F_{b_{LR}^{cum}(t+1)}(\cdot)$、$b_{LH}(\cdot)$ 和 $b_{LH}^{cum}(\cdot)$ 进行插值，关于 $[S_l(t+1),\langle Q_l^{CV}(t+1)\rangle]$ 的四个集合形成如下：

$$\Theta_1 = \{[S_l(t+1),\langle Q_l^{CV}(t+1)\rangle] \mid \{N_{TR}\Delta t/(1-\bar{\gamma}) - b_{LH}[\mathrm{AW}(t)-S_l(t+1)]$$
$$- \langle b_{LR}(t)\rangle\}/\sigma[b_{LR}(t)] \in [v^{LS}(\xi_1), v^{LS}(\xi_1+1)]\} \tag{4.34}$$

$$\Theta_2 = \{[S_l(t+1),\langle Q_l^{CV}(t+1)\rangle] \mid \{N_{TR}\Delta t^{cum}/(1-\bar{\gamma}) - b_{LH}^{cum}[S_l(t+1)+Q_l^{CV}(t+1)]$$
$$- \langle b_{LR}^{cum}(t+1)\rangle\}/\sigma[b_{LR}^{cum}(t+1)] \in [v^{LS}(\xi_2), v^{LS}(\xi_2+1)]\} \tag{4.35}$$

$$\Theta_3 = \{[S_l(t+1),\langle Q_l^{CV}(t+1)\rangle] \mid S_l(t+1) \in [S_l^{LS}(\tau_1), S_l^{LS}(\tau_1+1)]\} \tag{4.36}$$

$$\Theta_4 = \{[S_l(t+1),\langle Q_l^{CV}(t+1)\rangle] \mid S_l(t+1)+\langle Q_l^{CV}(t+1)\rangle \in [S_l^{LS}(\tau_2), S_l^{LS}(\tau_2+1)]\} \tag{4.37}$$

集合 Θ_1、Θ_2、Θ_3 和 Θ_4 的交集如下：

$$\Theta = \{[S_l(t+1),\langle Q_l^{CV}(t+1)\rangle] \mid [S_l(t+1),\langle Q_l^{CV}(t+1)\rangle] \in \Theta_1 \bigcap \Theta_2 \bigcap \Theta_3 \bigcap \Theta_4\} \tag{4.38}$$

集合 Θ 表示 $S_l(t+1)$ 的一个邻域。在这个邻域内，式（4.30）的水风光互补系统最优调度条件是关于 $S_l(t+1)$ 的四次方程，从可能极值点中选取最值点。水风光互补系统发电调度函数的形式可推求如下：

$$S_l(t+1) = C_{LC}(1) + C_{LC}(2)\langle Q_l^{CV}(t+1)\rangle + [C_{SM}(1)]^{1/2}$$
$$+ \left\{ C_{SM}(1) + \frac{\displaystyle\sum_{k=0}^{3} C_{LC}(k+3)\langle Q_l^{CV}(t+1)\rangle^k}{[C_{SM}(1)]^{1/2}} \right\}^{1/2} \tag{4.39}$$

其中，$[S_l(t+1),\langle Q_l^{CV}(t+1)\rangle] \in \Theta$，$C_{SM}(1)$ 用来简化 $S_l(t+1)$ 的表达式，即

$$C_{SM}(1) = \sum_{k=0}^{2} C_{LC}(k+7)\langle Q_l^{CV}(t+1)\rangle^k + \frac{\displaystyle\sum_{k=0}^{4} C_{LC}(k+10)\langle Q_l^{CV}(t+1)\rangle^k}{[C_{SM}(2)]^{1/3}} + [C_{SM}(2)]^{1/3} \tag{4.40}$$

$$C_{SM}(2) = \sum_{k=0}^{6} C_{LC}(k+15)\langle Q_l^{CV}(t+1)\rangle^k + \left[\sum_{k=0}^{12} C_{LC}(k+22)\langle Q_l^{CV}(t+1)\rangle^k\right]^{1/2} \tag{4.41}$$

$C_{SM}(2)$ 用来简化 $C_{SM}(1)$ 的表达式。$C_{LC}(k)$ $(k=1,2,\cdots,34)$ 是以下参数的闭式表达式：①预报信息 $\sigma[Q_l^{CV}(t+1)]$、$\langle b_{LR}(t)\rangle$、$\sigma[b_{LR}(t)]$、$\langle b_{LR}^{cum}(t+1)\rangle$ 和 $\sigma[b_{LR}^{cum}(t+1)]$。②水头方程参数 p_1^{WH}、p_2^{WH} 和 p_3^{WH}。③边界条件，即传输能力限制 N_{TR}、弃电率 $\bar{\gamma}$，以及初始库容 $S_l(t)$。

由于篇幅限制，$C_{LC}(k)$ 的表达式不再赘述。可以发现，即使在 $S_l(t+1)$ 的一个邻域内，发电调度函数也是关于 $\langle Q_l^{CV}(t+1)\rangle$ 的非线性函数。选取其他变量作为决策因子时，发电调度函数仍为非线性函数。因此，可以判定发电调度函数非线性。

4.1.4　弃电对冲规则

根据发电调度函数的推导框架，可以进一步推导弃电对冲规则。弃电对冲规则考虑了发电量边际效用递减的特性。本小节以能量为单位构建了两阶段调度模型，并对弃电对冲规则进行了推求。

对于水风光互补系统，时段 t 内的可供能量有以下两种定义方式：①时段 t 初的储能和时段 t 内的入能之和；②时段 $t+1$ 初的储能和时段 t 内的出力之和。因此，可供能量可以写作：

$$AE(t) = E(t) + Y(t) = E(t+1) + N_{LC}(t) \tag{4.42}$$

式中：$AE(t)$ 为时段 t 内的可供能量；$E(t)$ 为时段 t 初的储能；$Y(t)$ 为时段 t 内的入能；$N_{LC}(t)$ 为时段 t 内的出力。为统一表述，式（4.42）各项均以功率为单位，如 MW。可供能量的两种定义方式表明了能量输入既可以用于第一阶段（当前时段 t，作为出力），又可以用于第二阶段（时段 t 至调度期末，作为储能）。

无论可供能量是用在第一阶段还是第二阶段，都可能发生弃电。Ming 等[18]提出了弃电曲线，用来描述中长期平均出力与短期调度中超过负荷曲线和传输能力导致的弃电率。弃电曲线呈 S 形，可由四次方程拟合。弃电的本质原因是水电无法继续减少，以对风力发电和光伏发电进行补偿。图 4.4 展示了推求弃电曲线的步骤。弃电曲线推导步骤如下。

（1）第 t_{DA} 天的弃电量计算：

$$b_{MC}^{CU}(t_{DA}) = \sum_{t_{HR}=1}^{T_{HR}} [N_{SC}(t_{DA}, t_{HR}) - N_{LD}(t_{DA}, t_{HR})]\Delta t_{HR} \tag{4.43}$$

式中：$b_{MC}^{CU}(t_{DA})$ 为第 t_{DA} 天的弃电量；T_{HR} 为一天内的短期调度时段；$N_{SC}(t_{DA}, t_{HR})$ 为在第 t_{DA} 天第 t_{HR} 时段的总出力（包括水电、风力发电和光伏发电出力）；$N_{LD}(t_{DA}, t_{HR})$ 为在第 t_{DA} 天第 t_{HR} 时段的负荷曲线值；Δt_{HR} 为时间步长。

（2）从第 1 天至第 T_{DA} 天的总弃电率：

$$\gamma^{total} = \frac{\displaystyle\sum_{t_{DA}=1}^{T_{DA}} b_{MC}^{CU}(t_{DA})}{\displaystyle\sum_{t_{DA}=1}^{T_{DA}} b_{MC}(t_{DA})} \tag{4.44}$$

式中：γ^{total} 为总弃电率；T_{DA} 为长期时段内的天数；$b_{MC}(t_{DA})$ 为第 t_{DA} 天的总发电量。

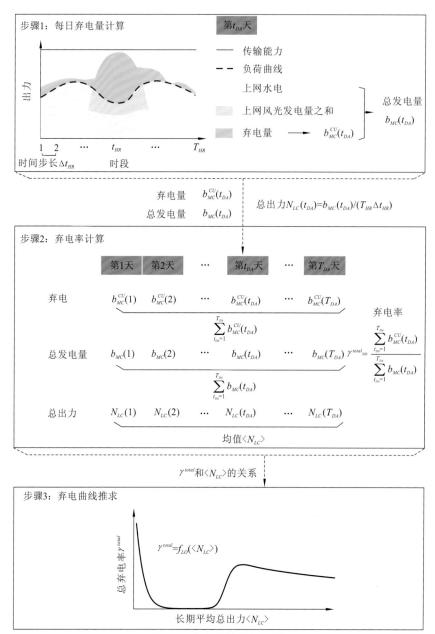

图 4.4 弃电曲线推导步骤

（3）弃电曲线推求如下：

$$\gamma^{total} = f_{LO}(\langle N_{LC} \rangle) \tag{4.45}$$

式中：$\langle N_{LC} \rangle$ 为长期平均总出力，$\langle N_{LC} \rangle$ 等于 $\sum\limits_{t_{DA}=1}^{T_{DA}} \sum\limits_{t_{HR}=1}^{T_{HR}} [N_{SC}(t_{DA}, t_{HR})/(T_{DA}T_{HR})]$。短期模拟模型可以计算长期平均总出力 $\langle N_{LC} \rangle$ 和弃电率。推求过程中，负荷曲线及风光总出力的不确定性可由历史情景表征。所推求的弃电曲线表征长期平均总出力和弃电率的关系。

发电效益受能量需求的影响，因此可以通过实际发电量与能量需求的数学关系式表征[19]。考虑弃电，赋权的出力发电效益方程如下：

$$g[N_{LC}(t)] = \omega\left(\frac{\{1-f_{LO}[N_{LC}(t)]\}N_{LC}(t)-\underline{D}(t)}{D(t)}\right)^{\theta_1}, \quad \underline{D_{LO}}(t) < N_{LC}(t) < \overline{D_{LO}}(t) \quad (4.46)$$

式中：$g(\cdot)$ 为时段 t 内出力的发电效益方程；ω 为第一阶段出力发电效益的权重；$f_{LO}(\cdot)$ 为出力的弃电曲线；$\underline{D}(t)$ 和 $\overline{D}(t)$ 分别为第一阶段出力的最小和最大需求；$\underline{D_{LO}}(t)$ 和 $\overline{D_{LO}}(t)$ 分别为考虑弃电后的第一阶段出力的最小和最大需求，即 $\{1-f_{LO}[\underline{D_{LO}}(t)]\}\underline{D_{LO}}(t)$ 等于 $\underline{D}(t)$，$\{1-f_{LO}[\overline{D_{LO}}(t)]\}\overline{D_{LO}}(t)$ 等于 $\overline{D}(t)$；θ_1 为第一阶段发电效益方程的指数，决定方程的形状。当出力介于 $\underline{D_{LO}}(t)$ 和 $\overline{D_{LO}}(t)$ 之间时，出力的边际效用递减，发电效益方程为凸函数，如图 4.5 所示。需要说明的是，$\overline{D_{LO}}(t)$ 和 $\overline{D}(t)$ 由于弃电产生了差异。如果出力 $N_{LC}(t)$ 等于 $\overline{D}(t)$，弃电率为 $f_{LO}[\overline{D}(t)]$，弃电量为 $f_{LO}[\overline{D}(t)]\overline{D}(t)$，弃电后的剩余电量 $\{1-f_{LO}[\overline{D}(t)]\}\overline{D}(t)$ 小于 $\overline{D}(t)$。如果出力 $N_{LC}(t)$ 等于 $\overline{D_{LO}}(t)$，弃电后的剩余电量 $\{1-f_{LO}[\overline{D_{LO}}(t)]\}\overline{D_{LO}}(t)$ 等于 $\overline{D}(t)$。

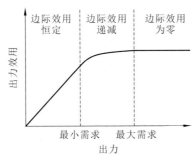

图 4.5　出力边际效用递减示意图

由弃电曲线推求得到的弃电率是由于超出负荷曲线及传输能力，而非由于超过能量需求。负荷曲线及传输能力影响了水风光互补系统传输到电网的电量，而能量需求影响的是发电效益。对于出力 $N_{LC}(t)$，超过负荷曲线及传输能力的出力将不会被传输到电网，弃电量为 $f_{LO}[N_{LC}(t)]N_{LC}(t)$。超过能量需求的出力不会产生效益，不产生效益的电量为 $\max\{\{1-f_{LO}[N_{LC}(t)]\}N_{LC}(t)-\overline{D}(t),0\}$。除特别说明外，本节内容中，弃电均指超出负荷曲线及传输能力导致的弃电。赋权的余留能量效益方程如下：

$$\begin{cases} g^{cum}[E(t+1)] = (1-\omega)\left(\frac{\{1-f_{LO}^{cum}[E(t+1)]\}E(t+1)-\underline{D^{cum}}(t+1)}{D^{cum}(t+1)}\right)^{\theta_2} \\ \underline{D_{LO}^{cum}}(t+1) < E(t+1) < \overline{D_{LO}^{cum}}(t+1) \end{cases} \quad (4.47)$$

式中：$g^{cum}(\cdot)$ 为余留能量的发电效益方程；$f_{LO}^{cum}(\cdot)$ 为余留能量的弃电曲线，假设余留能量均匀分布于第二阶段中的每个时段，则 $f_{LO}^{cum}[E(t+1)]$ 等于 $f_{LO}[E(t+1)/(\Delta t^{cum}/\Delta t)]$；$\underline{D^{cum}}(t+1)$ 和 $\overline{D^{cum}}(t+1)$ 为余留能量的最小和最大需求；θ_2 为第二阶段发电效益方程

的指数；$\underline{D_{LO}^{cum}}(t+1)$ 和 $\overline{D_{LO}^{cum}}(t+1)$ 为考虑弃电后余留能量的最小和最大需求，即 $\{1-f_{LO}^{cum}[\underline{D_{LO}^{cum}}(t+1)]\}\underline{D_{LO}^{cum}}(t+1)$ 等于 $\underline{D^{cum}}(t+1)$，$\{1-f_{LO}^{cum}[\overline{D_{LO}^{cum}}(t+1)]\}\overline{D_{LO}^{cum}}(t+1)$ 等于 $\overline{D^{cum}}(t+1)$。$\overline{D_{LO}^{cum}}(t+1)$ 和 $\overline{D^{cum}}(t+1)$ 的区别是由弃电导致的。$\overline{D^{cum}}(t+1)$ 是 $\overline{D_{LO}^{cum}}(t+1)$ 弃电 $f_{LO}^{cum}[\overline{D_{LO}^{cum}}(t+1)]\overline{D_{LO}^{cum}}(t+1)$ 后的剩余能量。

水风光互补调度的发电效益目标是最大化第一阶段和第二阶段的发电效益之和，两阶段弃电对冲调度模型如下：

$$
\begin{cases}
\max \ g[N_{LC}(t)] + g^{cum}[E(t+1)] \\
N_{LC}(t) + E(t+1) = \text{AE}(t) \\
N_{LC}(t) \geqslant \underline{D_{LO}}(t) \\
N_{LC}(t) \leqslant \overline{D_{LO}}(t) \\
E(t+1) \geqslant \underline{D_{LO}^{cum}}(t+1) \\
E(t+1) \leqslant \overline{D_{LO}^{cum}}(t+1)
\end{cases}
\tag{4.48}
$$

当可供能量小于第一阶段和第二阶段最小需求之和，即 $\text{AE}(t) < \underline{D_{LO}}(t) + \underline{D_{LO}^{cum}}(t+1)$ 时，该模型不再适用。当可供能量不足以使任一阶段的能量超过最小需求时，弃电对冲没有必要进行。此时，需要进行欠电对冲调度。调度模型为

$$
\begin{cases}
\min \ g_h[N_{LC}(t)] + g_h^{cum}[E(t+1)] \\
N_{LC}(t) + E(t+1) = \text{AE}(t) \\
N_{LC}(t) \leqslant \underline{D_{LO}}(t) \\
E(t+1) \leqslant \underline{D_{LO}^{cum}}(t+1)
\end{cases}
\tag{4.49}
$$

其中，$g_h(\cdot)$ 和 $g_h^{cum}(\cdot)$ 为效益损失方程，表达式为

$$
\begin{cases}
g_h[N_{LC}(t)] = \omega_h \left(\dfrac{\underline{D}(t) - \{1 - f_{LO}[N_{LC}(t)]\}N_{LC}(t)}{\underline{D}(t)} \right)^{\beta_1} \\
N_{LC}(t) < \underline{D_{LO}}(t)
\end{cases}
\tag{4.50}
$$

$$
\begin{cases}
g_h^{cum}[E(t+1)] = (1-\omega_h) \left(\dfrac{\underline{D^{cum}}(t+1) - \{1 - f_{LO}^{cum}[E(t+1)]\}E(t+1)}{\underline{D^{cum}}(t+1)} \right)^{\beta_2} \\
E(t+1) < \underline{D_{LO}^{cum}}(t+1)
\end{cases}
\tag{4.51}
$$

式中：ω_h 为第一阶段效益损失方程的权重；β_1 和 β_2 分别为第一阶段和第二阶段效益损失方程的指数，值大于 1。因此，效益损失方程为凹函数。

由于弃电对冲规则和欠电对冲规则优化模型的求解方法类似，在方法部分以弃电对冲规则为例进行介绍。式（4.48）中弃电对冲规则对应的优化模型的拉格朗日函数为

$$
L[N_{LC}(t), E(t+1), \lambda] = g[N_{LC}(t)] + g^{cum}[E(t+1)] - \lambda[E(t+1) + N_{LC}(t) - \text{AE}(t)] \tag{4.52}
$$

对拉格朗日函数求一阶导，可以得到弃电对冲的最优调度条件：

$$\frac{\partial g[N_{LC}(t)]}{\partial N_{LC}(t)} = \frac{\partial g^{cum}[E(t+1)]}{\partial E(t+1)} \tag{4.53}$$

最优调度条件表明第一阶段出力和第二阶段储能的边际效用应当相等。该最优调度条件可进一步用于推求弃电对冲规则。

从弃电对冲的最优调度条件难以直接解析出弃电对冲规则。原因有两方面：①在发电效益方程 $g(\cdot)$ 和 $g^{cum}(\cdot)$ 中指数是不确定的；②弃电曲线拟合时最高项次数达 4 次。为推求弃电对冲规则，对 $g(\cdot)$、$g^{cum}(\cdot)$、$f_{LO}(\cdot)$ 和 $f_{LO}^{cum}(\cdot)$ 进行分段线性化。当 $N_{LC}(t) \in [N^{LS}(t,\varsigma_1), N^{LS}(t,\varsigma_1+1)]$ 时，$f_{LO}[N_{LC}(t)]$ 随 $N_{LC}(t)$ 线性增加，其中 $N^{LS}(t,\varsigma_1)$ 和 $N^{LS}(t,\varsigma_1+1)$ 分别是线性分段区间 ς_1 和 ς_1+1 的起点。因此，$f_{LO}[N_{LC}(t)]$ 等于 $p_1^{LN}(\varsigma_1)N_{LC}(t) + p_2^{LN}(\varsigma_1)$，其中 $p_1^{LN}(\varsigma_1)$ 和 $p_2^{LN}(\varsigma_1)$ 是线性分段区间 ς_1 上的方程参数。$p_1^{LN}(\varsigma_1)$ 等于 $\{f_{LO}[N^{LS}(t,\varsigma_1+1)] - f_{LO}[N^{LS}(t,\varsigma_1)]\} / [N^{LS}(t,\varsigma_1+1) - N^{LS}(t,\varsigma_1)]$，$p_2^{LN}(\varsigma_1)$ 等于 $-N^{LS}(t,\varsigma_1)\{f_{LO}[N^{LS}(t,\varsigma_1+1)] - f_{LO}[N^{LS}(t,\varsigma_1)]\} / [N^{LS}(t,\varsigma_1+1) - N^{LS}(t,\varsigma_1)]$ 与 $f_{LO}[N^{LS}(t,\varsigma_1)]$ 之和。类似地，当 $\{[1 - p_1^{LN}(\varsigma_1)N_{LC}(t) - p_2^{LN}(\varsigma_1)]N_{LC}(t) - \underline{D}(t)\} / \underline{D}(t) \in [w(t,\vartheta_1), w(t,\vartheta_1+1)]$ 时，$g[N_{LC}(t)]$ 随 $\{[1 - p_1^{LN}(\varsigma_1)N_{LC}(t) - p_2^{LN}(\varsigma_1)]N_{LC}(t) - \underline{D}(t)\} / \underline{D}(t)$ 线性增加，其中，$w(t,\vartheta_1)$ 和 $w(t,\vartheta_1+1)$ 分别是线性分段区间 ϑ_1 和 ϑ_1+1 的起点。需要说明的是，在线性插值方程的过程中，可能为推求的出力带来误差。因此，需要对出力误差与线性分段步长做敏感性分析，以确定合适的线性分段步长。

第一阶段的分段线性发电效益方程 $g[N_{LC}(t)]$ 可以写作：

$$g[N_{LC}(t)] = \omega\left(p_1^{FG}(\vartheta_1)\left\{ \frac{[1 - p_1^{LN}(\varsigma_1)N_{LC}(t) - p_2^{LN}(\varsigma_1)]N_{LC}(t) - \underline{D}(t)}{\underline{D}(t)} \right\} + p_2^{FG}(\vartheta_1) \right) \tag{4.54}$$

式中：$p_1^{FG}(\vartheta_1)$ 和 $p_2^{FG}(\vartheta_1)$ 为线性分段区间 $[w(t,\vartheta_1), w(t,\vartheta_1+1)]$ 上的方程参数。

对于第二阶段的发电效益方程，$f_{LO}^{cum}[E(t+1)]$ 在 $E(t+1) \in [E^{LS}(t+1,\varsigma_2), E^{LS}(t+1,\varsigma_2+1)]$ 上随 $E(t+1)$ 线性增加，其中 $E^{LS}(t+1,\varsigma_2)$ 和 $E^{LS}(t+1,\varsigma_2+1)$ 分别是线性分段区间 ς_2 和 ς_2+1 的起点。因此，$f_{LO}^{cum}[E(t+1)]$ 等于 $p_1^{LE}(\varsigma_2)E(t+1) + p_2^{LE}(\varsigma_2)$，$p_1^{LE}(\varsigma_2)$ 和 $p_2^{LE}(\varsigma_2)$ 是线性分段区间 ς_2 上的方程参数。当

$$\{[1 - p_1^{LE}(\varsigma_2)E(t+1) - p_2^{LE}(\varsigma_2)]E(t+1) - \underline{D}^{cum}(t+1)\} / \underline{D}^{cum}(t+1) \in [w(t,\vartheta_2), w(t,\vartheta_2+1)]$$

时，$g^{cum}[E(t+1)]$ 随 $[1 - p_1^{LE}(\varsigma_2)E(t+1) - p_2^{LE}(\varsigma_2)]E(t+1) - \underline{D}^{cum}(t+1)$ 线性增加。其中，$w(t,\vartheta_2)$ 和 $w(t,\vartheta_2+1)$ 分别是线性分段区间 ϑ_2 和 ϑ_2+1 的起点。分段线性发电效益方程 $g^{cum}[E(t+1)]$ 可以写作：

$$\begin{aligned} g^{cum}[E(t+1)] = (1-\omega)(p_1^{SG}(\vartheta_2)\{[1 - p_1^{LE}(\varsigma_2)E(t+1) - p_2^{LE}(\varsigma_2)]E(t+1) \\ - \underline{D}^{cum}(t+1) / \underline{D}^{cum}(t+1)\} + p_2^{SG}(\vartheta_2)) \end{aligned} \tag{4.55}$$

式中：$p_1^{SG}(\vartheta_2)$ 和 $p_2^{SG}(\vartheta_2)$ 为线性分段区间 $[w(t,\vartheta_2), w(t,\vartheta_2+1)]$ 上的方程参数。

将式（4.54）和式（4.55）代入式（4.53），可得弃电对冲规则：

$$N_{LC}^*(t) = \{(1-\omega)[2p_1^{LE}(\varsigma_2)\mathrm{AE}(t) + p_2^{LE}(\varsigma_2) - 1]p_1^{SG}(\vartheta_2)\underline{D}(t)$$
$$+ \omega[1 - p_2^{LN}(\varsigma_1)]p_1^{FG}(\vartheta_1)\underline{D^{cum}}(t+1)\}/\{2[(1-\omega)p_1^{SG}(\vartheta_2)p_1^{LE}(\varsigma_2)\underline{D}(t) \quad (4.56)$$
$$+ \omega p_1^{FG}(\vartheta_1)p_1^{LN}(\varsigma_1)\underline{D^{cum}}(t+1)]\}$$

式中：$N_{LC}^*(t)$ 为时段 t 的最优出力。所得弃电对冲规则表明，最优出力 $N_{LC}^*(t)$ 是关于可供能量 $\mathrm{AE}(t)$ 的分段函数，其中 $N_{LC}(t)$ 和 $\mathrm{AE}(t)$ 满足以下条件：

$$N_{LC}(t) \in [N^{LS}(t,\varsigma_1), N^{LS}(t,\varsigma_1+1)]$$
$$\{[1 - p_1^{LN}(\varsigma_1)N_{LC}(t) - p_2^{LN}(\varsigma_1)]N_{LC}(t) - \underline{D}(t)\}/\underline{D}(t) \in [w(t,\vartheta_1), w(t,\vartheta_1+1)]$$
$$\mathrm{AE}(t) - N_{LC}(t) \in [E^{LS}(t+1,\varsigma_2), E^{LS}(t+1,\varsigma_2+1)]$$
$$(\{1 - p_1^{LE}(\varsigma_2)[\mathrm{AE}(t) - N_{LC}(t)] - p_2^{LE}(\varsigma_2)\}[\mathrm{AE}(t) - N_{LC}(t)] - \underline{D^{cum}}(t+1))/\underline{D^{cum}}(t+1)$$
$$\in [w(t,\vartheta_2), w(t,\vartheta_2+1)]$$

弃电对冲规则仅在 $\mathrm{AE}(t)$ 介于供能起始点 $\mathrm{SEA}(t)$ 和供能结束点 $\mathrm{EEA}(t)$ 之间时适用。$\mathrm{SEA}(t)$ 和 $\mathrm{EEA}(t)$ 受式（4.48）水风光互补调度模型的约束影响，即

$$\underline{D_{LO}}(t) \le N_{LC}(t) \le \overline{D_{LO}}(t) \quad \text{和} \quad \underline{D_{LO}^{cum}}(t+1) \le E(t+1) \le \overline{D_{LO}^{cum}}(t+1)$$

当 $N_{LC}(t)$ 和 $E(t+1)$ 分别达到下限 $\underline{D_{LO}}(t)$ 和 $\underline{D_{LO}^{cum}}(t+1)$ 时，弃电对冲调度开始。因此，供能起始点 $\mathrm{SEA}(t)$ 可以写作：

$$\mathrm{SEA}(t) = \underline{D_{LO}}(t) + \underline{D_{LO}^{cum}}(t+1) \quad (4.57)$$

供能结束点 $\mathrm{EEA}(t)$ 有两种表达式，因为 $N_{LC}(t)$ 或 $E(t+1)$ 均可能达到上限值。相应地，产生了两种调度规则，如图 4.6 所示。当 $E(t+1)$ 达到上限 $\overline{D_{LO}^{cum}}(t+1)$ 时，产生两点弃电对冲规则；当 $N_{LC}(t)$ 达到上限 $\overline{D_{LO}}(t)$ 时，产生三点弃电对冲规则。需要说明的是，两点弃电对冲规则和三点弃电对冲规则是两种简化的情景，隐含的假设是出力 $N_{LC}(t)$ 随可供能量 $\mathrm{AE}(t)$ 单调增加。事实上，由于弃电率的存在，$N_{LC}(t)$ 与 $\mathrm{AE}(t)$ 之间的关系可能是非单调的，进而可以产生多点弃电对冲规则。多点弃电对冲规则将在研究案例中讨论。

两点弃电对冲规则从供能起始点 $\mathrm{SEA}(t)$ 开始，与以下直线相交：

$$N_{LC}(t) = \mathrm{AE}(t) - \overline{D_{LO}^{cum}}(t+1) \quad (4.58)$$

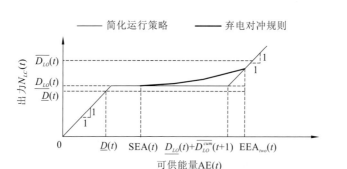

（a）两点弃电对冲规则

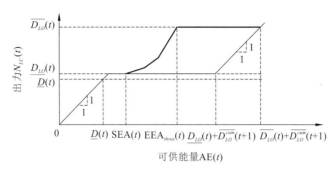

（b）三点弃电对冲规则

图 4.6　弃电对冲规则

两点弃电对冲规则的供能结束点记为 $\mathrm{EEA}_{two}(t)$，可由式（4.58）代入式（4.56）求得，即

$$\mathrm{EEA}_{two}(t) = \{(1-\omega)[-1 + p_2^{LE}(\varsigma_2) + 2p_1^{LE}(\varsigma_2)\overline{D_{LO}^{cum}}(t+1)]p_1^{SG}(\vartheta_2)\underline{D}(t)$$
$$+ \omega[1 - p_2^{LN}(\varsigma_1) + 2p_1^{LN}(\varsigma_1)\overline{D_{LO}^{cum}}(t+1)]p_1^{FG}(\vartheta_1)\underline{D}^{cum}(t+1)\} \qquad （4.59）$$
$$/[2\omega p_1^{FG}(\vartheta_1)p_1^{LN}(\varsigma_1)\underline{D}^{cum}(t+1)]$$

当可供能量不在供能起始点 $\mathrm{SEA}(t)$ 和供能结束点 $\mathrm{EEA}_{two}(t)$ 之间时，采用简化运行策略进行调度。完整调度规则如下：

$$\begin{cases} N_{LC}(t) = \mathrm{AE}(t), & 0 < \mathrm{AE}(t) \leqslant \underline{D_{LO}}(t) \\ N_{LC}(t) = \underline{D_{LO}}(t), & \underline{D_{LO}}(t) < \mathrm{AE}(t) \leqslant \mathrm{SEA}(t) \\ N_{LC}(t) = N_{LC}^*(t), & \mathrm{SEA}(t) < \mathrm{AE}(t) \leqslant \mathrm{EEA}_{two}(t) \\ N_{LC}(t) = \mathrm{AE}(t) - \overline{D_{LO}^{cum}}(t+1), & \mathrm{AE}(t) > \mathrm{EEA}_{two}(t) \end{cases} \qquad （4.60）$$

三点弃电对冲规则从供能起始点 $\mathrm{SEA}(t)$ 开始，与直线 $N_{LC}(t) = \overline{D_{LO}}(t)$ 相交，对应的横坐标为 $\mathrm{EEA}_{three}(t)$。当可供能量超过 $\mathrm{EEA}_{three}(t)$ 时，出力为定值 $\overline{D_{LO}}(t)$，直至 $\mathrm{AE}(t)$ 增加至 $\overline{D_{LO}}(t) + \overline{D_{LO}^{cum}}(t+1)$。$\mathrm{EEA}_{three}(t)$ 的表达式如下：

$$\mathrm{EEA}_{three}(t) = \{(1-\omega)[1 - p_2^{LE}(\varsigma_2) + 2p_1^{LE}(\varsigma_2)\overline{D_{LO}}(t)]p_1^{SG}(\vartheta_2)\underline{D}(t)$$
$$+ \omega[-1 + p_2^{LN}(\varsigma_1) + 2p_1^{LN}(\varsigma_1)\overline{D_{LO}}(t)]p_1^{FG}(\vartheta_1)\underline{D}^{cum}(t+1)\} \qquad （4.61）$$
$$/[2(1-\omega)p_1^{SG}(\vartheta_2)p_1^{LE}(\varsigma_2)\underline{D}(t)]$$

当可供能量不在供能起始点 $\mathrm{SEA}(t)$ 和 $\overline{D_{LO}}(t) + \overline{D_{LO}^{cum}}(t+1)$ 之间时，采用简化运行策略进行调度。完整调度规则如下：

$$\begin{cases} N_{LC}(t) = \mathrm{AE}(t), & 0 < \mathrm{AE}(t) \leqslant \underline{D_{LO}}(t) \\ N_{LC}(t) = \underline{D_{LO}}(t), & \underline{D_{LO}}(t) < \mathrm{AE}(t) \leqslant \mathrm{SEA}(t) \\ N_{LC}(t) = N_{LC}^*(t), & \mathrm{SEA}(t) < \mathrm{AE}(t) \leqslant \mathrm{EEA}_{three}(t) \\ N_{LC}(t) = \overline{D_{LO}}(t) & \mathrm{EEA}_{three}(t) < \mathrm{AE}(t) \leqslant \overline{D_{LO}}(t) + \overline{D_{LO}^{cum}}(t+1) \\ N_{LC}(t) = \mathrm{AE}(t) - \overline{D_{LO}^{cum}}(t+1), & \mathrm{AE}(t) > \overline{D_{LO}}(t) + \overline{D_{LO}^{cum}}(t+1) \end{cases} \qquad （4.62）$$

在式（4.60）和式（4.62）中，出力 $N_{LC}(t)$ 是调度规则的决策。当 $N_{LC}(t)$ 确定后，水库泄流量 $q_i^{VO}(t)$ 可通过试算法求得。

4.1.5 研究实例

以二滩水风光互补系统为研究对象。首先，展示采用水库发电调度函数计算的结果；然后，展示采用水风光互补系统发电调度函数计算的结果；最后，对弃电对冲规则的相关结果进行展示，并与欠电对冲规则进行对比。

1. 研究数据

原始研究数据如下。

（1）二滩水电站 1980～2011 年入库流量，时间步长为旬，由水利部长江水利委员会提供；2016～2017 年入库流量和发电量，时间步长为小时，由二滩水电站提供。

（2）盐源县、德昌县、会理市、米易县和盐边县 1980～2011 年及 2016～2017 年风速，时间步长为小时；德昌县、米易县和盐边县 1980～2011 年及 2016～2017 年辐射和温度，时间步长为小时。风速、辐射和温度数据均由气象再分析数据库 MERRA-2 提供。

（3）四川省 2016～2017 年水电发电量、风力发电量、光伏发电量和火电发电量，时间步长为月，由中国宏观经济数据库提供。

其中，部分输入需要由原始数据整理获得：2016～2017 年旬尺度二滩水电站入库流量由小时尺度数据求均值得到；1980～2011 年及 2016～2017 年小时尺度风力发电量由小时尺度风速计算[20]，其中切入风速、额定风速和切出风速分别取 3 m/s、15 m/s 和 20 m/s；1980～2011 年及 2016～2017 年小时尺度光伏发电量由小时尺度辐射和温度计算[21]；1980～2011 年及 2016～2017 年旬尺度风力发电量和光伏发电量由小时尺度数据求均值得到。采用夏皮罗-维尔克检验（Shapiro-Wilk test）[22]对 1980～2011 年旬尺度风光总出力的正态性进行检验，36 旬中有 34 旬服从正态分布，说明假设风光总出力服从正态分布是合理的。

2. 参数设置

针对发电调度函数，计算了 2016 年调度结果，时间步长为旬。第一阶段设为一旬，第二阶段设为三旬。调度函数以 5 月下旬为例进行展示。四类参数预设如下：①相对预报误差，设为 0.1。②水头方程参数，p_1^{WH} 为 -1.27×10^{-18} m^{-5}，p_2^{WH} 为 2.375×10^{-8} m^{-2}，p_3^{WH} 为 90.12 m（采用拟合方法求得，R^2 为 1.00）。③边界条件，传输能力指数（即传输能力与装机容量之比）设为 0.8，总装机容量为 6 180.5 MW，故传输能力为 4 944.4 MW；超过负荷曲线导致的弃电率设为 0.1；初始水位为 1 180 m。④线性分段区间终点，水头方程和标准正态分布函数均进行了线性插值，如表 4.1 和表 4.2 所示，R^2 均大于 0.99。其中，水头方程线性分段区间第 1 段起点为 24.0 亿 m^3，标准正态分布函数线性分段区间第 1 段起点为-2.2。

表 4.1　水头方程线性分段区间终点

分段序号	1	2	3	4	5	6
线性分段区间终点/（亿 m³）	27.9	33.8	40.2	47.7	55.9	57.9

表 4.2　标准正态分布函数线性分段区间终点

分段序号	1	2	3	4	5	6	7
线性分段区间终点	-2.0	-1.5	-1.0	1.0	1.5	2.0	2.2

针对弃电对冲规则，初始水位设为 1 180 m。调度函数以 5 月下旬为例进行展示。采用能量需求矩阵 D（$\underline{D}(t)$、$\overline{D}(t)$、$D^{cum}(t)\Delta t / \Delta t^{cum}$ 和 $\overline{D^{cum}}(t)\Delta t / \Delta t^{cum}$ 与装机容量之比）表征四种类型的能量需求。表 4.3 展示了不同需求矩阵对应的对冲规则。当系统出力与可供能量呈单调关系时，存在两点弃电对冲规则和三点弃电对冲规则；当系统出力与可供能量呈非单调关系时，存在基于两点弃电对冲规则和三点弃电对冲规则的多点弃电对冲规则。需要说明的是，需求矩阵的设置是为了展示不同类型的对冲规则。对于每一种对冲规则，需求矩阵不是唯一的。表 4.3 中未提及案例均与两点弃电对冲规则采用相同的参数设置。

表 4.3　对冲规则类型

对冲规则类型	需求矩阵 D	对冲规则名称
弃电对冲规则	[0.10, 0.10, 0.30, 0.30]	两点弃电对冲规则
	[0.10, 0.20, 0.30, 0.40]	三点弃电对冲规则
	[0.20, 0.20, 0.50, 0.50]	基于两点弃电对冲规则的多点弃电对冲规则
	[0.20, 0.20, 0.30, 0.50]	基于三点弃电对冲规则的多点弃电对冲规则
欠电对冲规则	[0.20, 0.20, 0.30, 0.50]	欠电对冲规则

3. 水库发电调度结果

图 4.7 采用滚动预报调度的方法展示了采用水库发电调度函数进行调度时，从第 1 旬至第 36 旬的余留库容。滚动预报调度方法将调度规则推求出的当前旬末库容作为下一旬的初库容[23]。图 4.7（a）展示了第二阶段累计入库水量均值增长率从 0.0 至 0.5 的余留库容，步长为 0.1。在相同月份，余留库容随第二阶段累计入库水量的增加而减少。这是由于第二阶段累计入库水量的增加使得第二阶段的发电量增加，余留库容可以减少，用来增加第一阶段的发电量。图 4.7（b）展示了第二阶段累计入库水量相对误差从 0.05 至 0.25 的余留库容，步长为 0.05。在相同月份，余留库容随第二阶段累计入库水量相对误差的增加而减少。这说明累计入库水量的不确定性增加导致第二阶段的弃电量增加。

因此，第一阶段的余留库容减少，以减少第二阶段的弃电量。然而，图 4.7（a）和（b）均未考虑防洪需求，即 6 月 1 日～7 月 31 日水位不应超过汛限水位 1 190 m（对应库容为 48.5 亿 m³）。为满足防洪需求，图 4.7（a）和（b）增加了水位约束，变为图 4.7（c）和（d）。图 4.8 展示了水库发电调度函数。根据 4.1.3 小节，线性调度函数的判别式同时受水头方程参数和第二阶段累计入库水量标准差的影响。为表明调度函数中决策变量与决策因子的关系，在单独月份的调度规则展示中不考虑防洪约束和泄流约束。设第二阶段累计入库水量的相对误差从 0.05 增长至 0.25，步长为 0.05。相应地，线性调度函数判别式的绝对值从 6.38×10^{23} m⁶ 增长至 7.90×10^{23} m⁶。图 4.8（a）展示了不同线性调度函数判别式下水库调度规则中余留库容和第二阶段平均累计入库水量的关系。图 4.8（b）表明相关系数随线性调度函数判别式绝对值的增加而减小。因此，线性调度函数判别式在识别水库发电调度函数线性程度时是有效的。

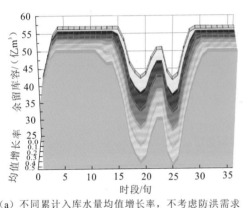

（a）不同累计入库水量均值增长率，不考虑防洪需求

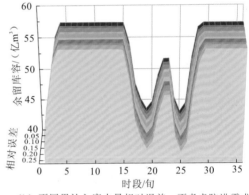

（b）不同累计入库水量相对误差，不考虑防洪需求

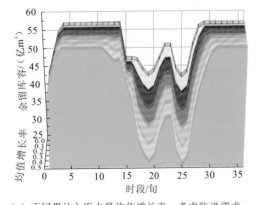

（c）不同累计入库水量均值增长率，考虑防洪需求

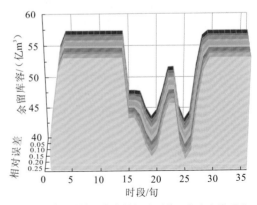

（d）不同累计入库水量相对误差，考虑防洪需求

图 4.7　水库发电调度余留库容计算结果

表 4.4 比较了不同调度方案下的多年平均发电量计算结果，包括 DP 方法、参数化—模拟—优化方法、发电调度函数及简化运行策略。DP 方法求得理论最大发电量。参数化—模拟—优化方法中，函数形式为线性，决策变量和决策因子分别为时段末库容与潜

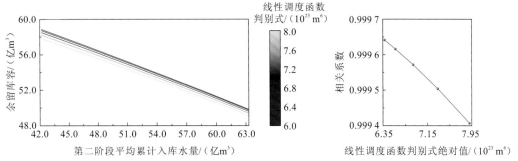

（a）不同线性调度函数判别式下的拟合线性调度规则　　　（b）相关系数与线性调度函数判别式绝对值的关系

图 4.8　水库调度规则的线性分析

在能量[24]。通过比较可以发现，发电调度函数的多年平均发电量低于参数化—模拟—优化方法，由于后者采用了长系列历史资料率定调度规则参数。发电调度函数及简化运行策略均不依赖历史资料，但发电调度函数多年平均发电量的表现优于简化运行策略。

表 4.4　不同调度方案下的多年平均发电量计算结果

调度方案	DP 方法	参数化—模拟—优化方法	发电调度函数	简化运行策略
发电量/（亿 kW·h）	166.3	161.9	159.4	156.9

4. 水风光互补系统发电调度结果

图 4.9 采用滚动预报调度方法展示了采用水风光互补系统发电调度函数进行调度时，第 1 旬至第 36 旬的余留库容。其中，传输能力指数从 0.70 至 0.90，步长为 0.05。图 4.9（a）未考虑防洪需求，图 4.9（b）考虑了防洪需求。余留库容随传输能力指数的增加而增加，在汛期更为敏感。增加余留库容后，水库第一阶段发电量减少，第二阶段发电量增加。此外，发电调度函数多年平均发电量为 183.4 亿 kW·h，简化运行策略为 177.6 亿 kW·h。相比于简化运行策略，发电调度函数提升多年平均发电量 3.3%。

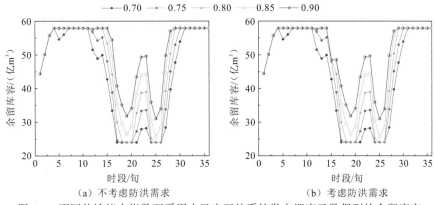

（a）不考虑防洪需求　　　　　　　　（b）考虑防洪需求

图 4.9　不同传输能力指数下采用水风光互补系统发电调度函数得到的余留库容

图 4.10 展示了水风光互补系统发电调度函数。图 4.10（a）中决策因子为第二阶段平均累计入库水量和风光总出力。余留库容随第二阶段平均累计入库水量和风光总出力的增加而减少，表明第二阶段发电量增加后，为其预留的库容减少。图 4.10（b）中决策因子为第二阶段累计入库水量的均值和相对误差。余留库容随第二阶段累计入库水量均值和相对误差的增加而减少。该结论与水库发电调度结果一致。

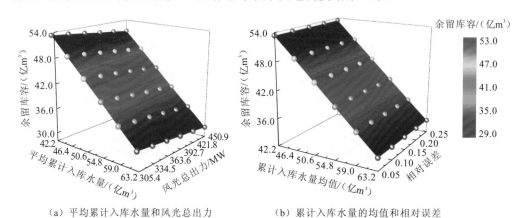

（a）平均累计入库水量和风光总出力 （b）累计入库水量的均值和相对误差

图 4.10 采用不同决策因子的水风光互补系统发电调度函数

图 4.11 比较了水库调度和水风光互补调度。对于水库调度，出力指水电出力；对于水风光互补调度，出力指水电、风力发电和光伏发电出力之和。当可供能量较小时，弃电量较少，因此水库调度和水风光互补调度的水电出力相近。同时，水风光互补系统出力还包含了风力发电和光伏发电出力，因此，当可供能量较小时，水库调度比水风光互补调度出力小。当可供能量较大时，弃电量较大。水风光互补系统减少了出力以降低弃电量，因此其出力小于水库调度。

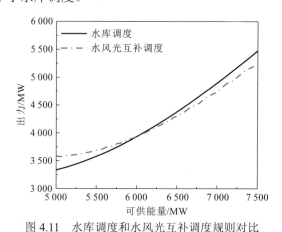

图 4.11 水库调度和水风光互补调度规则对比

图 4.12 展示了第二阶段累计入库水量的统计参数在不同传输能力指数下对余留库容的影响。余留库容随第二阶段累计入库水量均值和相对误差的增加而减少，这与图 4.10（b）的结论一致。并且，余留库容对第二阶段累计入库水量的均值更为敏感。累计入库水量

均值的增加导致余留库容减少，这是由于第二阶段累计入库水量的均值增加后不再需要第一阶段为其预留更多库容。减少的余留库容可以增加水库第一阶段发电量。相对误差的增加导致余留库容减少，这是由于相对误差增加后第二阶段弃电增加。因此，降低余留库容以减少第二阶段弃电。

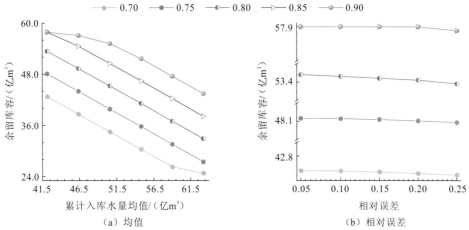

图 4.12　不同传输能力指数下累计入库水量统计参数对余留库容的影响

　　图 4.13 展示了第二阶段风光总出力统计参数在不同传输能力指数下对余留库容的影响。一方面，余留库容随第二阶段平均风光总出力的增加而减少，因为第二阶段需要预留的水变少。另一方面，余留库容随第二阶段风光总出力相对误差的增加而减少，主要原因是相对误差的变大增加了第二阶段的弃电量。因此，余留库容被降低，以减少弃电。

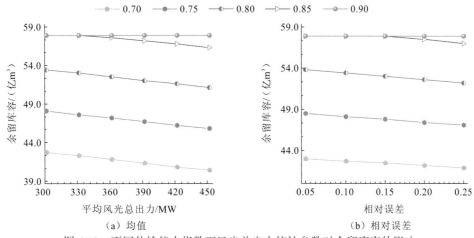

图 4.13　不同传输能力指数下风光总出力统计参数对余留库容的影响

5. 弃电对冲规则计算结果

　　图 4.14 展示了二滩水风光互补系统弃电曲线。当中长期平均出力较小时，弃电率较高。中长期平均出力小，表明水电出力较小，因为风力发电和光伏发电年际变化较小。

当水电出力较小时，水风光互补系统的调节能力较弱。因此，系统出力更易超过负荷曲线，导致弃电。随着系统出力的增加，弃电率稳定，并接近于零。当系统出力进一步增加时，弃电率再次增加，因为系统出力易超过传输能力限制，导致弃电。

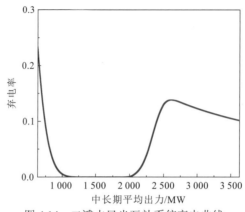

图 4.14　二滩水风光互补系统弃电曲线

采用市场出清价格来描述出力边际效用递减的特性。发电效益方程的权重和指数可以根据市场出清价格推求。市场出清价格由需求曲线和供给曲线的交点得到[25]。需求曲线和供给曲线分别来自 Zou 等[26]和 Guo 等[27]。图 4.15 展示了水风光互补系统出力对应的电价及日均发电效益。图 4.15（a）为市场出清价格，受最大和最小能量需求影响。图 4.15（a）中以最小和最大能量需求 500 MW 和 1 500 MW 展示了市场出清价格。当出力低于 500 MW 时，价格为定值；当出力高于 1 500 MW 时，价格为零。图 4.15（b）为不同出力对应的日均发电效益。当出力低于 500 MW 时，斜率为定值。当出力在 500 MW 和 1 500 MW 之间时，斜率由于市场出清价格的降低逐渐减小。当出力超过 1 500 MW 时，日均发电效益保持定值。

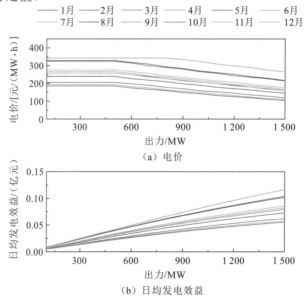

图 4.15　水风光互补系统出力对应的电价及日均发电效益

图 4.16 展示了水风光互补系统两点弃电对冲规则中可供能量与出力和泄流的关系。当可供能量达到供能起始点 2 840 MW 时，两点弃电对冲规则开始使用。此时出力超过 710 MW，即考虑弃电的第一阶段最小能量需求。需要区别的是，当不考虑弃电时，第一阶段最小能量需求为 6180.5×0.1 = 618.05（MW）。当可供能量达到 6 440 MW 时，两点弃电对冲规则结束使用。两点弃电对冲规则使用过程中，最大出力没有达到 1 854 MW，即考虑弃电的第一阶段最大能量需求。在两点弃电对冲规则适用范围之外，即可供能量小于 2 840 MW 或可供能量大于 6 440 MW，使用简化运行策略。

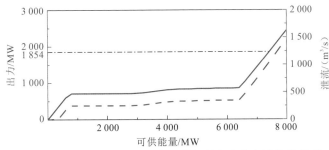

图 4.16　两点弃电对冲规则中可供能量与出力和泄流的关系

　　图 4.17 展示了三点弃电对冲规则中可供能量与出力和泄流的关系。当可供能量达到供能起始点 4 418 MW 时，三点弃电对冲规则开始使用。当可供能量达到 7 918 MW 时，系统出力达到 1 854 MW，即考虑弃电的第一阶段最大能量需求。出力是否能达到第一阶段最大能量需求是两点弃电对冲规则和三点弃电对冲规则的显著区别。当可供能量达到 10 377 MW（即考虑弃电的第一阶段最大能量需求和余留能量最大需求之和）时，三点弃电对冲规则结束使用。

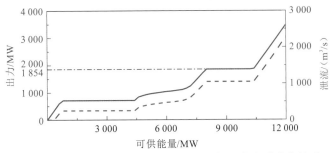

图 4.17　三点弃电对冲规则中可供能量与出力和泄流的关系

　　图 4.18 以两点弃电对冲规则为例，展示了弃电曲线分段步长对出力误差的影响。两点弃电对冲规则供能起始点和结束点分别为 2 840 MW、6 440 MW。图 4.18（a）展示了出力误差，即分段线性弃电曲线和数值解两种方法所得出力之差。其中，数值解采用模拟方法直接推求弃电率。图 4.18（b）展示了 RMSE 与弃电曲线分段步长的关系。可以发现，出力误差的绝对值整体上随弃电曲线分段步长的增加而增加。研究案例中采用 0.2 MW 的分段步长，对应的 RMSE 为 0.06 MW。

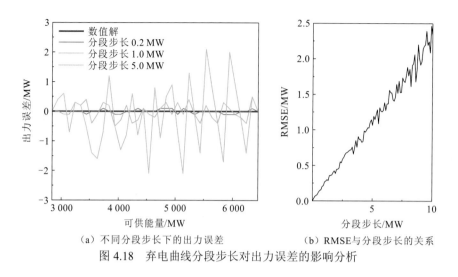

（a）不同分段步长下的出力误差　　　（b）RMSE与分段步长的关系

图 4.18　弃电曲线分段步长对出力误差的影响分析

图 4.19 对比了两点弃电对冲规则（解析调度规则）与模拟结果。模拟结果采用参数化—模拟—优化方法求得，函数形式为线性。可以发现，两点弃电对冲规则作为一种解析调度规则，在多年平均发电效益方面的表现通常不能超过模拟结果，原因是两点弃电对冲规则没有使用长系列历史资料。另外，两点弃电对冲规则的分段线性特征可以更准确地描述函数形式。当参数化—模拟—优化方法所求调度函数为线性时，两点弃电对冲规则在多年平均发电效益方面的表现可能超过模拟结果。对于两点调度，两点弃电对冲规则与模拟结果得到的多年平均发电效益分别为 15.25 亿元和 15.23 亿元。

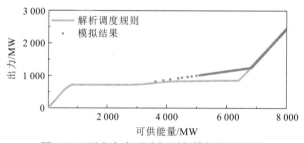

图 4.19　两点弃电对冲规则与模拟结果对比

图 4.20 对比了三点弃电对冲规则（解析调度规则）与模拟结果。三点弃电对冲规则与模拟结果得到的多年平均发电效益分别为 15.25 亿元和 15.32 亿元。可以发现，即使三点弃电对冲规则的分段线性特征相比于假定调度函数为线性的参数化—模拟—优化方法有助于提升多年平均发电效益（从两点弃电对冲规则与模拟结果发电效益的比较可知），使用长系列历史资料率定调度函数参数仍然对提升调度函数在多年平均发电效益方面的表现有重要作用。因此，在本案例中模拟结果的表现好于三点弃电对冲规则。

弃电对冲规则可以使用多种输入，如图 4.21 所示。输入先用来计算可供能量，然后根据可供能量推求系统出力。图 4.21（a）中，入流和风光总出力用来计算可供能量。可供能量随入流和风光总出力的增加而增加。两点弃电对冲规则中，系统出力随可供能量的增加而增加或保持不变，所以系统出力随入流和风光总出力的增加而增加或保持不变。

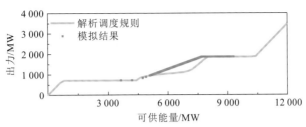

图 4.20　三点弃电对冲规则与模拟结果对比

图 4.21（b）中，初始蓄能与潜在能量输入之和为可供能量。系统出力随初始蓄能和潜在能量输入的增加而增加或保持不变。

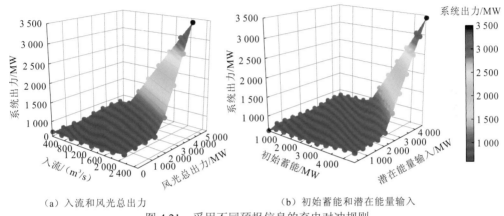

（a）入流和风光总出力　　　　　　（b）初始蓄能和潜在能量输入

图 4.21　采用不同预报信息的弃电对冲规则

图 4.22 采用滚动预报调度方法展示了水库调度从第 1 旬至第 36 旬的末水位。图 4.22(a) 中，第 1 旬初水位从 1 155 m 变化至 1 190 m，可以发现，1 月初水位主要影响第 1 旬至第 7 旬的末水位，对第 8 旬及之后的末水位没有显著影响。图 4.22（b）进一步考虑了防洪需求，在汛期，将水位控制在汛限水位 1 190 m 以内。

由于系统出力是可供能量的分段线性函数，系统出力可能不随可供能量的增加而单调递增。因此，可以在两点弃电对冲规则的基础上提出多点弃电对冲规则，如图 4.23 所示，其由四个阶段组成：在阶段 I，系统出力等于可供能量。在阶段 II，系统出力为考虑弃电的第一阶段最小能量需求。阶段 III 为弃电对冲规则，系统出力与可供能量的函数关系存在断点，原因在于，在断点处，如果继续增大系统出力，会导致严重弃电。因此，减少了系统出力，以余留库容的形式存储能量。在阶段 IV 及之后，存储能量达到了上限，多余能量用于第一阶段系统出力。采用该弃电对冲规则得到的多年平均发电效益为 15.56 亿元，而采用简化运行策略得到的多年平均发电效益为 15.44 亿元。

图 4.24 展示了基于三点弃电对冲规则的多点弃电对冲规则。在阶段 I 和 II，系统出力分别等于可供能量和考虑弃电的第一阶段最小能量需求。阶段 III 至 V 为弃电对冲规则。在阶段 III 和 V，系统出力均小于考虑弃电的第一阶段最大能量需求。阶段 IV 存在断点，断点处，继续增加第一阶段出力带来的效益增量，由于弃电率的存在，小于将同样的能量存储在第二阶段带来的效益增量。在阶段 VI 及之后，系统出力等于可供能量

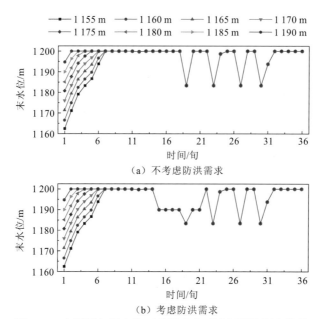

（a）不考虑防洪需求

（b）考虑防洪需求

图 4.22　在不同起调水位下采用弃电对冲规则的调度结果

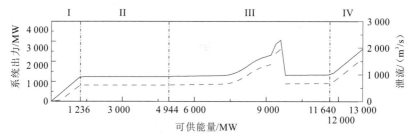

图 4.23　基于两点弃电对冲规则的多点弃电对冲规则

减去考虑弃电的第二阶段最大余留能量需求。采用该弃电对冲规则得到的多年平均发电效益为 15.49 亿元，比简化运行策略高 0.05 亿元。

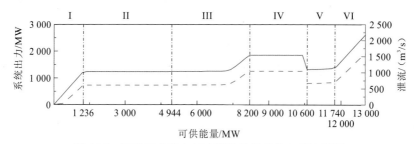

图 4.24　基于三点弃电对冲规则的多点弃电对冲规则

比较了 2016 年实际调度过程与弃电对冲规则所得发电效益。基于两点弃电对冲规则的多点弃电对冲规则将年发电效益从 10.97 亿元提升到 13.46 亿元（22.7%）；基于三点弃电对冲规则的多点弃电对冲规则将年发电效益从 7.89 亿元提升到 8.44 亿元（7.0%）。

欠电对冲规则也是可供能量的分段线性函数，如图 4.25 所示。欠电对冲规则的目的是最小化能源短缺带来的损失。欠电对冲规则的适用范围是可供能量小于第一阶段最小能量需求与最小余留能量需求之和（本案例中为 4 944 MW）。欠电对冲规则可供能量适用范围的上限是弃电对冲规则供能起始点。

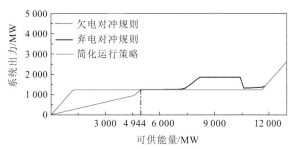

图 4.25　欠电对冲规则、弃电对冲规则与简化运行策略的比较

4.2　基于鲁棒优化理论的水风光互补系统中期柔性调度区间

4.2.1　水风光互补系统多目标鲁棒优化调度模型

为推求水风光互补系统鲁棒调度区间，首先需要构建水风光互补系统多目标鲁棒优化调度模型[28-31]。鲁棒调度区间用于中期尺度[32-33]，需要长期调度为其提供水位边界[34-36]。本节首先根据第 2 章解析调度函数的求解框架，推求了长期调度为中期调度提供的水位边界。然后，采用鞅模型描述了中期入流和风光总出力的不确定性。最后，建立了考虑水风光互补系统鲁棒调度区间总宽度和区间内最小发电量的多目标优化模型。

1. 水位边界

鲁棒调度区间可以用于中期尺度（如日），以应对突发事件带来的不确定性。中期调度需要长期调度（如旬）提供水位边界。长期调度规则采用第 2 章解析调度函数的推求框架。为使长期调度和中期调度目标一致，目标函数为发电量最大。优化调度模型如下：

$$
\begin{cases}
\max\left\{1-f_{LO}[N_{LC}(t)]\right\}N_{LC}(t)+\left\{1-f_{LO}^{cum}[E(t+1)]\right\}E(t+1) \\
N_{LC}(t)+E(t+1)=\mathrm{AE}(t)
\end{cases} \tag{4.63}
$$

式中：$f_{LO}(\cdot)$ 和 $f_{LO}^{cum}(\cdot)$ 分别为出力和余留能量的弃电曲线；$N_{LC}(t)$ 为水风光互补系统时段 t 内的出力；$E(t+1)$ 为水风光互补系统的余留能量；$\mathrm{AE}(t)$ 为系统可供能量。调度规则推导步骤与第 2 章相同，兹不赘述。

上述调度规则将长期入流和风光总出力预报作为输入。长期入流和风光总出力的预报不确定性由多种根据历史资料合成的情景代表，采用了预测系数 $CP(t_l,t)$ [37-38]。系数 $CP(t_l,t)$ 表示在时段 t_l 初对于长期时段 t 内入流和风光总出力的预报水平。设 $Q_l(t,\varphi)$ 为情景 φ 下在时段 t 内的实测入流，则情景 φ 下在时段 t_l 合成的入流预报 $\hat{Q}_l(t_l,t,\varphi)$ 如下：

$$\hat{Q}_l(t_l,t,\varphi) = Q_l(t_l) + [1 - CP(t_l,t)] \times [Q_l(t,\varphi) - Q_l(t_l)] \tag{4.64}$$

式中：$Q_l(t_l)$ 为时段 t_l 的实测入流。$CP(t_l,t)=0$ 对应情景 $\hat{Q}_l(t_l,t,\varphi)=Q_l(t,\varphi)$，此时预报不确定性由历史入流不确定性表征；$CP(t_l,t)=1$ 对应情景 $\hat{Q}_l(t_l,t,\varphi)=Q_l(t_l)$，此时预报值等于观测值，即完美预报。类似地，长期情景 φ 下在时段 t_l 合成的风光总出力预报为 $\hat{N}_{LR}(t_l,t,\varphi)$。

随着预见期的增加，预报水平将不可避免地降低[39]。式（4.65）用来描述预报水平随预见期的增加而降低的过程[23]：

$$CP(t_l,t) = \max\{1 - \delta(t - t_l + 1), 0\} \tag{4.65}$$

式中：δ 为预测系数递减率。式（4.65）中，$CP(t_l,t)$ 以 δ 的速度随着 t 的增加而减小，并最终等于零。

2. 中期入流和风光总出力不确定性

本节采用鞅模型描述中期入流和风光总出力预报的不确定性[23]。以入流为例，对鞅模型进行介绍：

$$\tilde{Q}_m(t_m,t) = \hat{Q}_m(t_m,t) - \hat{Q}_m(t_m - 1, t) \tag{4.66}$$

式中：$\tilde{Q}_m(t_m,t)$ 为从 $\hat{Q}_m(t_m - 1, t)$ [时段 $t_m - 1$ 对于观测值 $Q_m(t)$ 的预报值] 到 $\hat{Q}_m(t_m,t)$ [时段 t_m 对于观测值 $Q_m(t)$ 的预报值] 的改进值。

记预见期时段长度为 κ，时段 t_m 的预报改进值序列为

$$[\tilde{Q}_m(t_m,t_m), \tilde{Q}_m(t_m,t_m+1), \cdots, \tilde{Q}_m(t_m,t_m+\kappa-2)]$$

当该序列服从无偏联合正态分布时，方差-协方差矩阵可以表示为

$$\mathbf{VCV} = \begin{bmatrix} \text{var}_1 & \text{cov}_{1,2} & \cdots & \text{cov}_{1,\kappa-1} \\ \text{cov}_{2,1} & \text{var}_2 & \cdots & \text{cov}_{2,\kappa-1} \\ \vdots & \vdots & & \vdots \\ \text{cov}_{\kappa-1,1} & \text{cov}_{\kappa-1,2} & \cdots & \text{var}_{\kappa-1} \end{bmatrix} \tag{4.67}$$

式中：var_t（$t=1,2,\cdots,\kappa-1$）为 $\hat{Q}_m(t_m,t_m+t-1)$ 的方差；$\text{cov}_{t,t'}$（$t,t'=1,2,\cdots,\kappa-1; t \neq t'$）为 $\hat{Q}_m(t_m,t_m+t-1)$ 和 $\hat{Q}_m(t_m,t_m+t'-1)$ 的协方差。矩阵 $\mathbf{VCV}$ 采用楚列斯基分解（Cholesky decomposition）分解为

$$\mathbf{VCV} = \boldsymbol{\Pi} \times \boldsymbol{\Pi}^T \tag{4.68}$$

式中：$\boldsymbol{\Pi}$ 为上三角矩阵。

因此，$[\tilde{Q}_m(t_m,t_m), \tilde{Q}_m(t_m,t_m+1), \cdots, \tilde{Q}_m(t_m,t_m+\kappa-2)]$ 可采用如下模拟方法推求：

$$[\tilde{Q}_m(t_m,t_m), \tilde{Q}_m(t_m,t_m+1), \cdots, \tilde{Q}_m(t_m,t_m+\kappa-2)] = [v_1, v_2, \cdots, v_{\kappa-1}] \times \boldsymbol{\Pi}^T \tag{4.69}$$

其中，v_t（$t=1,2,\cdots,\kappa-1$）是独立同分布的标准正态随机数。式（4.67）中的 $\mathbf{VCV}$ 矩阵可

由 $[\tilde{Q}_m(t_m,t_m),\tilde{Q}_m(t_m,t_m+1),\cdots,\tilde{Q}_m(t_m,t_m+\kappa-2)]$ 的方差-协方差模拟结果推求。集合预报可以通过将 $[\tilde{Q}_m(t_m,t_m),\tilde{Q}_m(t_m,t_m+1),\cdots,\tilde{Q}_m(t_m,t_m+\kappa-2)]$ 代入式（4.66）求得。**VCV** 矩阵可进一步简化为以下三对角矩阵[23]：

$$\mathbf{VCV} = \begin{bmatrix} \sigma_{FI}^2 & \chi\sigma_{FI}^2 & 0 & \cdots & 0 \\ \chi\sigma_{FI}^2 & \sigma_{FI}^2 & \chi\sigma_{FI}^2 & \cdots & 0 \\ 0 & \chi\sigma_{FI}^2 & \sigma_{FI}^2 & \cdots & 0 \\ \vdots & \vdots & \vdots & & \vdots \\ 0 & 0 & 0 & \cdots & \sigma_{FI}^2 \end{bmatrix} \tag{4.70}$$

式中：σ_{FI} 为预报提升水平的标准差；χ 为相邻时段的预报相关系数。风光总出力预报情景也可以采用相同的方法生成。由此，可以生成中期预报情景 a 下的入流预报 $\hat{Q}_m(t_m,t,a)$ 和风光总出力预报 $\hat{N}_{MR}(t_m,t,a)$。当前时段为 1 时，从时段 1 到 T_m 的预报简记为 $\hat{Q}_m(t_m,a)$ 和 $\hat{N}_{MR}(t_m,a)$，其中 $t_m=1,2,\cdots,T_m$。

3. 目标函数

调度区间具体指互补系统调度过程中水库水位的上下界。为求解鲁棒调度区间，发电量是一个重要指标，然而调度也要求具有柔性。因此，需要考虑区间内的最小发电量（经济性）和区间宽度（柔性）两个目标。

1）目标 1：最大化区间内最小发电量

区间内最小发电量用来表征区间内所有可行解中的最劣发电情况，需将该值最大化，即提升区间内可行解所对应发电量的下界。该优化问题是一个嵌套优化问题，即最大化一个最小值，表达式如下：

$$\max_{\mathbf{Z}^{UB},\mathbf{Z}^{LB}}\sum_{a=1}^A\rho_a\underline{B_{MC}}(T_m,a)=\max_{\mathbf{Z}^{UB},\mathbf{Z}^{LB}}\sum_{a=1}^A\rho_a\min_{\mathbf{q}_m}\sum_{t_m=1}^{T_m}\{f_{LO}[\hat{N}_{MH}(t_m,a)+\hat{N}_{MR}(t_m,a)]\}\Delta t_m \tag{4.71}$$

式中：决策变量 $\mathbf{Z}^{UB}$ 为鲁棒调度区间上界，$\mathbf{Z}^{UB}=[Z_m^{UB}(2),Z_m^{UB}(3),\cdots,Z_m^{UB}(t_m),\cdots,Z_m^{UB}(T_m)]$，$Z_m^{UB}(t_m)$ 为 t_m 时段初的鲁棒调度区间上界；决策变量 $\mathbf{Z}^{LB}$ 为鲁棒调度区间下界，$\mathbf{Z}^{LB}=[Z_m^{LB}(2),Z_m^{LB}(3),\cdots,Z_m^{LB}(t_m),\cdots,Z_m^{LB}(T_m)]$，$Z_m^{LB}(t_m)$ 为 t_m 时段初的鲁棒调度区间下界；决策变量 $\mathbf{q}_m$ 为情景 a 下的泄流，$\mathbf{q}_m=[q_m(1,a),q_m(2,a),\cdots,q_m(t_m,a),\cdots,q_m(T_m,a)]$，$q_m(t_m,a)$ 为情景 a 下时段 t_m 内的泄流；A 为总情景数；ρ_a 为情景 a 的发生概率；$\underline{B_{MC}}(T_m,a)$ 为情景 a 下从时段 1 到时段 T_m 的最小总发电量；T_m 为总时段数；$\hat{N}_{MH}(t_m,a)$ 为情景 a 下 t_m 时段内的预报水电出力；$\hat{N}_{MR}(t_m,a)$ 为情景 a 下 t_m 时段内的预报风光总出力；Δt_m 为中期调度时间步长。水电出力预报如下：

$$\hat{N}_{MH}(t_m,a)=\eta q_m(t_m,a)\left[\frac{Z_m^{up}(t_m,a)+Z_m^{up}(t_m+1,a)}{2}-Z_m^{down}(t_m,a)\right] \tag{4.72}$$

式中：η 为水电站综合出力系数；$Z_m^{up}(t_m, a)$ 为情景 a 下 t_m 时段初的上游水头；$Z_m^{down}(t_m, a)$ 为情景 a 下 t_m 时段内的平均下游水头。

2）目标 2：最大化区间宽度

区间宽度是区间上界和下界之差在各个时段上的总和，最大化区间宽度的表达式如下：

$$\max_{\mathbf{Z}^{UB}, \mathbf{Z}^{LB}} \sum_{t_m=1}^{T_m} \{[Z_m^{UB}(t_m) - Z_m^{LB}(t_m)] / \Delta t_m\} \tag{4.73}$$

4. 约束条件

1）水量平衡约束

每时刻的库容变化由水量平衡方程决定：

$$S_m(t_m+1, a) = S_m(t_m, a) + [\hat{Q}_m(t_m, a) - q_m(t_m, a)]\Delta t_m \tag{4.74}$$

式中：$S_m(t_m, a)$ 为情景 a 下 t_m 时段初的库容。

2）库容约束

库容应当满足以下物理约束：

$$\underline{S} \leqslant S_m(t_m, a) \leqslant \overline{S} \tag{4.75}$$

式中：$\underline{S}$ 和 $\overline{S}$ 分别为库容下界和上界。

3）泄流约束

总泄流应当在泄流能力范围内：

$$\underline{q} \leqslant q_m(t_m, a) \leqslant \overline{q} \tag{4.76}$$

式中：$\underline{q}$ 和 $\overline{q}$ 分别为水库泄流的下界和上界。

4）出力约束

水电出力应当满足以下约束：

$$\underline{N} \leqslant \hat{N}_{MH}(t_m, a) \leqslant \overline{N} \tag{4.77}$$

式中：$\underline{N}$ 和 $\overline{N}$ 分别为水电出力的下界和上界。

4.2.2　双层嵌套求解方法

水风光互补系统多目标鲁棒优化调度模型中，决策变量众多，且目标"最大化区间内最小发电量"为最大化-最小化嵌套优化结构。采用单独的优化算法难以寻求最优解。本小节采用双层嵌套求解方法来求解水风光互补系统多目标鲁棒优化调度模型，如图 4.26 所示。双层嵌套求解方法的基本思想是将一个复杂问题分解为多个子问题，然后分别对子问题进行求解。

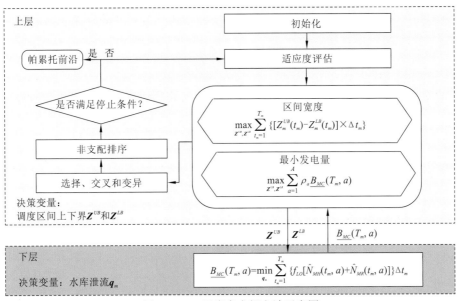

图 4.26　双层嵌套求解方法示意图

根据双层嵌套求解方法的基本思想，将水风光互补系统多目标鲁棒优化调度模型重写为两层。在上层，目标是最大化区间内最小发电量和区间宽度，决策变量为 $\boldsymbol{Z}^{UB}$ 和 $\boldsymbol{Z}^{LB}$。在下层，目标为最小化区间内发电量，决策变量为 $\boldsymbol{q}_m$。上层采用非支配排序遗传算法-II（non-dominated sorting genetic algorithm-II，NSGA-II）求解，下层采用离散微分动态规划（discrete differential dynamic programming，DDDP）求解。下层在上层给定的决策变量范围 $\boldsymbol{Z}^{UB}$ 和 $\boldsymbol{Z}^{LB}$ 内求解区间内最小发电量，并将其返回上层。

1. 上层算法

对于上层的多目标优化问题，NSGA-II 可以高效地寻求帕累托前沿[40-41]。上层算法对应的两个目标分别为最大化区间内最小发电量和区间宽度，表达式分别如下：

$$\max_{\boldsymbol{Z}^{UB}, \boldsymbol{Z}^{LB}} \sum_{a=1}^{A} \rho_a \underline{B_{MC}}(T_m, a) \tag{4.78}$$

$$\max_{\boldsymbol{Z}^{UB}, \boldsymbol{Z}^{LB}} \sum_{t_m=1}^{T_m} \{[Z_m^{UB}(t_m) - Z_m^{LB}(t_m)] \times \Delta t_m\} \tag{4.79}$$

当采用 NSGA-II 寻优时，区间上下界 $\boldsymbol{Z}^{UB}$ 和 $\boldsymbol{Z}^{LB}$ 为决策变量。决策变量组成的集合可以按以下方法定义：

$$[Z_m^{UB}(2), Z_m^{UB}(3), \cdots, Z_m^{UB}(T_m), Z_m^{LB}(2), Z_m^{LB}(3), \cdots, Z_m^{LB}(T_m)] \tag{4.80}$$

采用超体积指标评价 NSGA-II 优化结果。超体积指标兼顾了多目标优化结果的收敛性（优化结果与帕累托前沿的逼近程度）、均匀性（优化结果的分布情况）和广泛性（优化结果分布的广泛程度），是在帕累托支配关系方面严格单调的指标[42]。对超体积指标定义如下。

优化问题 $f(\boldsymbol{\kappa})$ 共有 α 个目标。其中，ϕ 为 $f(\boldsymbol{\kappa})$ 的一个非支配解集。对于参考点 $\boldsymbol{r}=[r_1, r_2, \cdots, r_\alpha]$，$\phi$ 的超体积指标为

$$\text{HV}(\phi) = \propto \left\{ \bigcup_{\boldsymbol{\kappa} \in \phi} [f_1(\boldsymbol{\kappa}), r_1] \times [f_2(\boldsymbol{\kappa}), r_2] \times \cdots \times [f_\alpha(\boldsymbol{\kappa}), r_\alpha] \right\} \tag{4.81}$$

式中：$\propto$ 为勒贝格测度；$\boldsymbol{\kappa}$ 为决策变量；$f_1, f_2, \cdots, f_\alpha$ 为目标；$[f_1(\boldsymbol{\kappa}), r_1] \times [f_2(\boldsymbol{\kappa}), r_2] \times \cdots \times [f_\alpha(\boldsymbol{\kappa}), r_\alpha]$ 为不被 $\boldsymbol{r}$ 支配但被 $\boldsymbol{\kappa}$ 支配的所有点围成的区域大小。二维情况下，超体积指标如图 4.27 所示。超体积指标大小为图 4.27 中阴影部分面积，其中 $\phi_1 \sim \phi_4$ 为非支配解集的端点。

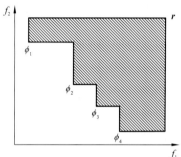

图 4.27　二维情况下的超体积指标

2. 下层算法

下层在上层给定的鲁棒调度区间上界 $\boldsymbol{Z}^{UB}$ 和下界 $\boldsymbol{Z}^{LB}$ 内，求得使区间内发电量最小的泄流，表达式如下：

$$\min_{\boldsymbol{q}_m} \sum_{t_m=1}^{T_m} \{ f_{LO}[\hat{N}_{MH}(t_m, a) + \hat{N}_{MR}(t_m, a)] \} \Delta t_m \tag{4.82}$$

下层优化问题是一个典型的马尔可夫过程，因为当 t 时段的值给定后，t 之后的过程不依赖于 t 之前的过程。对于马尔可夫过程，DP 方法可以保证全局最优[43]。为提高计算效率，下层采用 DDDP 求解[44]。

4.2.3　随机模拟

为进一步验证鲁棒调度区间的有效性，在区间内进行随机模拟。区间内的随机库容用来表示库容受到突发事件影响后产生的波动。在随机库容的生成过程中，一方面考虑了鲁棒调度区间形成的库容约束，另一方面考虑了水库的泄流能力约束。随机库容抽取的方法如下。

（1）考虑鲁棒调度区间的上界约束和水库泄流能力的下界约束，得到随机库容的上界：

$$\overline{S_m^{RA}}(t_m+1, a, n) = \min\{ S_m(t_m, a, n) + [\hat{Q}_m(t_m, a) - \underline{q}] \Delta t_m, S_m^{UB}(t_m) \} \tag{4.83}$$

式中：$\overline{S_m^{RA}}(t_m, a, n)$ 为中期预报情景 a 下 t_m 时段初第 n 次模拟的库容上界；$S_m(t_m, a, n)$ 为中期

预报情景 a 下 t_m 时段初第 n 次模拟的库容；$S_m^{UB}(t_m)$ 为对应于调度区间上界 $Z_m^{UB}(t_m)$ 的库容。

（2）考虑鲁棒调度区间的下界约束和水库泄流能力的上界约束，得到随机库容的下界：

$$\underline{S_m^{RA}}(t_m+1,a,n) = \max\{S_m(t_m,a,n)+[\hat{Q}_m(t_m,a)-\overline{q}]\Delta t_m, S_m^{LB}(t_m)\} \qquad (4.84)$$

式中：$\underline{S_m^{RA}}(t_m,a,n)$ 为中期预报情景 a 下 t_m 时段初第 n 次模拟的库容下界；$S_m^{LB}(t_m)$ 为对应于调度区间下界 $Z_m^{LB}(t_m)$ 的库容。

（3）根据随机库容的上下界，对随机库容进行抽取：

$$S_m(t_m,a,n) = \underline{S_m^{RA}}(t_m,a,n)+[\overline{S_m^{RA}}(t_m,a,n) - \underline{S_m^{RA}}(t_m,a,n)]\zeta(t_m+1,a,n) \qquad (4.85)$$

式中：$\zeta(t_m+1,a,n)$ 为情景 a 下由均匀分布 $U(0,1)$ 产生的随机数。

在每次模拟中，可以计算发电量。如果最小发电量超过可接受值，那么鲁棒调度区间被认为可以处理突发事件带来的不确定性。因此，调度人员可以通过将调度水位控制在鲁棒调度区间中来应对突发事件带来的不确定性。

4.2.4　研究实例

以二滩水风光互补系统为研究对象，对中期（时间步长为日）鲁棒调度区间进行求解。首先，根据第 2 章的长期调度规则对中期调度的水位边界进行推求；然后，考虑区间内最小发电量和区间宽度，进行多目标优化调度，并求出不同预报情景下的鲁棒调度区间；最后，通过随机抽样计算鲁棒调度区间内的最小发电量，并通过应用说明鲁棒调度区间在应对突发事件时的有效性。

1. 研究数据及参数设置

研究数据包括 2002～2011 年及 2016 年二滩水电站入库流量，还包括盐源县、德昌县、会理市、米易县和盐边县风速数据，以及德昌县、米易县和盐边县辐射与温度数据。数据介绍参考 4.1.5 小节。其中，部分输入需要由原始数据整理获得：2016 年日尺度和旬尺度二滩水电站入库流量由小时尺度数据求均值得到；2002～2011 年及 2016 年小时尺度风力发电量由小时尺度风速计算；2002～2011 年及 2016 年小时尺度光伏发电量由小时尺度辐射和温度计算；2002～2011 年旬尺度风力发电量和光伏发电量由小时尺度数据求均值得到；2016 年日尺度和旬尺度的风力发电量与光伏发电量由小时尺度数据求均值得到。

针对 2016 年长期调度，初始水位设为 1 180 m。长期入流预报由式（4.64）计算，根据 2002～2011 年的历史资料，生成 2016 年的 10 组长期入流预报。风光总出力的预报方法同理。因此，共有 $10\times10=100$ 组长期预报。预测系数递减率采用 0.1 和 0.2 两种情景。中期调度根据长期调度结果设置水位边界（在后续第 2 部分介绍）。中期入流根据4.2.1 小节的方法生成 10 组预报，风光总出力预报同理。因此，共有 $10\times10=100$ 组中期预报。相邻时段预报的相关系数设为 0.5。预报提升水平的标准差与均值之比为相对误差，设预报提升水平相对误差采用 0.1 和 0.2 两种情景。研究案例中以 2016 年 5 月下旬为例展示计算结果。NSGA-II 参数设置如下：种群数为 100，代数为 500，交叉率为 0.8，突变率为 0.3。在随机模拟中，模拟次数设置为 1 000 次。

2. 长期调度水位边界

图 4.28 展示了在第 15 旬初对第 15～25 旬入流和风光总出力的长期预报结果。可以发现，当预见期长度较短（2 旬以内）时，预报值基本集中在观测值附近；随着预见期的增长，预报值离散程度增加。总体上，预报不确定性随预见期的延长而增加。当预测系数递减率为 0.1 时，在第 24 旬之后，预测系数为 0。因此，在第 24 旬之后，预报值等于历史值，预报不确定性由历史入流和风光总出力不确定性表征。当预测系数递减率为 0.2 时，在第 19 旬之后，预测系数为 0。因此，在第 19 旬之后，预报值等于历史值。长期调度（4.2.1 小节）采用滚动预报调度的方法。根据预报的不同，可以得到不同的长期调度水位，并将其作为推求中期鲁棒调度区间的边界条件。当预测系数递减率为 0.1 和 0.2 时，均选取第一组预报对应的长期调度结果。当预测系数递减率为 0.1 时，5 月下旬初水位为 1 163.0 m，末水位为 1 163.5 m；当预测系数递减率为 0.2 时，5 月下旬初水位为 1 163.0 m，末水位为 1 164.5 m。考虑上述两种预测系数递减率所对应的长期调度初末水位，对中期鲁棒调度区间结果进行展示。

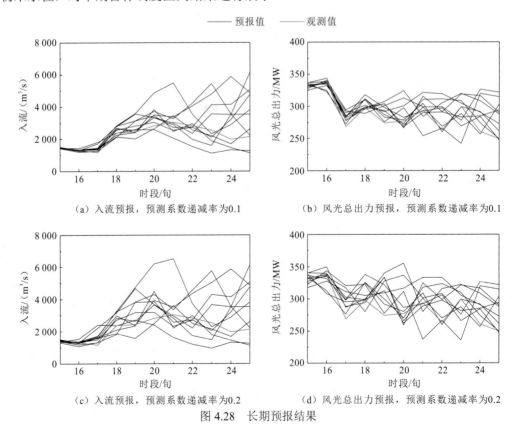

（a）入流预报，预测系数递减率为0.1 （b）风光总出力预报，预测系数递减率为0.1

（c）入流预报，预测系数递减率为0.2 （d）风光总出力预报，预测系数递减率为0.2

图 4.28　长期预报结果

3. 多目标鲁棒优化结果

图 4.29 展示了 5 月下旬第 1～11 日入流和风光总出力的中期预报结果。对于入流和风光总出力，预报值相对于观测值的偏离程度均随预报提升水平相对误差的增加而增加。此外，随着预见期的增长，预报不确定性总体增加。以图 4.29（c）中预报提升水平相对误差为 0.2 时的入流预报为例，在第 1 日，预报值相对于观测值的最大偏离为 298 m^3/s；而在第 10 日，预报值相对于观测值的最大偏离达到 964 m^3/s。

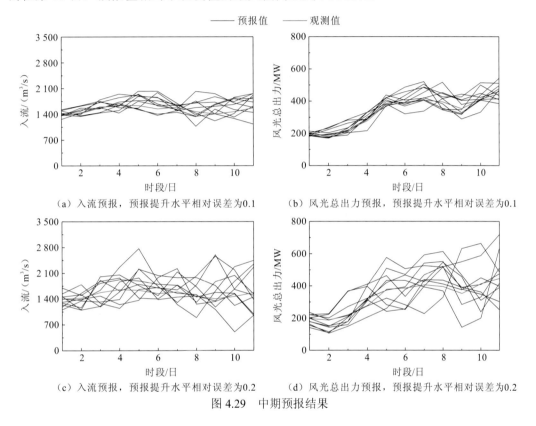

图 4.29　中期预报结果

图 4.30 展示了通过多目标鲁棒优化调度得到的区间内最小发电量和区间宽度的帕累托前沿。鲁棒调度区间同时受长期预报和中期预报不确定性的影响，因此，在优化过程中考虑了不同的长期预报和中期预报情景。中期预报提升水平相对误差相同，长期预报预测系数递减率为 0.1 时的帕累托前沿（发电量）整体大于长期预报预测系数递减率为 0.2 时的帕累托前沿。例如，图 4.30（a）中最大发电量超过 5.7 亿 kW·h，而图 4.30（c）中最大发电量不足 5.6 亿 kW·h。原因在于，在两种长期预报预测系数递减率下，5 月下旬初水位均为 1 163.0 m。当长期预报预测系数递减率为 0.1 时，末水位为 1 163.5 m；当长期预报预测系数递减率为 0.2 时，末水位为 1 164.5 m。初始水位相同，长期预报预测系数递减率为 0.2 时末水位高，因此发电量小。通过帕累托前沿可以发现：在每种预报情景下，区间内的最小发电量通常均随区间宽度的增加而减小。增加区间宽度等同于在

优化问题中松弛约束，而松弛约束不会增加最小化的目标。图 4.31 展示了不同预报情景下的多目标鲁棒优化超体积指标计算结果。对于不同的预报情景，均在约 400 代以后达到收敛，这说明了 NSGA-II 代数设为 500 的合理性。

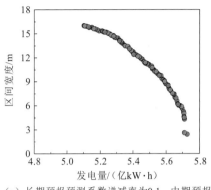

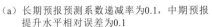

（a）长期预报预测系数递减率为 0.1，中期预报
　　提升水平相对误差为 0.1

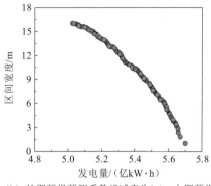

（b）长期预报预测系数递减率为 0.1，中期预报
　　提升水平相对误差为 0.2

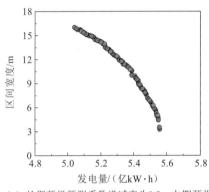

（c）长期预报预测系数递减率为 0.2，中期预报
　　提升水平相对误差为 0.1

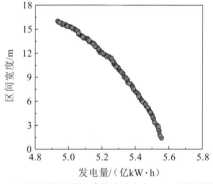

（d）长期预报预测系数递减率为 0.2，中期预报
　　提升水平相对误差为 0.2

图 4.30　不同预报情景下的帕累托前沿

图 4.32 为不同预报情景下损失率为 1%、2% 和 3% 的鲁棒调度区间。损失率 ε 根据 Liu 等[45]定义，指发电量相较于理论最大值 B_m^* 的损失比例。因此，区间内最小发电量将超过 $(1-\varepsilon)B_m^*$。当长期预报预测系数递减率为 0.1 时，2016 年 5 月下旬将实测值作为输入，对应的最大发电量为 5.729 亿 kW·h，故损失率 1%、2% 和 3% 对应的发电量分别为 5.672 亿 kW·h、5.614 亿 kW·h 和 5.557 亿 kW·h。当长期预报预测系数递减率为 0.2 时，2016 年 5 月下旬将实测值作为输入，对应的最大发电量为 5.560 亿 kW·h，故损失率 1%、2% 和 3% 对应的发电量分别为 5.504 亿 kW·h、5.449 亿 kW·h 和 5.393 亿 kW·h。在不同预报情景下，区间宽度均随区间内最小发电量的增加而减小，这与前述帕累托前沿结果一致。可以发现：中期预报提升水平相对误差会对鲁棒调度区间总宽度产生显著影响。例如，当长期预报预测系数递减率同为 0.1 时，对于损失率为 1% 的鲁棒调度区间，图 4.32（a）中的鲁棒调度区间（中期预报提升水平相对误差为 0.1）总宽度大于图 4.32（b）中的鲁棒调度区间（中期预报提升水平相对误差为 0.2）总宽度。

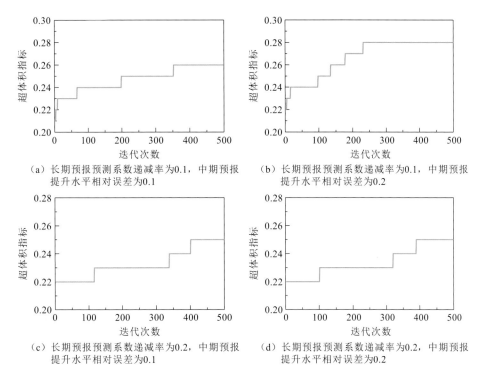

（a）长期预报预测系数递减率为0.1，中期预报
提升水平相对误差为0.1

（b）长期预报预测系数递减率为0.1，中期预报
提升水平相对误差为0.2

（c）长期预报预测系数递减率为0.2，中期预报
提升水平相对误差为0.1

（d）长期预报预测系数递减率为0.2，中期预报
提升水平相对误差为0.2

图 4.31　不同预报情景下的多目标鲁棒优化超体积指标计算结果

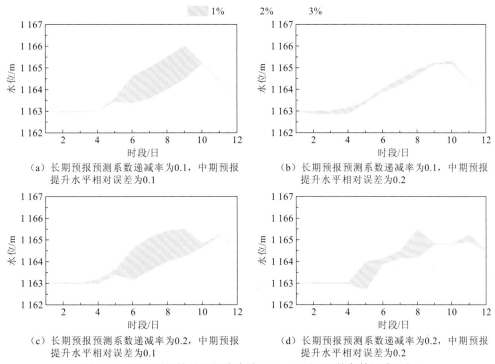

（a）长期预报预测系数递减率为0.1，中期预报
提升水平相对误差为0.1

（b）长期预报预测系数递减率为0.1，中期预报
提升水平相对误差为0.2

（c）长期预报预测系数递减率为0.2，中期预报
提升水平相对误差为0.1

（d）长期预报预测系数递减率为0.2，中期预报
提升水平相对误差为0.2

图 4.32　不同预报情景下损失率为 1%、2%和 3%的鲁棒调度区间

4. 随机模拟结果

图 4.33 以长期预报预测系数递减率为 0.1 和中期预报提升水平相对误差为 0.1 的情景为例，展示了不同损失率下随机模拟的发电量直方图。设可接受阈值对应的发电损失百分比与调度区间的损失率相同，自上而下分别为 1%、2% 和 3%。区间内最小发电量超过 99%、98% 和 97% 的最大发电量（5.729 亿 kW·h），即 5.672 亿 kW·h、5.614 亿 kW·h 和 5.557 亿 kW·h。其中，最大发电量将实测值作为输入进行计算。在该预报情景下，随机模拟的最小发电量均超过相应阈值。鲁棒调度区间根据集合预报下的平均最小发电量推求。因此，在该情景下的部分模拟中发电量可能超过以观测值为输入的最大发电量。通过随机模拟可以发现，调度人员可以通过将调度水位控制在鲁棒调度区间内以应对突发事件带来的不确定性。

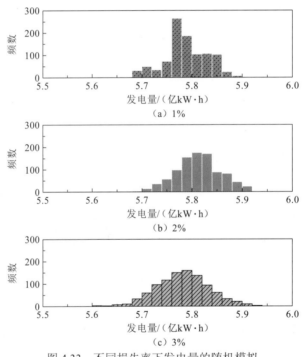

图 4.33　不同损失率下发电量的随机模拟

5. 鲁棒调度区间在突发事件中的应用

以在长期预报预测系数递减率为 0.1 和中期预报提升水平相对误差为 0.1 的情景下推求的损失率为 1% 的区间为例，通过调度试验对鲁棒调度区间应对突发事件的作用做进一步说明。假设鲁棒调度区间每旬初更新一次，即在 5 月 21 日已经确定好 5 月 21～31 日的鲁棒调度区间。突发事件描述如下：假定在 2016 年 5 月 25 日 16:00 预测到 5 月 26 日下游城市可能遭受小范围突发公共卫生事件。由于用水需求增加，二滩水电站平均下泄流量在 5 月 26 日需要增加至 2 000 m³/s。

表 4.5 展示了原定调度方案、不考虑区间的方案和考虑区间的方案下各日的水库泄流。对三种方案比较如下。

表 4.5　不同调度方案下各日水库泄流比较

调度方案	各日水库泄流/（m³/s）										
	1	2	3	4	5	6	7	8	9	10	11
原定调度方案	1 385	1 426	1 578	1 320	1 300	1 212	1 255	1 134	1 405	2 140	2 216
不考虑区间的方案	1 385	1 426	1 578	1 320	1 300	2 000	467	1 134	1 405	2 140	2 216
考虑区间的方案	1 385	1 426	1 578	1 320	1 000	2 000	767	1 134	1 405	2 140	2 216

（1）原定调度方案为不受突发事件影响时水库原定的泄流序列。该方案采用 DP 方法求得，即假设调度人员可以做出完美决策。该方案下发电量为 5.729 亿 kW·h。

（2）不考虑区间的方案将直接按照突发事件的调度需求调整下泄流量。在第 6 日，调度人员直接将泄流从原定调度方案的 1 212 m³/s 提升到 2 000 m³/s。因此，调度水位偏离原定调度方案。为使调度水位再次回到原定调度方案，在第 7 日，泄流减少到 467 m³/s。在第 8 日及之后，不考虑区间的方案与原定调度方案泄流相同。该方案下，5 月下旬发电量为 5.635 亿 kW·h。采用不考虑区间的方案，由突发事件导致的发电量损失为 0.094 亿 kW·h。

（3）考虑区间的方案将根据鲁棒调度区间对泄流进行调整。通过鲁棒调度区间，调度人员可以发现第 6 日泄流如果超过 1 783 m³/s，调度水位将位于鲁棒调度区间之外。为将调度水位控制在鲁棒调度区间之内，调度人员将第 5 日泄流从 1 300 m³/s 降低到 1 000 m³/s。通过对第 5 日泄流的调整，第 6 日泄流超过 2 083 m³/s 时，调度水位才会位于鲁棒调度区间之外。第 6 日实际泄流为 2 000 m³/s，因此，调度水位被控制在了鲁棒调度区间之内。为使调度水位再次回到原定调度方案，在第 7 日，泄流减少到 767 m³/s。该方案下 5 月下旬发电量为 5.639 亿 kW·h。采用考虑区间的方案，由突发事件导致的发电量损失为 0.090 亿 kW·h。

通过对比表 4.5 中不考虑区间的方案和考虑区间的方案发现，鲁棒调度区间将第 5 日的单一泄流（1 300 m³/s）扩展为泄流区间（1 000～1 300 m³/s）。泄流的调整符合调度模型的约束条件，没有增加额外的运维成本。采用考虑区间的方案，发电量损失从 0.094 亿 kW·h 减少到 0.090 亿 kW·h。泄流调整量为 300 m³/s，占 5 月下旬总泄流的 1.8%。通过泄流调整，减少了 5 月下旬 4.3%的发电量损失。

图 4.34 展示了不考虑区间的方案和考虑区间的方案下的调度过程。两种方案下，泄流和水位在第 5～7 日产生差异，其余时段相同。

图 4.35 展示了不考虑区间的方案和考虑区间的方案下水位的比较结果。考虑区间的方案在第 5 日提前减少了泄流，因此，第 6 日的水位仍在调度区间内。不考虑区间的方案在第 6 日超出了调度区间，遭受了更大的发电量损失。鲁棒调度区间可以协助调度人员在突发事件预报后立即做出调度决策，在实际调度中具有实用性。

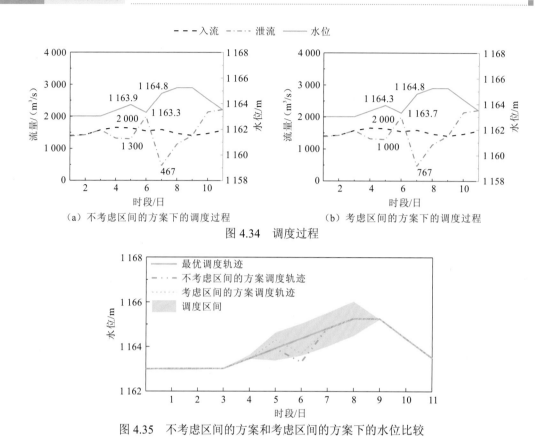

（a）不考虑区间的方案下的调度过程　　（b）考虑区间的方案下的调度过程

图 4.34　调度过程

图 4.35　不考虑区间的方案和考虑区间的方案下的水位比较

4.3　基于方差分析方法的水风光互补系统中长期调度主控因子

4.3.1　水风光多能互补调度

互补调度通过考虑水库入流和风光总出力预报的不确定性决定水库泄流。调度期由 T_l 个长期时段（如旬）组成。每个长期时段由 T_m 个中期时段（如日）组成。嵌套滚动预报调度过程如下：①在每个长期时段开始时，更新长期预报，提供从当前时段到调度期末的水库入流和风光总出力的预报信息。②在每个长期时段内，更新每个中期时段初的中期预报，提供从当前中期时段到所在长期时段末的预报信息。长期时段和中期时段的示意图如图 4.36 所示。调度方式会影响预报不确定性对于调度决策的作用。对于长期互补调度和中期互补调度，均采用两种调度方式，以对比调度方式对于主控因子评估的影响[46-47]。第一种为 DP 方法，第二种为调度规则。

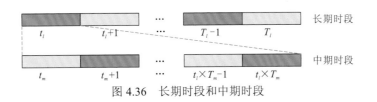

图 4.36　长期时段和中期时段

1. 长期互补调度

长期预报信息在长期时段 t_l 初更新。以从长期时段 t_l 到 T_l 的总发电量最大为目标，以泄流为决策变量，进行长期调度。长期调度的时段末库容 $S_l(t_l+1)$ 为中期调度提供了库容边界。在下一个长期时段，预报信息更新，以从长期时段 t_l+1 到 T_l 的总发电量最大为目标进行长期调度，时段末库容 $S_l(t_l+2)$ 再次为中期调度提供库容边界。以此类推。

长期互补调度模型使用长期预报信息最大化发电量，并采用 DP 方法求解[48]，长期互补调度模型为

$$\max B_{LC}(T_l) = \sum_{t=t_l}^{T_l}\{f_{LO}[\hat{N}_{LH}(t_l,t) + \hat{N}_{LR}(t_l,t)]\}\Delta t_l$$

$$\begin{cases} S_l(t) + [\hat{Q}_l(t_l,t) - q_l(t)]\Delta t_l = S_l(t+1) \\ \underline{S} \leqslant S_l(t) \leqslant \overline{S} \\ \underline{q} \leqslant q_l(t) \leqslant \overline{q} \\ S_l(1) = S_l^{start} \\ S_l(T_l+1) = S_l^{end} \end{cases} \quad (4.86)$$

式中：$B_{LC}(T_l)$ 为长期互补调度模型自长期时段 t_l 至 T_l 的发电量；$f_{LO}(\cdot)$ 为弃电曲线；$S_l(t)$ 为长期时段 t 初的水库库容；$\underline{S}$ 和 $\overline{S}$ 分别为库容下界和上界；$\hat{Q}_l(t_l,t)$ 为长期时段 t_l 初预报的长期时段 t 的入流；$q_l(t)$ 为长期时段 t 的泄流；$\underline{q}$ 和 $\overline{q}$ 分别为泄流下界和上界；Δt_l 为长期互补调度模型的时间步长；$\hat{N}_{LH}(t_l,t)$ 为长期时段 t_l 初根据长期预报所得调度决策计算的长期时段 t 的水电出力；$\hat{N}_{LR}(t_l,t)$ 为长期时段 t_l 初预报的长期时段 t 的风光总出力；S_l^{start} 和 S_l^{end} 分别为长期调度初末库容。

长期调度规则根据第 2 章解析调度函数的框架进行推求，目标函数为发电量。由于 4.2.1 小节已对目标函数为发电量的解析调度函数做了介绍，兹不赘述。与 DP 方法相同，调度规则采用滚动预报调度的方法推求长期调度决策。为对比不同调度方式对于主控因子评估的影响，调度规则和 DP 方法设置相同的边界条件。因此，两种调度方式的调度期均为 T_l。每次滚动预报调度过程中，DP 方法与调度规则的调度期末水位相同，均为 S_l^{end}。

2. 中期互补调度

中期预报信息在中期时段 t_m 初更新。以从中期时段 t_m 到 $t_l \times T_m$ 的总发电量最大为目标，以泄流为决策变量，进行中期调度。在每个中期调度时段初，更新一次预报信息，推求一次调度决策。

长期调度为中期调度提供了水位边界。并且，长期调度和中期调度都采用了滚动预报调度的方法[49]。图 4.37 为长期和中期嵌套滚动调度流程图。

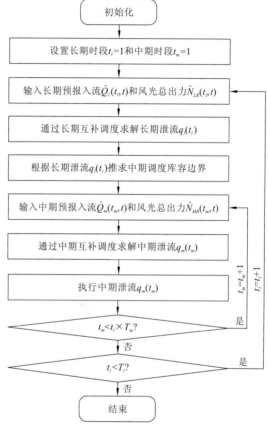

图 4.37 长期和中期嵌套滚动调度流程图

将式（4.86）变量的下角标 l 替换为 m，可得到在长期时段 t_l 内，中期时段从 t_m 到 $t_l \times T_m$ 的中期互补调度模型，有

$$\max B_{MC}(t_l \times T_m) = \sum_{t=t_m}^{t_l \times T_m} \{f_{LO}[\hat{N}_{MH}(t_m,t) + \hat{N}_{MR}(t_m,t)]\}\Delta t_m$$

$$\begin{cases} S_m(t) + [\hat{Q}_m(t_m,t) - q_m(t)]\Delta t_m = S_m(t+1) \\ \underline{S} \leqslant S_m(t) \leqslant \overline{S} \\ \underline{q} \leqslant q_m(t) \leqslant \overline{q} \\ S_m(t_l \times T_m + 1) = S_l(t_l + 1) \end{cases} \qquad （4.87）$$

式中：$B_{MC}(t_l \times T_m)$ 为中期互补调度模型自中期时段 t_m 至 $t_l \times T_m$ 的发电量；$\hat{Q}_m(t_m,t)$ 为中期时段 t_m 初预报的中期时段 t 的入流；$S_m(t)$ 为中期时段 t 初的水库库容；$q_m(t)$ 为中期时段 t 的泄流；Δt_m 为中期互补调度模型的时间步长；$\hat{N}_{MH}(t_m,t)$ 为时段 t_m 初根据中期预报所得调度决策计算的中期时段 t 的水电出力；$\hat{N}_{MR}(t_m,t)$ 为中期时段 t_m 初预报的中期时段 t 的风光总出力。

中期调度规则以鲁棒调度区间为水位约束。由于鲁棒调度区间推求过程已在 4.2.1 小节介绍，兹不赘述。假定每个长期时段之初，进行一次鲁棒调度区间推求；并且，在中期调度时，决策者可以根据滚动预报信息，在调度区间内推求滚动最优决策。由此，以鲁棒调度区间为水位约束，可以采用滚动预报调度的方法，通过 DP 方法推求调度决策。

4.3.2　调度主控因子识别

调度决策包括长期泄流 $q_l(t_l)$ $(t_l=1,2,\cdots,T_l)$ 和中期泄流 $q_m(t_m)$ $(t_m=1,2,\cdots,T_l \times T_m)$。泄流 $q_l(t_l)$ $(t_l=1,2,\cdots,T_l)$ 的最优性受长期入流预报及长期风光总出力预报的影响。泄流 $q_m(t_m)$ $(t_m=1,2,\cdots,T_l \times T_m)$ 的最优性受长期入流预报、中期入流预报、长期风光总出力预报及中期风光总出力预报的影响。调度主控因子识别采用了方差分析方法。

1. 长期调度主控因子识别方法

本小节量化了长期入流及长期风光总出力预报不确定性对长期泄流 $q_l(t_l)$ $(t_l=1,2,\cdots,T_l)$ 的总体影响和单独影响。其中，总体影响通过离差平方和量化，单独影响通过对离差平方和进行分离来量化。

通过集合预报描述长期入流及长期风光总出力的预报不确定性，产生了多种情景：$\hat{Q}_l(t_l,t,i_l)$ $(i_l=1,2,\cdots,I_l)$ 和 $\hat{N}_{LR}(t_l,t,j_l)$ $(j_l=1,2,\cdots,J_l)$，其中 $\hat{Q}_l(t_l,t,i_l)$ 表示预报情景 i_l 下长期时段 t_l 初预报的长期时段 t 的入流，$\hat{N}_{LR}(t_l,t,j_l)$ $(j_l=1,2,\cdots,J_l)$ 表示预报情景 j_l 下长期时段 t_l 初预报的长期时段 t 的风光总出力，I_l 和 J_l 分别是长期入流及长期风光总出力预报的情景数。

将 $\hat{Q}_l(t_l,t,i_l)$ 和 $\hat{N}_{LR}(t_l,t,j_l)$ 代入式（4.86），$q_l(t_l,i_l,j_l)$ 表示在入流预报情景 i_l 和风光总出力预报情景 j_l 下，在长期时段 t_l 内的水库泄流。在长期时段 t_l 的总平均泄流为

$$q_l(t_l) = \frac{1}{I_l \times J_l} \sum_{i_l=1}^{I_l} \sum_{j_l=1}^{J_l} q_l(t_l,i_l,j_l) \qquad (4.88)$$

长期和中期预报不确定性（由 $I_l \times J_l$ 个长期入流及长期风光总出力的预报代表）导致 $q_l(t_l,i_l,j_l)$ 偏离总平均泄流 $q_l(t_l)$，在长期时段 t_l 的离差平方和为

$$SS_l(t_l) = \sum_{i_l=1}^{I_l} \sum_{j_l=1}^{J_l} [q_l(t_l, i_l, j_l) - q_l(t_l)]^2 \qquad (4.89)$$

由于 $SS_l(t_l)$ 的自由度为 $I_l \times J_l - 1$，对应的标准差可以写作：

$$\sigma_l(t_l) = \sqrt{\frac{SS_l(t_l)}{I_l \times J_l - 1}} \qquad (4.90)$$

$SS_l(t_l)$ 和 $\sigma_l(t_l)$ 反映了长期入流及长期风光总出力预报不确定性对泄流的总体影响。

采用"入流优先"分解方法量化长期入流及长期风光总出力预报不确定性对泄流的单独影响。对于长期入流预报情景 i_l，长期风光总出力预报不确定性对泄流的影响从预报情景 $j_l = 1$ 至预报情景 $j_l = J_l$ 被均化如下：

$$q_l(t_l, i_l) = \frac{1}{J_l} \sum_{j_l=1}^{J_l} q_l(t_l, i_l, j_l) \qquad (4.91)$$

式中：$q_l(t_l, i_l)$ 为长期入流预报情景 i_l 的平均泄流。

考虑 $q_l(t_l, i_l)$，$q_l(t_l, i_l, j_l)$ 的一种分解方法如下：

$$q_l(t_l, i_l, j_l) = q_l(t_l) + [q_l(t_l, i_l) - q_l(t_l)] + [q_l(t_l, i_l, j_l) - q_l(t_l, i_l)] \qquad (4.92)$$

其中，$q_l(t_l, i_l) - q_l(t_l)$ 是由长期入流预报不确定性引起的，$q_l(t_l, i_l, j_l) - q_l(t_l, i_l)$ 是由长期风光总出力预报不确定性引起的。将式（4.92）代入式（4.89），$SS_l(t_l)$ 可以做如下分解：

$$\begin{aligned}
SS_l(t_l) &= \sum_{i_l=1}^{I_l} \sum_{j_l=1}^{J_l} \{q_l(t_l) + [q_l(t_l, i_l) - q_l(t_l)] + [q_l(t_l, i_l, j_l) - q_l(t_l, i_l)] - q_l(t_l)\}^2 \\
&= \sum_{i_l=1}^{I_l} \sum_{j_l=1}^{J_l} \{[q_l(t_l, i_l) - q_l(t_l)] + [q_l(t_l, i_l, j_l) - q_l(t_l, i_l)]\}^2 \\
&= \sum_{i_l=1}^{I_l} \sum_{j_l=1}^{J_l} [q_l(t_l, i_l) - q_l(t_l)]^2 + \sum_{i_l=1}^{I_l} \sum_{j_l=1}^{J_l} [q_l(t_l, i_l, j_l) - q_l(t_l, i_l)]^2 \\
&\quad + \underbrace{2 \sum_{i_l=1}^{I_l} \sum_{j_l=1}^{J_l} \{[q_l(t_l, i_l) - q_l(t_l)] \times [q_l(t_l, i_l, j_l) - q_l(t_l, i_l)]\}}_{=0} \\
&= \underbrace{J_l \times \sum_{i_l=1}^{I_l} [q_l(t_l, i_l) - q_l(t_l)]^2}_{\equiv SS_l^{H_l}(t_l)} + \underbrace{\sum_{i_l=1}^{I_l} \sum_{j_l=1}^{J_l} [q_l(t_l, i_l, j_l) - q_l(t_l, i_l)]^2}_{\equiv SS_l^{R_l|H_l}(t_l)}
\end{aligned} \qquad (4.93)$$

其中，$J_l \times \sum_{i_l=1}^{I_l} [q_l(t_l, i_l) - q_l(t_l)]^2$ 定义为 $SS_l^{H_l}(t_l)$，$\sum_{i_l=1}^{I_l} \sum_{j_l=1}^{J_l} [q_l(t_l, i_l, j_l) - q_l(t_l, i_l)]^2$ 定义为 $SS_l^{R_l|H_l}(t_l)$。$SS_l^{H_l}(t_l)$ 等于 $q_l(t_l, i_l)$ 关于 $q_l(t_l)$ 的离差平方和，表示在长期时段 t_l 将长期风光总出力预报不确定性的影响均化后长期入流预报不确定性对长期调度决策的影响。$SS_l^{R_l|H_l}(t_l)$ 为在多种给定长期入流预报情景下，$q_l(t_l, i_l, j_l)$ 关于 $q_l(t_l, i_l)$ 的离差平方和，表示在长期时段 t_l 长期风光总出力预报不确定性对长期调度决策的总体影响。

$SS_l^{H_l}(t_l)$ 和 $SS_l^{R_l|H_l}(t_l)$ 的自由度分别为 $(I_l-1)\times J_l$ 和 $I_l\times(J_l-1)$，对应的标准差 $\sigma_l^{H_l}(t_l)$ 和 $\sigma_l^{R_l|H_l}(t_l)$ 可以写作：

$$\sigma_l^{H_l}(t_l)=\sqrt{\frac{1}{(I_l-1)\times J_l}SS_l^{H_l}(t_l)} \tag{4.94}$$

$$\sigma_l^{R_l|H_l}(t_l)=\sqrt{\frac{1}{I_l\times(J_l-1)}SS_l^{R_l|H_l}(t_l)} \tag{4.95}$$

由于长期入流预报情景对长期调度决策的影响被均化，以上方法被命名为"入流优先"分解方法。相应地，当长期风光总出力预报情景对长期调度决策的影响被均化时，产生了另一种方法，被命名为"风光总出力优先"分解方法。$q_l(t_l,j_l)$ 表示长期风光总出力预报情景 j_l 的平均泄流 $\sum_{i_l=1}^{I_l}q_l(t_l,i_l,j_l)/I_l$。进一步地，$SS_l(t_l)$ 可以被分解为

$$SS_l^{R_l}(t_l)\equiv I_l\times\sum_{j_l=1}^{J_l}[q_l(t_l,j_l)-q_l(t_l)]^2 \quad \text{和} \quad SS_l^{H_l|R_l}(t_l)\equiv\sum_{i_l=1}^{I_l}\sum_{j_l=1}^{J_l}[q_l(t_l,i_l,j_l)-q_l(t_l,j_l)]^2$$

$SS_l^{R_l}(t_l)$ 和 $SS_l^{H_l|R_l}(t_l)$ 的自由度分别为 $I_l\times(J_l-1)$ 和 $(I_l-1)\times J_l$。因此，相应的标准差为

$$\sigma_l^{R_l}(t_l)=\sqrt{SS_l^{R_l}(t_l)/[I_l\times(J_l-1)]} \quad \text{和} \quad \sigma_l^{H_l|R_l}(t_l)=\sqrt{SS_l^{H_l|R_l}(t_l)/[(I_l-1)\times J_l]}$$

表 4.6 总结了长期预报不确定性对调度决策的总体影响和单独影响量化指标。其中，单独影响量化指标是由"入流优先"分解方法及"风光总出力优先"分解方法得到的。

表 4.6　长期预报不确定性对调度决策的总体影响和单独影响量化指标总结

离差平方和	含义
$SS_l(t_l)$	泄流 $q_l(t_l,i_l,j_l)$ 由长期入流预报不确定性和长期风光总出力预报不确定性引起的总不确定性
$SS_l^{H_l}(t_l)$	均化长期风光总出力预报不确定性对泄流的影响后，泄流 $q_l(t_l,i_l,j_l)$ 由长期入流预报不确定性引起的不确定性
$SS_l^{H_l|R_l}(t_l)$	考虑多种给定的长期风光总出力预报情景，泄流 $q_l(t_l,i_l,j_l)$ 由长期入流预报不确定性引起的平均不确定性
$SS_l^{R_l}(t_l)$	均化长期入流预报不确定性对泄流的影响后，泄流 $q_l(t_l,i_l,j_l)$ 由长期风光总出力预报不确定性引起的不确定性
$SS_l^{R_l|H_l}(t_l)$	考虑多种给定的长期入流预报情景，泄流 $q_l(t_l,i_l,j_l)$ 由长期风光总出力预报不确定性引起的平均不确定性

2. 长期调度主控指数

离差平方和 $SS_l(t_l)$ 可以做如下分解：

$$SS_l(t_l)=SS_l^{H_l}(t_l)+SS_l^{R_l|H_l}(t_l)=SS_l^{R_l}(t_l)+SS_l^{H_l|R_l}(t_l) \tag{4.96}$$

根据离差平方和 $SS_l(t_l)$ 的分解方式，方差 $[\sigma_l(t_l)]^2$ 可以写作：

$$[\sigma_l(t_l)]^2 = \frac{(I_l-1)\times J_l}{I_l\times J_l-1}\times[\sigma_l^{H_l}(t_l)]^2 + \frac{I_l\times(J_l-1)}{I_l\times J_l-1}\times[\sigma_l^{R_l|H_l}(t_l)]^2$$
$$= \frac{I_l\times(J_l-1)}{I_l\times J_l-1}\times[\sigma_l^{R_l}(t_l)]^2 + \frac{(I_l-1)\times J_l}{I_l\times J_l-1}\times[\sigma_l^{H_l|R_l}(t_l)]^2 \qquad (4.97)$$

系数 $\frac{I_l\times(J_l-1)}{I_l\times J_l-1}$ 和 $\frac{(I_l-1)\times J_l}{I_l\times J_l-1}$ 的范围分别为 $\frac{J_l-1}{J_l}\to 1$ 和 $\frac{I_l-1}{I_l}\to 1$。例如，当 $I_l\geqslant 10$ 并且 $J_l\geqslant 10$ 时，系数 $\frac{I_l\times(J_l-1)}{I_l\times J_l-1}$ 和 $\frac{(I_l-1)\times J_l}{I_l\times J_l-1}$ 均大于 0.9。因此，方差可以近似写作：

$$\begin{cases} [\sigma_l(t_l)]^2 \approx [\sigma_l^{H_l}(t_l)]^2 + [\sigma_l^{R_l|H_l}(t_l)]^2 \\ [\sigma_l(t_l)]^2 \approx [\sigma_l^{R_l}(t_l)]^2 + [\sigma_l^{H_l|R_l}(t_l)]^2 \end{cases} \qquad (4.98)$$

可以发现：当 $[\sigma_l^{R_l|H_l}(t_l)]^2$ 小于 $[\sigma_l^{H_l|R_l}(t_l)]^2$ 时，$[\sigma_l^{H_l}(t_l)]^2$ 大于 $[\sigma_l^{R_l}(t_l)]^2$，反之亦然。因此，比较 $[\sigma_l^{H_l}(t_l)]^2$ 和 $[\sigma_l^{R_l}(t_l)]^2$ 与比较 $[\sigma_l^{R_l|H_l}(t_l)]^2$ 和 $[\sigma_l^{H_l|R_l}(t_l)]^2$ 会在预报不确定性对泄流的单独影响上产生相同的结论[23]。根据参数的物理意义，单独影响的判别指标定义如下：

$$U_l^{H_l}(t_l) = \frac{[\sigma_l^{H_l}(t_l)]^2 + [\sigma_l^{H_l|R_l}(t_l)]^2}{2} \qquad (4.99)$$

$$U_l^{R_l}(t_l) = \frac{[\sigma_l^{R_l}(t_l)]^2 + [\sigma_l^{R_l|H_l}(t_l)]^2}{2} \qquad (4.100)$$

式中：$U_l^{H_l}(t_l)$ 和 $U_l^{R_l}(t_l)$ 分别为长期调度中，长期入流预报不确定性和长期风光总出力预报不确定性对应的主控指数。长期调度的总主控指数定义如下：

$$U_l(t_l) = U_l^{H_l}(t_l) + U_l^{R_l}(t_l) \qquad (4.101)$$

式中：$U_l(t_l)$ 为长期调度的总主控指数，$U_l(t_l)$ 约等于 $[\sigma_l(t_l)]^2$。

3. 中期调度主控因子识别方法

中期泄流 $q_m(t_m)$ $(t_m=1,2,\cdots,T_l\times T_m)$ 一方面受中期入流预报不确定性和中期风光总出力预报不确定性的影响，另一方面，也受长期入流预报不确定性和长期风光总出力预报不确定性的影响。原因在于，长期调度为中期调度提供了边界条件。

通过集合预报描述长期入流预报、长期风光总出力预报、中期入流预报和中期风光总出力预报的不确定性，产生了多种情景：长期入流预报 $\hat{Q}_l(t_l,t,i_l)$ $(i_l=1,2,\cdots,I_l)$、长期风光总出力预报 $\hat{N}_{LR}(t_l,t,j_l)$ $(j_l=1,2,\cdots,J_l)$、中期入流预报 $\hat{Q}_m(t_m,t,i_m)$ $(i_m=1,2,\cdots,I_m)$、中期风光总出力预报 $\hat{N}_{MR}(t_m,t,j_m)$ $(j_m=1,2,\cdots,J_m)$。其中，$\hat{Q}_m(t_m,t,i_m)$ $(i_m=1,2,\cdots,I_m)$ 表示预报情景 i_m 下中期时段 t_m 初预报的中期时段 t 的入流，$\hat{N}_{MR}(t_m,t,j_m)$ 表示预报情景 j_m 下中期时段 t_m 初预报的中期时段 t 的风光总出力，I_m 和 J_m 分别是中期入流及中期风光总出力预报的情景数。

将 $\hat{Q}_l(t_l,t,i_l)$、$\hat{N}_{LR}(t_l,t,j_l)$、$\hat{Q}_m(t_m,t,i_m)$ 和 $\hat{N}_{MR}(t_m,t,j_m)$ 代入式(4.87)，$q_m(t_m,i_l,j_l,i_m,j_m)$ 表示在长期入流预报情景 i_l、长期风光总出力预报情景 j_l、中期入流预报情景 i_m 和中期风光总出力预报情景 j_m 下，在中期时段 t_m 内的水库泄流。在中期时段 t_m 的总平均泄流为

$$q_m(t_m) = \frac{1}{I_l \times J_l \times I_m \times J_m} \sum_{i_l=1}^{I_l}\sum_{j_l=1}^{J_l}\sum_{i_m=1}^{I_m}\sum_{j_m=1}^{J_m} q_m(t_m,i_l,j_l,i_m,j_m) \qquad (4.102)$$

长期和中期预报不确定性（由 $I_l \times J_l \times I_m \times J_m$ 个长期和中期时间尺度上入流及风光总出力的预报代表）导致 $q_m(t_m,i_l,j_l,i_m,j_m)$ 偏离中期总平均泄流 $q_m(t_m)$，在中期时段 t_m 的离差平方和为

$$\mathrm{SS}_m(t_m) = \sum_{i_l=1}^{I_l}\sum_{j_l=1}^{J_l}\sum_{i_m=1}^{I_m}\sum_{j_m=1}^{J_m}[q_m(t_m,i_l,j_l,i_m,j_m) - q_m(t_m)]^2 \qquad (4.103)$$

由于 $\mathrm{SS}_m(t_m)$ 的自由度为 $I_l \times J_l \times I_m \times J_m - 1$，对应的标准差可以写作：

$$\sigma_m(t_m) = \sqrt{\frac{\mathrm{SS}_m(t_m)}{I_l \times J_l \times I_m \times J_m - 1}} \qquad (4.104)$$

$\mathrm{SS}_m(t_m)$ 和 $\sigma_m(t_m)$ 反映了中期尺度上入流及风光总出力预报不确定性对泄流的总体影响。

在中期调度中，从预报不确定性对调度决策的总体影响中分解单独影响的方法与长期调度类似，分为以下三步：①计算不同预报情景下的平均泄流；②计算离差平方和并进行分解；③定义与单独影响相关的离差平方和及标准差。表 4.7 对比了长期调度和中期调度的方差分析方法。下面对中期调度的三个步骤进行介绍。

表 4.7　长期调度和中期调度方差分析方法的对比

类目	长期调度	中期调度
预报不确定性种类	2	4
不同预报情景下平均泄流种类	$C_2^1 = 2$	$C_4^1 + C_4^2 + C_4^3 = 14$
离差平方和分解种类	$A_2^2 = 2$	$A_4^4 = 24$
与单独影响相关的离差平方和种类	$C_2^1 \times (C_{2-1}^0 + C_{2-1}^1) = 4$	$C_4^1 \times (C_{4-1}^0 + C_{4-1}^1 + C_{4-1}^2 + C_{4-1}^3) = 32$

（1）计算不同预报情景下的平均泄流。

根据预报情景种类变化数目的不同，对平均泄流进行求解，表 4.8 总结了不同预报情景下的平均泄流，种类为 $C_4^1 + C_4^2 + C_4^3 = 14$。当预报情景种类变化数目为 1 时，其余 3 种预报不确定性对流的影响被均化，因此共有 $C_4^1 = 4$ 种平均泄流。

表4.8 不同预报情景下平均泄流汇总

预报情景种类变化数目	平均泄流	表达式
1	$q_m(t_m,i_l)$	$\dfrac{1}{J_l \times I_m \times J_m}\sum_{j_l=1}^{J_l}\sum_{i_m=1}^{I_m}\sum_{j_m=1}^{J_m} q_m(t_m,i_l,j_l,i_m,j_m)$
	$q_m(t_m,j_l)$	$\dfrac{1}{I_l \times I_m \times J_m}\sum_{i_l=1}^{I_l}\sum_{i_m=1}^{I_m}\sum_{j_m=1}^{J_m} q_m(t_m,i_l,j_l,i_m,j_m)$
2	$q_m(t_m,i_l,j_l)$	$\dfrac{1}{I_m \times J_m}\sum_{i_m=1}^{I_m}\sum_{j_m=1}^{J_m} q_m(t_m,i_l,j_l,i_m,j_m)$
	$q_m(t_m,i_l,i_m)$	$\dfrac{1}{J_l \times J_m}\sum_{j_l=1}^{J_l}\sum_{j_m=1}^{J_m} q_m(t_m,i_l,j_l,i_m,j_m)$
	$q_m(t_m,i_l,j_m)$	$\dfrac{1}{J_l \times I_m}\sum_{j_l=1}^{J_l}\sum_{i_m=1}^{I_m} q_m(t_m,i_l,j_l,i_m,j_m)$
3	$q_m(t_m,i_l,j_l,i_m)$	$\dfrac{1}{J_m}\sum_{j_m=1}^{J_m} q_m(t_m,i_l,j_l,i_m,j_m)$
	$q_m(t_m,i_l,j_l,j_m)$	$\dfrac{1}{J_l}\sum_{j_l=1}^{J_l} q_m(t_m,i_l,j_l,i_m,j_m)$

预报情景种类变化数目	平均泄流	表达式
1	$q_m(t_m,i_m)$	$\dfrac{1}{I_l \times J_l \times J_m}\sum_{i_l=1}^{I_l}\sum_{j_l=1}^{J_l}\sum_{j_m=1}^{J_m} q_m(t_m,i_l,j_l,i_m,j_m)$
	$q_m(t_m,j_m)$	$\dfrac{1}{I_l \times J_l \times I_m}\sum_{i_l=1}^{I_l}\sum_{j_l=1}^{J_l}\sum_{i_m=1}^{I_m} q_m(t_m,i_l,j_l,i_m,j_m)$
2	$q_m(t_m,j_l,i_m)$	$\dfrac{1}{I_l \times J_m}\sum_{i_l=1}^{I_l}\sum_{j_m=1}^{J_m} q_m(t_m,i_l,j_l,i_m,j_m)$
	$q_m(t_m,j_l,j_m)$	$\dfrac{1}{I_l \times I_m}\sum_{i_l=1}^{I_l}\sum_{i_m=1}^{I_m} q_m(t_m,i_l,j_l,i_m,j_m)$
	$q_m(t_m,i_m,j_m)$	$\dfrac{1}{I_l \times J_l}\sum_{i_l=1}^{I_l}\sum_{j_l=1}^{J_l} q_m(t_m,i_l,j_l,i_m,j_m)$
3	$q_m(t_m,i_l,i_m,j_m)$	$\dfrac{1}{I_m}\sum_{i_m=1}^{I_m} q_m(t_m,i_l,j_l,i_m,j_m)$
	$q_m(t_m,j_l,i_m,j_m)$	$\dfrac{1}{I_l}\sum_{i_l=1}^{I_l} q_m(t_m,i_l,j_l,i_m,j_m)$

例如，$q_m(t_m, i_l)$ 表示对于长期入流预报情景 i_l，从情景 1 至情景 J_l 均化长期风光总出力预报情景 j_l 的影响、从情景 1 至情景 I_m 均化中期入流预报情景 i_m 的影响并从情景 1 至情景 J_m 均化中期风光总出力预报情景 j_m 的影响后的平均泄流。平均泄流的表达式如下：

$$q_m(t_m, i_l) = \frac{1}{J_l \times I_m \times J_m} \sum_{j_l=1}^{J_l} \sum_{i_m=1}^{I_m} \sum_{j_m=1}^{J_m} q_m(t_m, i_l, j_l, i_m, j_m) \tag{4.105}$$

当预报情景种类变化数目为 2 时，其余 2 种预报不确定性对泄流的影响被均化，因此共有 $C_4^2 = 6$ 种平均泄流。

例如，$q_m(t_m, i_l, j_l)$ 表示对于长期入流预报情景 i_l 和长期风光总出力预报情景 j_l，从情景 1 至情景 I_m 均化中期入流预报情景 i_m 的影响并从情景 1 至情景 J_m 均化中期风光总出力预报情景 j_m 的影响后的平均泄流。平均泄流的表达式如下：

$$q_m(t_m, i_l, j_l) = \frac{1}{I_m \times J_m} \sum_{i_m=1}^{I_m} \sum_{j_m=1}^{J_m} q_m(t_m, i_l, j_l, i_m, j_m) \tag{4.106}$$

当预报情景种类变化数目为 3 时，其余 1 种预报不确定性对泄流的影响被均化，因此共有 $C_4^3 = 4$ 种平均泄流。

例如，$q_m(t_m, i_l, j_l, i_m)$ 表示对于长期入流预报情景 i_l、长期风光总出力预报情景 j_l 和中期入流预报情景 i_m，从情景 1 至情景 J_m 均化中期风光总出力预报情景 j_m 的影响后的平均泄流。平均泄流的表达式如下：

$$q_m(t_m, i_l, j_l, i_m) = \frac{1}{J_m} \sum_{j_m=1}^{J_m} q_m(t_m, i_l, j_l, i_m, j_m) \tag{4.107}$$

（2）对离差平方和进行分解。

考虑前述提到的三种平均泄流，对于泄流 $q_m(t_m, i_l, j_l, i_m, j_m)$ 的一种分解方式为

$$q_m(t_m, i_l, j_l, i_m, j_m) = q_m(t_m) + [q_m(t_m, i_l) - q_m(t_m)] + [q_m(t_m, i_l, j_l, i_m) - q_m(t_m, i_l, j_l)]$$
$$+ [q_m(t_m, i_l, j_l) - q_m(t_m, i_l)] + [q_m(t_m, i_l, j_l, i_m, j_m) - q_m(t_m, i_l, j_l, i_m)]$$

$$\tag{4.108}$$

将式（4.108）代入式（4.103），有

$$\begin{aligned} SS_m(t_m) &= \sum_{i_l=1}^{I_l} \sum_{j_l=1}^{J_l} \sum_{i_m=1}^{I_m} \sum_{j_m=1}^{J_m} [q_m(t_m, i_l, j_l, i_m, j_m) - q_m(t_m)]^2 \\ &= \sum_{i_l=1}^{I_l} \sum_{j_l=1}^{J_l} \sum_{i_m=1}^{I_m} \sum_{j_m=1}^{J_m} \{[q_m(t_m, i_l) - q_m(t_m)] + [q_m(t_m, i_l, j_l, i_m) - q_m(t_m, i_l, j_l)] \\ &\quad + [q_m(t_m, i_l, j_l) - q_m(t_m, i_l)] + [q_m(t_m, i_l, j_l, i_m, j_m) - q_m(t_m, i_l, j_l, i_m)]\}^2 \end{aligned}$$

$$
\begin{aligned}
&= \underbrace{J_l \times I_m \times J_m \times \sum_{i_l=1}^{I_l}[q_m(t_m,i_l)-q_m(t_m)]^2}_{\equiv SS_m^{H_l}(t_m)} + \underbrace{I_m \times J_m \times \sum_{i_l=1}^{I_l}\sum_{j_l=1}^{J_l}[q_m(t_m,i_l,j_l)-q_m(t_m,i_l)]^2}_{\equiv SS_m^{R_l|H_l}(t_m)} \\
&\quad + \underbrace{J_m \times \sum_{i_l=1}^{I_l}\sum_{j_l=1}^{J_l}\sum_{i_m=1}^{I_m}[q_m(t_m,i_l,j_l,i_m)-q_m(t_m,i_l,j_l)]^2}_{\equiv SS_m^{H_m|H_l,R_l}(t_m)} \\
&\quad + \underbrace{\sum_{i_l=1}^{I_l}\sum_{j_l=1}^{J_l}\sum_{i_m=1}^{I_m}\sum_{j_m=1}^{J_m}[q_m(t_m,i_l,j_l,i_m,j_m)-q_m(t_m,i_l,j_l,i_m)]^2}_{\equiv SS_m^{R_m|H_l,R_l,H_m}(t_m)}
\end{aligned} \tag{4.109}
$$

（3）定义与单独影响相关的离差平方和及标准差。

根据离差平方和的分解结果，可以对与单独影响相关的离差平方和进行定义。

$SS_m^{H_l}(t_m)$ 定义为 $J_l \times I_m \times J_m \times \sum_{i_l=1}^{I_l}[q_m(t_m,i_l)-q_m(t_m)]^2$，表示当长期风光总出力、中期入流和中期风光总出力预报不确定性的影响被均化后，长期入流预报不确定性对于中期调度决策的影响。$SS_m^{R_l|H_l}(t_m)$ 定义为 $I_m \times J_m \times \sum_{i_l=1}^{I_l}\sum_{j_l=1}^{J_l}[q_m(t_m,i_l,j_l)-q_m(t_m,i_l)]^2$，即当中期入流和中期风光总出力预报不确定性的影响被均化后，在多种给定的长期入流预报情景下 $q_m(t_m,i_l,j_l)$ 关于 $q_m(t_m,i_l)$ 的离差平方和，表征长期风光总出力预报不确定性对中期调度决策的总体影响。$SS_m^{H_m|H_l,R_l}(t_m)$ 定义为 $J_m \times \sum_{i_l=1}^{I_l}\sum_{j_l=1}^{J_l}\sum_{i_m=1}^{I_m}[q_m(t_m,i_l,j_l,i_m)-q_m(t_m,i_l,j_l)]^2$，即当中期风光总出力预报不确定性的影响被均化后，在多种给定的长期入流和长期风光总出力预报情景下 $q_m(t_m,i_l,j_l,i_m)$ 关于 $q_m(t_m,i_l,j_l)$ 的离差平方和，表征中期入流预报不确定性对中期调度决策的总体影响。$SS_m^{R_m|H_l,R_l,H_m}(t_m)$ 定义为 $\sum_{i_l=1}^{I_l}\sum_{j_l=1}^{J_l}\sum_{i_m=1}^{I_m}\sum_{j_m=1}^{J_m}[q_m(t_m,i_l,j_l,i_m,j_m)-q_m(t_m,i_l,j_l,i_m)]^2$，即在多种给定的长期入流、长期风光总出力和中期入流预报情景下，$q_m(t_m,i_l,j_l,i_m,j_m)$ 关于 $q_m(t_m,i_l,j_l,i_m)$ 的离差平方和，表征中期风光总出力预报不确定性对中期调度决策的总体影响。相应地，四种标准差分别为

$$
\sigma_m^{H_l}(t_m) = \sqrt{\frac{SS_m^{H_l}(t_m)}{(I_l-1)\times J_l \times I_m \times J_m}} \tag{4.110}
$$

$$
\sigma_m^{R_l|H_l}(t_m) = \sqrt{\frac{SS_m^{R_l|H_l}(t_m)}{I_l \times (J_l-1)\times I_m \times J_m}} \tag{4.111}
$$

$$
\sigma_m^{H_m|H_l,R_l}(t_m) = \sqrt{\frac{SS_m^{H_m|H_l,R_l}(t_m)}{I_l \times J_l \times (I_m-1)\times J_m}} \tag{4.112}
$$

$$\sigma_m^{R_m|H_l,R_l,H_m}(t_m) = \sqrt{\frac{SS_m^{R_m|H_l,R_l,H_m}(t_m)}{I_l \times J_l \times I_m \times (J_m-1)}} \tag{4.113}$$

根据 $SS_m(t_m)$ 的分解结果，方差 $[\sigma_m(t_m)]^2$ 可以写作：

$$[\sigma_m(t_m)]^2 \approx [\sigma_m^{H_l}(t_m)]^2 + [\sigma_m^{R_l|H_l}(t_m)]^2 + [\sigma_m^{H_m|H_l,R_l}(t_m)]^2 + [\sigma_m^{R_m|H_l,R_l,H_m}(t_m)]^2 \tag{4.114}$$

上述步骤阐述了离差平方和 $SS_m(t_m)$ 的一种分解方法，以及基于此种分解方法得到的与单独影响相关的离差平方和及标准差。对于 $SS_m(t_m)$，共有 $A_4^4=24$ 种分解方法，相应地，产生了 32 种与单独影响相关的离差平方和，如表 4.9 和表 4.10 所示。表 4.11 总结了离差平方和对应的标准差。

根据离差平方和对应的方差的物理意义，定义了主控指数。中期调度中，长期入流预报不确定性对应的主控指数为

$$U_m^{H_l}(t_m) = \frac{[\sigma_m^{H_l}(t_m)]^2 + [\sigma_m^{H_l|R_l,H_m}(t_m)]^2 + [\sigma_m^{H_l|R_l,R_m}(t_m)]^2 + [\sigma_m^{H_l|H_m,R_m}(t_m)]^2}{8}$$
$$+ \frac{[\sigma_m^{H_l|H_m}(t_m)]^2 + [\sigma_m^{H_l|R_l}(t_m)]^2 + [\sigma_m^{H_l|R_m}(t_m)]^2 + [\sigma_m^{H_l|R_l,H_m,R_m}(t_m)]^2}{8} \tag{4.115}$$

中期调度中，长期风光总出力预报不确定性对应的主控指数 $U_m^{R_l}(t_m)$ 的表达式如下：

$$U_m^{R_l}(t_m) = \frac{[\sigma_m^{R_l}(t_m)]^2 + [\sigma_m^{R_l|H_l}(t_m)]^2 + [\sigma_m^{R_l|H_l,R_m}(t_m)]^2 + [\sigma_m^{R_l|H_l,H_m}(t_m)]^2}{8}$$
$$+ \frac{[\sigma_m^{R_l|R_m}(t_m)]^2 + [\sigma_m^{R_l|H_m}(t_m)]^2 + [\sigma_m^{R_l|H_m,R_m}(t_m)]^2 + [\sigma_m^{R_l|H_l,H_m,R_m}(t_m)]^2}{8} \tag{4.116}$$

中期调度中，中期入流预报不确定性对应的主控指数 $U_m^{H_m}(t_m)$ 的表达式如下：

$$U_m^{H_m}(t_m) = \frac{[\sigma_m^{H_m}(t_m)]^2 + [\sigma_m^{H_m|R_l,R_m}(t_m)]^2 + [\sigma_m^{H_m|H_l,R_l}(t_m)]^2 + [\sigma_m^{H_m|H_l,R_m}(t_m)]^2}{8}$$
$$+ \frac{[\sigma_m^{H_m|R_l}(t_m)]^2 + [\sigma_m^{H_m|R_m}(t_m)]^2 + [\sigma_m^{H_m|H_l}(t_m)]^2 + [\sigma_m^{H_m|H_l,R_l,R_m}(t_m)]^2}{8} \tag{4.117}$$

中期调度中，中期风光总出力预报不确定性对应的主控指数 $U_m^{R_m}(t_m)$ 的表达式如下：

$$U_m^{R_m}(t_m) = \frac{[\sigma_m^{R_m}(t_m)]^2 + [\sigma_m^{R_m|H_l,R_l}(t_m)]^2 + [\sigma_m^{R_m|H_l,H_m}(t_m)]^2 + [\sigma_m^{R_m|R_l,H_m}(t_m)]^2}{8}$$
$$+ \frac{[\sigma_m^{R_m|H_l}(t_m)]^2 + [\sigma_m^{R_m|R_l}(t_m)]^2 + [\sigma_m^{R_m|H_m}(t_m)]^2 + [\sigma_m^{R_m|H_l,R_l,H_m}(t_m)]^2}{8} \tag{4.118}$$

中期调度总主控指数定义如下：

$$U_m(t_m) = U_m^{H_l}(t_m) + U_m^{R_l}(t_m) + U_m^{H_m}(t_m) + U_m^{R_m}(t_m) \tag{4.119}$$

式中：$U_m(t_m)$ 为总主控指数，根据定义可知，$U_m(t_m)$ 约等于 $[\sigma_m(t_m)]^2$。

表 4.9 中期调度过程中与长期预报不确定性相关的离差平方和汇总

长期入流预报不确定性		长期风光总出力预报不确定性	
离差平方和	表达式	离差平方和	表达式
$SS_m^{H_l}(t_m)$	$J_l \times I_m \times J_m \times \sum_{i_l=1}^{I_l}[q_m(t_m,i_l)-q_m(t_m)]^2$	$SS_m^{R_l}(t_m)$	$I_l \times I_m \times J_m \times \sum_{j_l=1}^{J_l}[q_m(t_m,j_l)-q_m(t_m)]^2$
$SS_m^{H_l|H_m}(t_m)$	$J_l \times J_m \times \sum_{i_l=1}^{I_l}\sum_{i_m=1}^{I_m}[q_m(t_m,i_l,i_m)-q_m(t_m,i_m)]^2$	$SS_m^{R_l|H_l}(t_m)$	$I_m \times J_m \times \sum_{i_l=1}^{I_l}\sum_{j_l=1}^{J_l}[q_m(t_m,i_l,j_l)-q_m(t_m,i_l)]^2$
$SS_m^{H_l|R_l}(t_m)$	$I_m \times J_m \times \sum_{i_l=1}^{I_l}\sum_{j_l=1}^{J_l}[q_m(t_m,i_l,j_l)-q_m(t_m,j_l)]^2$	$SS_m^{R_l|H_m}(t_m)$	$I_l \times J_m \times \sum_{j_l=1}^{J_l}\sum_{i_m=1}^{I_m}[q_m(t_m,j_l,i_m)-q_m(t_m,i_m)]^2$
$SS_m^{H_l|R_m}(t_m)$	$J_l \times I_m \times \sum_{i_l=1}^{I_l}\sum_{j_m=1}^{J_m}[q_m(t_m,i_l,j_m)-q_m(t_m,j_m)]^2$	$SS_m^{R_l|R_m}(t_m)$	$I_l \times I_m \times \sum_{j_l=1}^{J_l}\sum_{j_m=1}^{J_m}[q_m(t_m,j_l,j_m)-q_m(t_m,j_m)]^2$
$SS_m^{H_l|R_l,H_m}(t_m)$	$J_m \times \sum_{i_l=1}^{I_l}\sum_{j_l=1}^{J_l}\sum_{i_m=1}^{I_m}[q_m(t_m,i_l,j_l,i_m)-q_m(t_m,i_l,j_l)]^2$	$SS_m^{R_l|H_l,H_m}(t_m)$	$J_m \times \sum_{i_l=1}^{I_l}\sum_{j_l=1}^{J_l}\sum_{i_m=1}^{I_m}[q_m(t_m,i_l,j_l,i_m)-q_m(t_m,i_l,i_m)]^2$
$SS_m^{H_l|R_l,R_m}(t_m)$	$I_m \times \sum_{i_l=1}^{I_l}\sum_{j_l=1}^{J_l}\sum_{j_m=1}^{J_m}[q_m(t_m,i_l,j_l,j_m)-q_m(t_m,j_l,j_m)]^2$	$SS_m^{R_l|H_l,R_m}(t_m)$	$I_m \times \sum_{i_l=1}^{I_l}\sum_{j_l=1}^{J_l}\sum_{j_m=1}^{J_m}[q_m(t_m,i_l,j_l,j_m)-q_m(t_m,i_l,j_m)]^2$
$SS_m^{H_l|H_m,R_m}(t_m)$	$J_l \times \sum_{i_l=1}^{I_l}\sum_{i_m=1}^{I_m}\sum_{j_m=1}^{J_m}[q_m(t_m,i_l,i_m,j_m)-q_m(t_m,i_m,j_m)]^2$	$SS_m^{R_l|H_m,R_m}(t_m)$	$I_l \times \sum_{j_l=1}^{J_l}\sum_{i_m=1}^{I_m}\sum_{j_m=1}^{J_m}[q_m(t_m,j_l,i_m,j_m)-q_m(t_m,i_m,j_m)]^2$
$SS_m^{H_l|R_l,H_m,R_m}(t_m)$	$\sum_{i_l=1}^{I_l}\sum_{j_l=1}^{J_l}\sum_{i_m=1}^{I_m}\sum_{j_m=1}^{J_m}[q_m(t_m,i_l,j_l,i_m,j_m)-q_m(t_m,j_l,i_m,j_m)]^2$	$SS_m^{R_l|H_l,H_m,R_m}(t_m)$	$\sum_{i_l=1}^{I_l}\sum_{j_l=1}^{J_l}\sum_{i_m=1}^{I_m}\sum_{j_m=1}^{J_m}[q_m(t_m,i_l,j_l,i_m,j_m)-q_m(t_m,i_l,i_m,j_m)]^2$

表 4.10　中期调度过程中与中期预报不确定性相关的离差平方和汇总

中期入流预报不确定性		中期风光总出力预报不确定性	
离差平方和	表达式	离差平方和	表达式
$SS_m^{H_m}(t_m)$	$I_1 \times J_1 \times J_m \times \sum_{i_m=1}^{I_m}[q_m(t_m,i_1)-q_m(t_m,i_m)]^2$	$SS_m^{R_m}(t_m)$	$I_1 \times J_1 \times I_m \times \sum_{j_m=1}^{J_m}[q_m(t_m,j_1)-q_m(t_m,j_m)]^2$
$SS_m^{H_m,R_1}(t_m)$	$J_1 \times J_m \times \sum_{i_1=1}^{I_1}\sum_{i_m=1}^{I_m}[q_m(t_m,i_1,i_m)-q_m(t_m,i_1)]^2$	$SS_m^{R_m,H_1}(t_m)$	$J_1 \times I_m \times \sum_{i_1=1}^{I_1}\sum_{j_m=1}^{J_m}[q_m(t_m,i_1,j_m)-q_m(t_m,i_1)]^2$
$SS_m^{H_m,R_1}(t_m)$	$I_1 \times J_m \times \sum_{j_1=1}^{J_1}\sum_{i_m=1}^{I_m}[q_m(t_m,j_1,i_m)-q_m(t_m,j_1)]^2$	$SS_m^{R_m,R_1}(t_m)$	$I_1 \times I_m \times \sum_{j_1=1}^{J_1}\sum_{j_m=1}^{J_m}[q_m(t_m,j_1,j_m)-q_m(t_m,j_1)]^2$
$SS_m^{H_m,R_m}(t_m)$	$I_1 \times J_1 \times \sum_{j_m=1}^{J_m}\sum_{i_m=1}^{I_m}[q_m(t_m,i_m,j_m)-q_m(t_m,j_m)]^2$	$SS_m^{R_1,H_m}(t_m)$	$I_1 \times J_1 \times \sum_{i_m=1}^{I_m}\sum_{j_m=1}^{J_m}[q_m(t_m,i_m,j_m)-q_m(t_m,i_m)]^2$
$SS_m^{H_m,R_1,R_m}(t_m)$	$J_m \times \sum_{i_1=1}^{I_1}\sum_{j_1=1}^{J_1}\sum_{i_m=1}^{I_m}[q_m(t_m,i_1,j_1,i_m)-q_m(t_m,i_1,j_1)]^2$	$SS_m^{R_m,H_1,R_1}(t_m)$	$I_m \times \sum_{i_1=1}^{I_1}\sum_{j_1=1}^{J_1}\sum_{j_m=1}^{J_m}[q_m(t_m,i_1,j_1,j_m)-q_m(t_m,i_1,j_1)]^2$
$SS_m^{H_m,R_1,R_m}(t_m)$	$J_1 \times \sum_{i_1=1}^{I_1}\sum_{j_m=1}^{J_m}\sum_{i_m=1}^{I_m}[q_m(t_m,i_1,i_m,j_m)-q_m(t_m,i_1,j_m)]^2$	$SS_m^{R_1,H_1,H_m}(t_m)$	$J_1 \times \sum_{i_1=1}^{I_1}\sum_{i_m=1}^{I_m}\sum_{j_m=1}^{J_m}[q_m(t_m,i_1,i_m,j_m)-q_m(t_m,i_1,i_m)]^2$
$SS_m^{H_m,R_1,R_m}(t_m)$	$I_1 \times \sum_{j_1=1}^{J_1}\sum_{j_m=1}^{J_m}\sum_{i_m=1}^{I_m}[q_m(t_m,j_1,i_m,j_m)-q_m(t_m,j_1,j_m)]^2$	$SS_m^{R_1,R_1,H_m}(t_m)$	$I_1 \times \sum_{j_1=1}^{J_1}\sum_{i_m=1}^{I_m}\sum_{j_m=1}^{J_m}[q_m(t_m,j_1,i_m,j_m)-q_m(t_m,j_1,i_m)]^2$
$SS_m^{H_m,R_1,R_m}(t_m)$	$\sum_{i_1=1}^{I_1}\sum_{j_1=1}^{J_1}\sum_{j_m=1}^{J_m}\sum_{i_m=1}^{I_m}[q_m(t_m,i_1,j_1,i_m,j_m)-q_m(t_m,i_1,j_1,j_m)]^2$	$SS_m^{R_m,H_1,R_1,H_m}(t_m)$	$\sum_{i_1=1}^{I_1}\sum_{j_1=1}^{J_1}\sum_{i_m=1}^{I_m}\sum_{j_m=1}^{J_m}[q_m(t_m,i_1,j_1,i_m,j_m)-q_m(t_m,i_1,j_1,i_m)]^2$

表 4.11　中期调度过程中与预报不确定性相关的标准差汇总

长期入流预报不确定性	长期风光总出力预报不确定性	中期入流预报不确定性	中期风光总出力预报不确定性
$\sigma_m^{H_l}(t_m)=\sqrt{\dfrac{SS_m^{H_l}(t_m)}{(I_l-1)\times J_l\times I_m\times J_m}}$	$\sigma_m^{R_l}(t_m)=\sqrt{\dfrac{SS_m^{R_l}(t_m)}{I_l\times(J_l-1)\times I_m\times J_m}}$	$\sigma_m^{H_m}(t_m)=\sqrt{\dfrac{SS_m^{H_m}(t_m)}{I_l\times J_l\times(I_m-1)\times J_m}}$	$\sigma_m^{R_m}(t_m)=\sqrt{\dfrac{SS_m^{R_m}(t_m)}{I_l\times J_l\times I_m\times(J_m-1)}}$
$\sigma_m^{H_l|H_m}(t_m)=\sqrt{\dfrac{SS_m^{H_l|H_m}(t_m)}{(I_l-1)\times J_l\times I_m\times J_m}}$	$\sigma_m^{R_l|H_l}(t_m)=\sqrt{\dfrac{SS_m^{R_l|H_l}(t_m)}{I_l\times(J_l-1)\times I_m\times J_m}}$	$\sigma_m^{H_m|H_l}(t_m)=\sqrt{\dfrac{SS_m^{H_m|H_l}(t_m)}{I_l\times J_l\times(I_m-1)\times J_m}}$	$\sigma_m^{R_m|H_l}(t_m)=\sqrt{\dfrac{SS_m^{R_m|H_l}(t_m)}{I_l\times J_l\times I_m\times(J_m-1)}}$
$\sigma_m^{H_l|R_l}(t_m)=\sqrt{\dfrac{SS_m^{H_l|R_l}(t_m)}{(I_l-1)\times J_l\times I_m\times J_m}}$	$\sigma_m^{R_l|H_m}(t_m)=\sqrt{\dfrac{SS_m^{R_l|H_m}(t_m)}{I_l\times(J_l-1)\times I_m\times J_m}}$	$\sigma_m^{H_m|R_l}(t_m)=\sqrt{\dfrac{SS_m^{H_m|R_l}(t_m)}{I_l\times J_l\times(I_m-1)\times J_m}}$	$\sigma_m^{R_m|R_l}(t_m)=\sqrt{\dfrac{SS_m^{R_m|R_l}(t_m)}{I_l\times J_l\times I_m\times(J_m-1)}}$
$\sigma_m^{H_l|R_m}(t_m)=\sqrt{\dfrac{SS_m^{H_l|R_m}(t_m)}{(I_l-1)\times J_l\times I_m\times J_m}}$	$\sigma_m^{R_l|R_m}(t_m)=\sqrt{\dfrac{SS_m^{R_l|R_m}(t_m)}{I_l\times(J_l-1)\times I_m\times J_m}}$	$\sigma_m^{H_m|R_m}(t_m)=\sqrt{\dfrac{SS_m^{H_m|R_m}(t_m)}{I_l\times J_l\times(I_m-1)\times J_m}}$	$\sigma_m^{R_m|H_m}(t_m)=\sqrt{\dfrac{SS_m^{R_m|H_m}(t_m)}{I_l\times J_l\times I_m\times(J_m-1)}}$
$\sigma_m^{H_l|R_l,H_m}(t_m)=\sqrt{\dfrac{SS_m^{H_l|R_l,H_m}(t_m)}{(I_l-1)\times J_l\times I_m\times J_m}}$	$\sigma_m^{R_l|H_l,H_m}(t_m)=\sqrt{\dfrac{SS_m^{R_l|H_l,H_m}(t_m)}{I_l\times(J_l-1)\times I_m\times J_m}}$	$\sigma_m^{H_m|H_l,R_l}(t_m)=\sqrt{\dfrac{SS_m^{H_m|H_l,R_l}(t_m)}{I_l\times J_l\times(I_m-1)\times J_m}}$	$\sigma_m^{R_m|H_l,R_l}(t_m)=\sqrt{\dfrac{SS_m^{R_m|H_l,R_l}(t_m)}{I_l\times J_l\times I_m\times(J_m-1)}}$
$\sigma_m^{H_l|R_l,R_m}(t_m)=\sqrt{\dfrac{SS_m^{H_l|R_l,R_m}(t_m)}{(I_l-1)\times J_l\times I_m\times J_m}}$	$\sigma_m^{R_l|H_l,R_m}(t_m)=\sqrt{\dfrac{SS_m^{R_l|H_l,R_m}(t_m)}{I_l\times(J_l-1)\times I_m\times J_m}}$	$\sigma_m^{H_m|H_l,R_m}(t_m)=\sqrt{\dfrac{SS_m^{H_m|H_l,R_m}(t_m)}{I_l\times J_l\times(I_m-1)\times J_m}}$	$\sigma_m^{R_m|H_l,H_m}(t_m)=\sqrt{\dfrac{SS_m^{R_m|H_l,H_m}(t_m)}{I_l\times J_l\times I_m\times(J_m-1)}}$
$\sigma_m^{H_l|H_m,R_m}(t_m)=\sqrt{\dfrac{SS_m^{H_l|H_m,R_m}(t_m)}{(I_l-1)\times J_l\times I_m\times J_m}}$	$\sigma_m^{R_l|H_m,R_m}(t_m)=\sqrt{\dfrac{SS_m^{R_l|H_m,R_m}(t_m)}{I_l\times(J_l-1)\times I_m\times J_m}}$	$\sigma_m^{H_m|R_l,R_m}(t_m)=\sqrt{\dfrac{SS_m^{H_m|R_l,R_m}(t_m)}{I_l\times J_l\times(I_m-1)\times J_m}}$	$\sigma_m^{R_m|R_l,H_m}(t_m)=\sqrt{\dfrac{SS_m^{R_m|R_l,H_m}(t_m)}{I_l\times J_l\times I_m\times(J_m-1)}}$
$\sigma_m^{H_l|R_l,H_m,R_m}(t_m)=\sqrt{\dfrac{SS_m^{H_l|R_l,H_m,R_m}(t_m)}{(I_l-1)\times J_l\times I_m\times J_m}}$	$\sigma_m^{R_l|H_l,H_m,R_m}(t_m)=\sqrt{\dfrac{SS_m^{R_l|H_l,H_m,R_m}(t_m)}{I_l\times(J_l-1)\times I_m\times J_m}}$	$\sigma_m^{H_m|H_l,R_l,R_m}(t_m)=\sqrt{\dfrac{SS_m^{H_m|H_l,R_l,R_m}(t_m)}{I_l\times J_l\times(I_m-1)\times J_m}}$	$\sigma_m^{R_m|H_l,R_l,H_m}(t_m)=\sqrt{\dfrac{SS_m^{R_m|H_l,R_l,H_m}(t_m)}{I_l\times J_l\times I_m\times(J_m-1)}}$

4.3.3   研究实例

1. 研究数据及参数设置

研究数据包括 2002～2011 年及 2016 年二滩水电站入库流量，还包括盐源县、德昌县、会理市、米易县和盐边县风速数据，以及德昌县、米易县和盐边县辐射与温度数据。数据介绍参考 4.1.5 小节。其中，部分输入需要由原始数据整理获得：2016 年日尺度和旬尺度二滩水电站入库流量由小时尺度数据求均值得到；2002～2011 年及 2016 年小时尺度风力发电量由小时尺度风速计算；2002～2011 年及 2016 年小时尺度光伏发电量由小时尺度辐射和温度计算；2002～2011 年旬尺度风力发电量及光伏发电量由小时尺度数据求均值得到；2016 年日尺度和旬尺度风力发电量与光伏发电量由小时尺度数据求均值得到。

针对 2016 年长期调度，初始水位设为 1 180 m。预报不确定性的大小会对主控因子识别结果产生影响，因而，选取了不同的长期预报和中期预报情景。长期预报和中期预报生成方法参照 4.2.4 小节。在长期尺度，共有两种预报情景：①长期预报预测系数递减率为 0.1；②长期预报预测系数递减率为 0.2。在中期尺度，共有四种预报情景：①长期预报预测系数递减率为 0.1，中期预报提升水平相对误差为 0.1；②长期预报预测系数递减率为 0.1，中期预报提升水平相对误差为 0.2；③长期预报预测系数递减率为 0.2，中期预报提升水平相对误差为 0.1；④长期预报预测系数递减率为 0.2，中期预报提升水平相对误差为 0.2。

设置以下两种调度方案：①DP 方法，长期调度和中期调度均使用 DP 方法（4.3.1 小节），采用滚动预报调度推求长期和中期调度决策。②调度规则，长期调度和中期调度均使用调度规则（4.3.1 小节）。

2. 长期调度主控因子识别结果

图 4.38 展示了采用 DP 方法推求调度决策时，长期入流预报不确定性及风光总出力预报不确定性对长期调度决策的影响。图 4.38（a）、（b）中，$[\sigma_l(t_l)]^2$ 的数量级为 $10^5(\text{m}^3/\text{s})^2$，即由长期入流预报不确定性及风光总出力预报不确定性导致的长期泄流标准差超过 $10^2(\text{m}^3/\text{s})$。图 4.38（c）、（d）中，采用"入流优先"分解方法，$[\sigma_l(t_l)]^2$ 被分解为 $[\sigma_l^{H_l}(t_l)]^2$ 和 $[\sigma_l^{R_l|H_l}(t_l)]^2$；图 4.38（e）、（f）中，采用"风光总出力优先"分解方法，$[\sigma_l(t_l)]^2$ 被分解为 $[\sigma_l^{R_l}(t_l)]^2$ 和 $[\sigma_l^{H_l|R_l}(t_l)]^2$。$[\sigma_l^{H_l}(t_l)]^2$ 和 $[\sigma_l^{H_l|R_l}(t_l)]^2$ 表征长期入流预报不确定性对长期调度决策的影响，数量级为 $10^5(\text{m}^3/\text{s})^2$。$[\sigma_l^{R_l}(t_l)]^2$ 和 $[\sigma_l^{R_l|H_l}(t_l)]^2$ 表征长期风光总出力预报不确定性对长期调度决策的影响，数量级为 $10^4(\text{m}^3/\text{s})^2$。数量级的差异表明了长期入流预报不确定性对 $[\sigma_l(t_l)]^2$ 的显著贡献。此外，尽管描述同一预报不确定性对长期调度决策影响的指标{如 $[\sigma_l^{R_l}(t_l)]^2$ 和 $[\sigma_l^{R_l|H_l}(t_l)]^2$}物理意义相近，但是它们的具体数值可能存在差异。然而，两者变化趋势相同，均可用于比较预报不确定性对调度决策的影响。

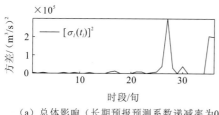

（a）总体影响（长期预报预测系数递减率为0.1）

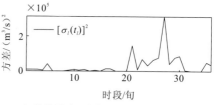

（b）总体影响（长期预报预测系数递减率为0.2）

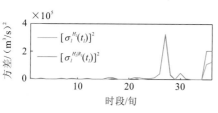

（c）长期入流预报不确定性的影响
（长期预报预测系数递减率为0.1）

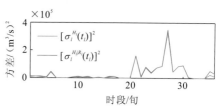

（d）长期入流预报不确定性的影响
（长期预报预测系数递减率为0.2）

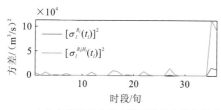

（e）长期风光总出力预报不确定性的影响
（长期预报预测系数递减率为0.1）

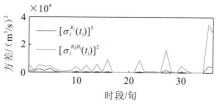

（f）长期风光总出力预报不确定性的影响
（长期预报预测系数递减率为0.2）

图 4.38 长期入流预报不确定性及风光总出力预报不确定性
对长期调度决策的影响（采用 DP 方法推求调度决策）

图 4.39 展示了采用调度规则时，长期入流预报不确定性及风光总出力预报不确定性对长期调度决策的影响。与采用 DP 方法时相同，长期入流预报不确定性仍是导致长期泄流不确定性的主要因素。原因在于：相比于长期入流预报不确定性，长期风光总出力预报不确定性引起的可供能量变化较少。可供能量是调度规则的输入，因此，风光总出力引起的调度决策变化较小。对比长期预报预测系数递减率为 0.1 和 0.2 两种情景，可以发现：随长期预报不确定性的增加，预报不确定性对调度决策的总体影响、长期入流预报不确定性对调度决策的影响和长期风光总出力预报不确定性对调度决策的影响的均值增加。但是，在每个时段，预报不确定性对调度决策的影响并不随长期预报预测系数递减率的增加而单调增加。例如，在第 36 旬，长期预报预测系数递减率为 0.1 时，预报不确定性对调度决策的总体影响为 $2.0 \times 10^5 (\mathrm{m}^3/\mathrm{s})^2$；长期预报预测系数递减率为 0.2 时，预报不确定性对调度决策的总体影响为 $3.5 \times 10^4 (\mathrm{m}^3/\mathrm{s})^2$。这反映了长期入流和长期风光总出力预报不确定性升高后，不同的不确定性在调度模块产生了对冲作用，进而减少了决策不确定性。

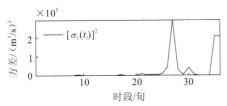

（a）总体影响（长期预报预测系数递减率为0.1）

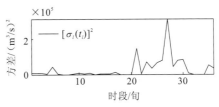

（b）总体影响（长期预报预测系数递减率为0.2）

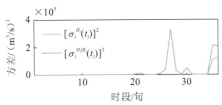

（c）长期入流预报不确定性的影响
（长期预报预测系数递减率为0.1）

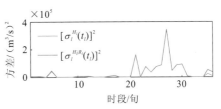

（d）长期入流预报不确定性的影响
（长期预报预测系数递减率为0.2）

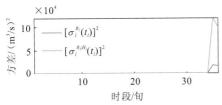

（e）长期风光总出力预报不确定性的影响
（长期预报预测系数递减率为0.1）

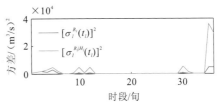

（f）长期风光总出力预报不确定性的影响
（长期预报预测系数递减率为0.2）

图 4.39　长期入流预报不确定性及风光总出力预报不确定性
对长期调度决策的影响（采用调度规则推求调度决策）

图 4.40 展示了采用 DP 方法推求调度决策时的长期调度主控指数 $U_l(t_l)$、$U_l^{H_l}(t_l)$ 和 $U_l^{R_l}(t_l)$。相比于长期风光总出力预报不确定性对应的主控指数，长期入流预报不确定性对应的主控指数显著地影响了长期调度总主控指数。考虑长期预报预测系数递减率为 0.1 和 0.2 两种情景，长期入流预报不确定性对长期调度决策的影响占总体影响的 88.7%；长期风光总出力预报不确定性对长期调度决策的影响占总体影响的 11.3%。

图 4.41 展示了采用调度规则推求调度决策时的长期调度主控指数 $U_l(t_l)$、$U_l^{H_l}(t_l)$ 和 $U_l^{R_l}(t_l)$。与采用 DP 方法推求调度决策的结论相同，长期入流预报不确定性对应的主控指数显著地影响了长期调度总主控指数。考虑长期预报预测系数递减率为 0.1 和 0.2 两种情景，长期入流预报不确定性对长期调度决策的影响占总体影响的 91.1%；长期风光总出力预报不确定性对长期调度决策的影响占总体影响的 8.9%。

图 4.42 为采用调度规则和 DP 方法两种方式推求调度决策时长期调度总主控指数之差的直方图。该值为负，说明采用 DP 方法推求调度决策时长期预报不确定性对长期调度决策的总体影响更大。长期预报预测系数递减率为 0.1 时，长期调度总主控指数之差为负的时段数为 31，占比为 86.1%；长期预报预测系数递减率为 0.2 时，长期调度总主

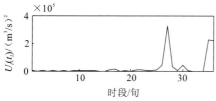

（a）总主控指数（长期预报预测系数递减率为0.1）

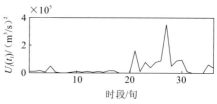

（b）总主控指数（长期预报预测系数递减率为0.2）

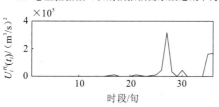

（c）长期入流预报不确定性对应的主控指数
（长期预报预测系数递减率为0.1）

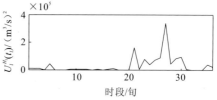

（d）长期入流预报不确定性对应的主控指数
（长期预报预测系数递减率为0.2）

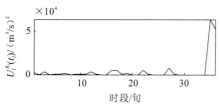

（e）长期风光总出力预报不确定性对应的主控指数
（长期预报预测系数递减率为0.1）

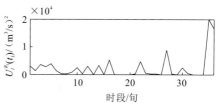

（f）长期风光总出力预报不确定性对应的主控指数
（长期预报预测系数递减率为0.2）

图 4.40　长期调度主控指数（采用 DP 方法推求调度决策）

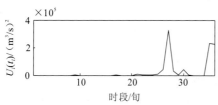

（a）总主控指数（长期预报预测系数递减率为0.1）

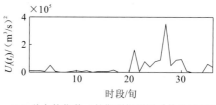

（b）总主控指数（长期预报预测系数递减率为0.2）

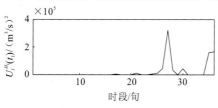

（c）长期入流预报不确定性对应的主控指数
（长期预报预测系数递减率为0.1）

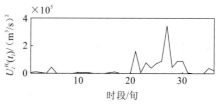

（d）长期入流预报不确定性对应的主控指数
（长期预报预测系数递减率为0.2）

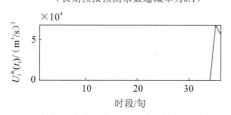

（e）长期风光总出力预报不确定性对应的主控指数
（长期预报预测系数递减率为0.1）

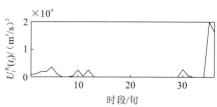

（f）长期风光总出力预报不确定性对应的主控指数
（长期预报预测系数递减率为0.2）

图 4.41　长期调度主控指数（采用调度规则推求调度决策）

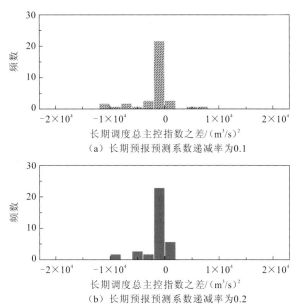

图 4.42　采用调度规则和 DP 方法两种方式推求调度决策时
长期调度总主控指数之差的直方图

控指数之差为负的时段数为 30，占比为 83.3%。因此，在同一时段，采用 DP 方法相比于采用调度规则，预报不确定性对调度决策的总体影响大的可能性更大。

3. 中期调度主控因子识别结果

图 4.43 展示了采用 DP 方法推求调度决策时，长期入流预报不确定性、长期风光总出力预报不确定性、中期入流预报不确定性和中期风光总出力预报不确定性对中期调度决策的影响。图 4.43（a）～（d）中，方差数量级为 $10^7 (\mathrm{m}^3/\mathrm{s})^2$，即由长期和中期预报不确定性导致的中期泄流标准差超过 $10^3 (\mathrm{m}^3/\mathrm{s})$。图 4.43（e）～（h）中，与长期入流预报不确定性的影响相关的 8 类方差的变化趋势相同，任意一种方差均可有效表征由长期入流预报不确定性导致的泄流不确定性。在图 4.43（i）～（t）中，同一种预报不确定性的影响所对应的相关方差的变化趋势也相同。

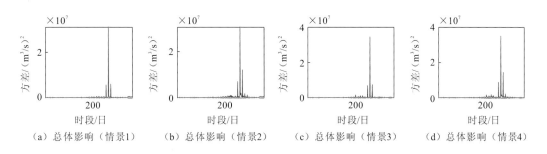

（a）总体影响（情景1）　　（b）总体影响（情景2）　　（c）总体影响（情景3）　　（d）总体影响（情景4）

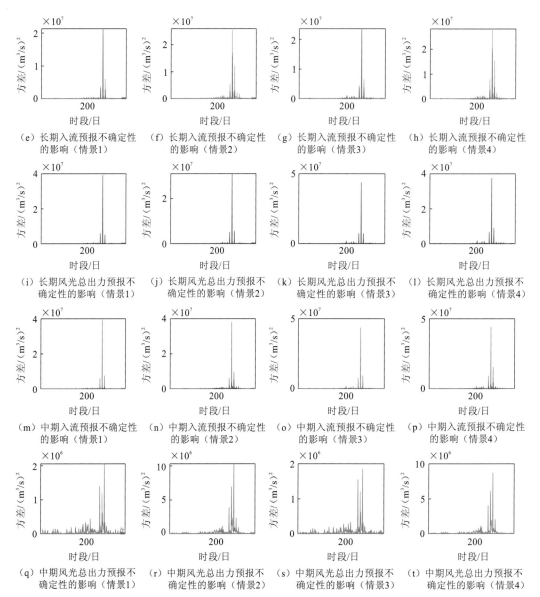

图 4.43　不同预报情景下长期入流预报不确定性、长期风光总出力预报不确定性、中期入流预报不确定性和中期风光总出力预报不确定性对中期调度决策的影响（采用 DP 方法推求调度决策）

情景 1 长期预报预测系数递减率和中期预报提升水平相对误差分别为 0.1 和 0.1；情景 2 分别为 0.1 和 0.2；情景 3 分别为 0.2 和 0.1；情景 4 分别为 0.2 和 0.2

　　图 4.44 展示了采用调度规则推求调度决策时，长期入流预报不确定性、长期风光总出力预报不确定性、中期入流预报不确定性和中期风光总出力预报不确定性对中期调度决策的影响。四种情景下，预报不确定性对调度决策的总体影响的均值分别为 $1.8 \times 10^5 (\text{m}^3/\text{s})^2$、$2.0 \times 10^5 (\text{m}^3/\text{s})^2$、$2.2 \times 10^5 (\text{m}^3/\text{s})^2$ 和 $2.5 \times 10^5 (\text{m}^3/\text{s})^2$。因此，当长期预报预测系数递减率和中期预报提升水平相对误差增加时，预报不确定性对调度决策的总体影响的均值增加。

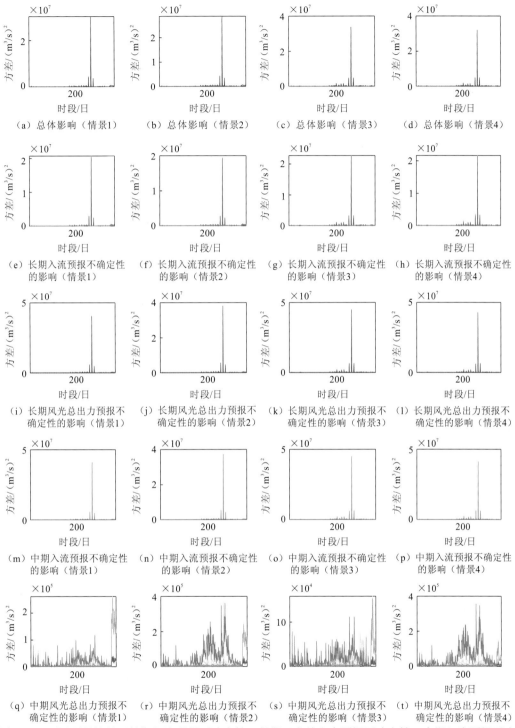

图 4.44　不同预报情景下长期入流预报不确定性、长期风光总出力预报不确定性、中期入流预报不确定性和中期风光总出力预报不确定性对中期调度决策的影响（采用调度规则推求调度决策）

情景 1 长期预报预测系数递减率和中期预报提升水平相对误差分别为 0.1 和 0.1；情景 2 分别为 0.1 和 0.2；情景 3 分别为 0.2 和 0.1；情景 4 分别为 0.2 和 0.2

图 4.45 为采用 DP 方法推求的调度决策的中期调度主控指数。长期和中期入流预报不确定性对应的主控指数显著地影响了中期调度总主控指数。这是由于风光总出力仅通过弃电率影响泄流；而入流的变化可以直接影响泄流。情景 1 下，根据平均主控指数，对总主控指数影响从大到小的预报信息为：长期入流 $[1.1 \times 10^5 (\mathrm{m^3/s})^2]$、中期入流 $[6.0 \times 10^4 (\mathrm{m^3/s})^2]$、中期风光总出力 $[2.7 \times 10^4 (\mathrm{m^3/s})^2]$ 和长期风光总出力 $[1.5 \times 10^4 (\mathrm{m^3/s})^2]$，占比分别为 51.9%、28.3%、12.7% 和 7.1%。情景 2 下，根据平均主控指数，对总主控指数影响从大到小的预报信息为：中期入流 $[1.3 \times 10^5 (\mathrm{m^3/s})^2]$、长期入流 $[1.2 \times 10^5 (\mathrm{m^3/s})^2]$、长期风光总出力 $[3.2 \times 10^4 (\mathrm{m^3/s})^2]$ 和中期风光总出力 $[2.9 \times 10^4 (\mathrm{m^3/s})^2]$，占比分别为 41.8%、38.6%、10.3% 和 9.3%。其余两种情景对总主控指数影响从大到小的预报信息排序与情景 1 相同。考虑四种预报情景，长期入流、中期入流、中期风光总出力和长期风光总出力预报不确定性对中期调度决策的影响分别占总体影响的 47.4%、33.4%、11.6% 和 7.6%。

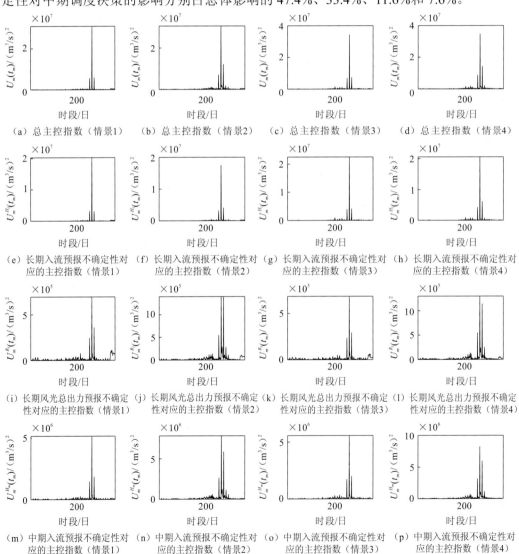

（a）总主控指数（情景1）　（b）总主控指数（情景2）　（c）总主控指数（情景3）　（d）总主控指数（情景4）

（e）长期入流预报不确定性对应的主控指数（情景1）　（f）长期入流预报不确定性对应的主控指数（情景2）　（g）长期入流预报不确定性对应的主控指数（情景3）　（h）长期入流预报不确定性对应的主控指数（情景4）

（i）长期风光总出力预报不确定性对应的主控指数（情景1）　（j）长期风光总出力预报不确定性对应的主控指数（情景2）　（k）长期风光总出力预报不确定性对应的主控指数（情景3）　（l）长期风光总出力预报不确定性对应的主控指数（情景4）

（m）中期入流预报不确定性对应的主控指数（情景1）　（n）中期入流预报不确定性对应的主控指数（情景2）　（o）中期入流预报不确定性对应的主控指数（情景3）　（p）中期入流预报不确定性对应的主控指数（情景4）

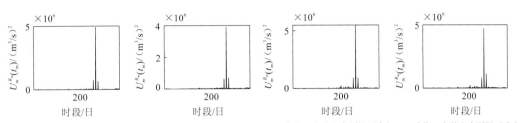

（q）中期风光总出力预报不确定　（r）中期风光总出力预报不确定　（s）中期风光总出力预报不确定　（t）中期风光总出力预报不确定
性对应的主控指数（情景1）　　性对应的主控指数（情景2）　　性对应的主控指数（情景3）　　性对应的主控指数（情景4）

图 4.45　不同预报情景下的中期调度主控指数（采用 DP 方法推求调度决策）

情景 1 长期预报预测系数递减率和中期预报提升水平相对误差分别为 0.1 和 0.1；情景 2 分别为 0.1 和 0.2；
情景 3 分别为 0.2 和 0.1；情景 4 分别为 0.2 和 0.2

图 4.46 给出了采用调度规则推求调度决策的中期调度主控指数。情景 1 下，根据平均主控指数，对总主控指数影响从大到小的预报信息为：长期入流 $[1.1\times10^5(\mathrm{m}^3/\mathrm{s})^2]$、中期入流 $[3.4\times10^4(\mathrm{m}^3/\mathrm{s})^2]$、中期风光总出力 $[2.6\times10^4(\mathrm{m}^3/\mathrm{s})^2]$ 和长期风光总出力 $[1.0\times10^4(\mathrm{m}^3/\mathrm{s})^2]$，占比分别为 61.1%、18.9%、14.4% 和 5.6%。其余三种情景对总主控指数影响从大到小的预报信息排序与情景 1 相同。考虑四种预报情景，长期入流、中期入流、中期风光总出力和长期风光总出力预报不确定性对中期调度决策的影响分别占总体影响的 58.7%、21.4%、14.0% 和 5.9%。

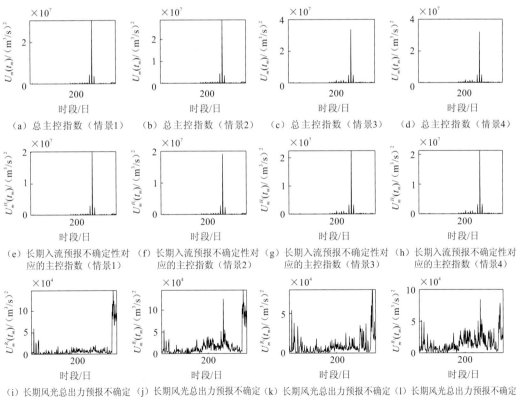

（a）总主控指数（情景1）　（b）总主控指数（情景2）　（c）总主控指数（情景3）　（d）总主控指数（情景4）

（e）长期入流预报不确定性对　（f）长期入流预报不确定性对　（g）长期入流预报不确定性对　（h）长期入流预报不确定性对
应的主控指数（情景1）　　　应的主控指数（情景2）　　　应的主控指数（情景3）　　　应的主控指数（情景4）

（i）长期风光总出力预报不确定　（j）长期风光总出力预报不确定　（k）长期风光总出力预报不确定　（l）长期风光总出力预报不确定
性对应的主控指数（情景1）　　性对应的主控指数（情景2）　　性对应的主控指数（情景3）　　性对应的主控指数（情景4）

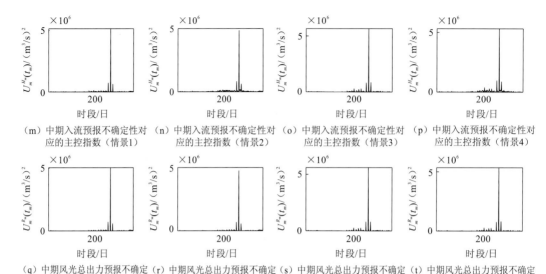

（m）中期入流预报不确定性对 （n）中期入流预报不确定性对 （o）中期入流预报不确定性对 （p）中期入流预报不确定性对
　　应的主控指数（情景1）　　　应的主控指数（情景2）　　　应的主控指数（情景3）　　　应的主控指数（情景4）

（q）中期风光总出力预报不确定 （r）中期风光总出力预报不确定 （s）中期风光总出力预报不确定 （t）中期风光总出力预报不确定
　　性对应的主控指数（情景1）　 性对应的主控指数（情景2）　 性对应的主控指数（情景3）　 性对应的主控指数（情景4）

图 4.46　不同预报情景下的中期调度主控指数（采用调度规则推求调度决策）

情景 1 长期预报预测系数递减率和中期预报提升水平相对误差分别为 0.1 和 0.1；情景 2 分别为 0.1 和 0.2；

情景 3 分别为 0.2 和 0.1；情景 4 分别为 0.2 和 0.2

　　图 4.47 为采用调度规则和 DP 方法两种方式推求调度决策时中期调度总主控指数之差的直方图。该值为负，说明采用 DP 方法推求调度决策时预报不确定性对中期调度决策的总体影响更大。在预报情景 1、2、3 和 4 下，中期调度总主控指数之差为负的时段数分别为 287、288、289 和 277，占总时段的比例分别为 78.4%、78.7%、79.0% 和 75.7%。因此，在同一时段，采用 DP 方法相比于采用调度规则，预报不确定性对调度决策的总体影响大的可能性更大。此外，在预报情景 1、2、3 和 4 下，调度规则相比于 DP 方法分别减少了 15.4%、35.5%、12.2% 和 30.7% 的中期调度总主控指数。考虑四种预报情景，相比于 DP 方法，采用调度规则时预报不确定性对中期调度决策的总体影响平均减少了 23.5%。

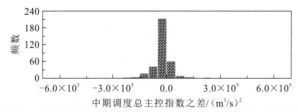

（a）情景1，长期预报预测系数递减率和中期预报提升水平相对误差分别为0.1和0.1

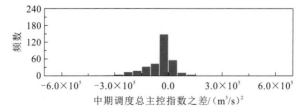

（b）情景2，长期预报预测系数递减率和中期预报提升水平相对误差分别为0.1和0.2

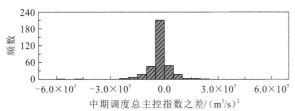

（c）情景3，长期预报预测系数递减率和中期预报提升水平相对误差分别为0.2和0.1

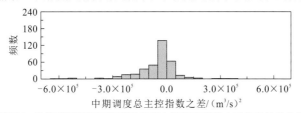

（d）情景4，长期预报预测系数递减率和中期预报提升水平相对误差分别为0.2和0.2

图 4.47 采用调度规则和 DP 方法两种方式推求调度决策时中期调度总主控指数之差的直方图

4.4 电力市场下的水风光互补系统中长期调度

4.4.1 引言

在当今社会和经济飞速发展的背景下，能源需求与日俱增。与此同时，能源危机和对生态保护的压力成为化石能源利用的阻碍。世界各国对能源安全、生态环境、气候变化问题日益重视，发展绿色低碳能源成为全球普遍共识[50]。2020 年 9 月 22 日，中国国家主席习近平在第七十五届联合国大会一般性辩论上发表的重要讲话指出，中国将提高国家自主贡献力度，采取更加有力的政策和措施，二氧化碳排放力争于 2030 年前达到峰值，努力争取 2060 年前实现碳中和。开发可再生能源已经成为满足日益增长的能源需求和应对气候变化问题的有效措施。

世界各国相继制定了以可再生能源为主导的能源战略，制定了中长期能源转型目标[18]。《欧洲气候法》设定了欧洲联盟 2050 年目标，即实现温室气体净零排放，达成气候中和。德国能源转型目标为到 2025 年可再生能源比重达到 40%～45%。中国国家能源局数据显示，中国 2016～2020 年清洁能源消费量比重逐渐上升，由 19.1%上升至 24.3%。2021 年全国两会上，政府工作报告对能源行业在 2021 年及"十四五"规划时期的重点工作提出了要加快构建清洁低碳、安全高效能源体系的要求。中国国家能源局将重点聚焦于能源安全保障和气候变化应对两大目标任务，锚定 2030 年非化石能源消费比重 25%和风电光伏装机 12 亿 kW 以上的目标。大力发展清洁可再生新能源，加快优化能源结构，是中国能源行业未来发展的方向。

作为清洁可再生能源，光电、风电绿色环保，取用不竭，是能源转型主力。作为替代化石燃料资源技术和经济上可行的选择，它们是目前可开发非化石能源的最主要组成，在极大程度上有助于降低煤耗，减少温室气体排放。根据《2020 年全球可再生能源状况报告》（*Renewables 2020 Global Status Report*），2019 年，全球光伏发电新增装机容量为 1.15 亿 kW，累计装机容量为 6.27 亿 kW；风电新增装机容量为 6 亿 kW，累计装机容量为 6.51 亿 kW。其中，中国在 2019 年末光伏发电装机容量超过了 1.2 亿 kW，风电装机容量达到了 2.36 亿 kW，是世界上重要的风光能源市场。然而，在风电和光伏发电的广泛应用中，受环境影响产生的随机性和间歇性将会加剧传统电力系统的不稳定性，给电力系统的协调运行带来挑战[20]。而多能互补系统是一种混合两种或两种以上能源的系统，其联合运作能够提供更均衡的能源供应并提高系统效率[51]。水力发电具有启停迅速、运行灵活等优点，是补偿风力发电和光伏发电的理想选择[21]。因此，可以利用水电调节风电和光伏发电等电力系统的输出波动，将梯级水电站与风电和光伏发电结合在一起，是电力系统脱碳的一种有效途径[52]。截至 2020 年底，中国已建水电总装机容量为 3.70 亿 kW，水电装机容量和发电量均稳居世界第一，为多种能源联合发电提供了有利条件。由于风力发电和光伏发电并入电网时具有不可调节性，水风光互补系统的调度本质上是对并入风光发电量的水电再调度。

水库优化调度是一类复杂的最优控制问题，具有高维、动态、非线性等特点，自 20 世纪 40 年代以来有近 80 年的研究发展历史，形成了一套较为完整的体系[53]。水库优化调度在萌芽发展阶段通常以经验为指导，以常规调度为主；在发展成熟阶段，多目标、多约束的复杂水资源系统调度模型和算法都有了极大的改进与完善。尤其是随着计算机技术的发展，水库调度优化算法由传统的规划算法向智能优化算法发展。随着能源问题和生态环境问题的日益突出，水电作为清洁环保的可再生能源，发展空间更为广阔，特别是在结合风电和光伏发电方面。但是在开展流域水风光联合互补调度的过程中，仍存在一系列的问题与挑战，如并网难度大、发电调峰储能技术不够完善、缺乏运行规范等。

在水风光互补系统优化调度中，发电效益是重要的目标之一。中国电力体制改革和电力现货市场的建设推进将影响电价，进而影响发电效益。2015 年 3 月，中共中央、国务院发布了《关于进一步深化电力体制改革的若干意见》，明确阐述了我国电力体制现状和需要通过改革解决的问题，重点在于构建公平、开放、有序、竞争、完整的电力市场体系，推进输配电价改革是其中的重要组成部分。电价改革指在电力市场环境下，单独核定输配电价，并在售电侧引入竞争，放开除了输配以外的竞争性环节的电价[54]。同时，将建立独立电力交易机构，形成规则明晰、科学透明的电力市场平台。随着现货市场的逐步开放，市场交易电量比例不断扩大、准入市场售电公司数量不断增加、能源发电跨区交易比例也不断提升[55]。电力体制改革逐步营造的电力市场环境，必然会对水库运行策略产生影响。

研究结合电价的水风光互补系统长期优化调度方式，对于可再生资源利用效益最大化、应对电力体制改革和加强我国新能源建设具有重要意义。

4.4.2　研究方法

1. 电力市场出清模型

建立电力市场出清模型，利用供应报价和所估计的需求模拟现货市场的电价。该模型假设如下：

（1）电力市场为完全竞争电力市场。

（2）现货市场上的所有发电商都是按照发电边际成本进行竞标的；能源生产商的投标量等于第二天的预估发电量。

（3）现货市场的需求不确定性服从正态分布。当电价超过阈值时，电力需求具有弹性。

（4）不考虑电网中的传输容量约束及网络损失函数。

为使系统的边际运行成本最低，优先安排边际成本较低的风电、光电、水电供给，其次安排火电机组有序供给。本节将风电、光伏发电、水力发电近似视为零成本，发电成本主要来自火电，整个电力市场的出清价格即边际供给火电机组的成本。

不同时段的需求如下：

$$D(t) = \begin{cases} D^{est}(t), & \mathrm{sp}(t) \leqslant \mathrm{SP}^0 \\ D^{est}(t) - \mathrm{elas} \times [\mathrm{sp}(t) - \mathrm{SP}^0], & \mathrm{sp}(t) > \mathrm{SP}^0 \end{cases} \tag{4.120}$$

式中：$D(t)$ 为第 t 时段的电力需求量；$D^{est}(t)$ 为服从正态分布的时段估计需求量；$\mathrm{sp}(t)$ 为 t 时段的现货价格；SP^0 为电价的阈值；elas 为电价的弹性系数。

剩余需求 $\mathrm{RD}(t)$ 由火电供给：

$$\mathrm{RD}(t) = D(t) - E_{WP}(t) - E_{PV}(t) - E_{HP}(t) \tag{4.121}$$

式中：$E_{WP}(t)$、$E_{PV}(t)$ 和 $E_{HP}(t)$ 为 t 时段现货市场中风电、光能和水电能源供给（即竞标电量）。

通过匹配剩余需求与火电供给成本函数曲线的交点来确定现货价格，见图 4.48，等式如下：

$$E_{TM}[\mathrm{sp}(t)] = \mathrm{RD}[\mathrm{sp}(t)] \tag{4.122}$$

式中：$E_{TM}[\mathrm{sp}(t)]$ 为火电总供给量。

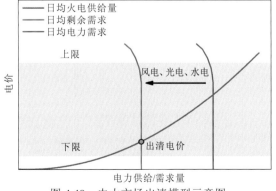

图 4.48　电力市场出清模型示意图

由电力市场出清模型得到的电价不确定性服从正态分布。因此，模拟电价可以用式（4.123）、式（4.124）表征：

$$SP(t) = sp(t) + e(t) \tag{4.123}$$
$$e(t) \sim N(u, \sigma^2) \tag{4.124}$$

式中：$SP(t)$ 为模拟价格；$e(t)$ 为模拟误差，服从无偏正态分布；u 为模拟误差的平均值，$u=0$；σ 为模拟误差的标准差，$3\sigma = 0.1sp(t)$。

2. 风光弃电损失模型

弃电本质上是由于电网出现"供大于求"或输电能力不足时，无法消纳水风光互补系统出力而产生的，即电站出力大于系统负荷需求或电力系统输送通道输电能力，见图 4.49。

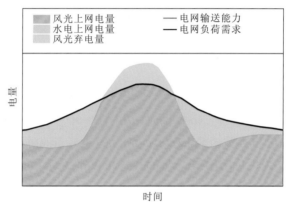

图 4.49 水风光互补系统弃电示意图

由于风电、光电出力的波动性和随机性，考虑短期模型能更好地模拟风光弃电量。短期模型主要包括两方面内容——计划期内发电计划编制和实时经济运行。首先，根据短期水风光发电过程，拟定水风光互补系统电力需求的日负荷曲线。然后，依据拟定的负荷曲线和电力系统传输能力，计算实际上网出力和风光弃电出力。最后，通过短期模型中的平均水电出力与风光弃电率拟合风光弃电损失函数。在中长期调度模型中，可依靠风光弃电损失函数表征长期时段两者之间的关系。

（1）水风光互补系统发电计划是对水电站原日计划根据风电和光电平均出力进行修改确定的。并且，发电计划不超过电站输送能力。利用典型日负荷曲线对水电日平均样本电量进行分配，并根据风电、光电日平均出力进行修正，得到每小时计划发电量，公式如下：

$$\boldsymbol{N}_{HP} = E_{HPd} \times \boldsymbol{L} \times \overline{\boldsymbol{L}}^{-1} = [N_{HP}(1), N_{HP}(2), \cdots, N_{HP}(24)] \tag{4.125}$$
$$\boldsymbol{N}_{WSH} = \boldsymbol{N}_{HP} + \min\{\langle \boldsymbol{N}_{WS} \rangle, N_{TR} - \max(\boldsymbol{N}_{HP})\} = [N_{WSH}(1), N_{WSH}(2), \cdots, N_{WSH}(24)] \tag{4.126}$$

式中：$\boldsymbol{N}_{HP}$ 为水电站的发电计划曲线；E_{HPd} 为水电日平均电量；$\boldsymbol{L}$ 为水电站典型日负荷曲线；$\overline{\boldsymbol{L}}$ 为水电站典型日负荷曲线的出力均值；$\langle \boldsymbol{N}_{WS} \rangle$ 为风光日平均出力；N_{TR} 为电力

系统输送通道输电能力；N_{WSH} 为水风光互补系统的发电计划曲线。

（2）在实时运行中，电站出力大于系统负荷需求将会产生弃电。风光弃电率（γ）为日内风电和光伏弃电量（E_d^c）与实际发电量（E_d^g）的比值。

$$E_d^c = \sum_{t=1}^{24}[N_{WP}(t) + N_{PV}(t) + N_{HP}(t) - N_{WSH}(t)]\Delta t_{HR} \qquad (4.127)$$

$$\gamma = \frac{E_d^c}{E_d^g} \qquad (4.128)$$

式中：$N_{WP}(t)$、$N_{PV}(t)$、$N_{HP}(t)$分别为第 t 时段的风电出力、光电出力及水电出力；Δt_{HR} 为短期调度时间步长，$\Delta t_{HR} = 1\ h$。

（3）拟合风光弃电损失函数。

根据短期实施的经济运行中的水电平均出力和风光弃电率样本点$(\overline{N}^h, \gamma)$拟合风光弃电损失函数曲线 f_{LO}。在中长期模型中，可以通过长期平均水电出力得到风光弃电损失及风光实际上网电量。

3. 水风光互补系统长期模型

风电、光伏发电并网后易产生大范围波动，增加电网负荷峰谷差，对电网的稳定运行将造成冲击。并入电网时所采取的弃风、弃光等措施则会引起资源浪费。联合具有可调节性的水力发电，形成水风光互补的形式，有利于风电和光电的消纳，促进资源利用率的提升[56]。水风光互补长期优化调度的目的在于调节风电、光电、水电输出和能源优化配置，在保障电力系统有序运行的同时消纳可再生能源，以达到效益最大化。以下是水风光互补系统的长期模型计算步骤。

1）能源出力

（1）风电出力。

风电出力（N_{WP}）主要与风电机组高度处的风速有关。当风速大于切出风速或小于切入风速时，风电机组不出力；当风速在切入风速与额定风速之间时，风电出力与机组额定出力存在非线性函数关系；当风速在额定风速和切出风速之间时，以额定功率输出。具体计算如下：

$$N_{WP} = \begin{cases} 0, & \mathrm{ws}(t) \leqslant \mathrm{ws}_{in}, \mathrm{ws}(t) \geqslant \mathrm{ws}_{out} \\ \dfrac{[\mathrm{ws}(t)]^3 - \mathrm{ws}_{in}^3}{\mathrm{ws}_r^3 - \mathrm{ws}_{in}^3} \times N_{r\text{-}WP}, & \mathrm{ws}_{in} < \mathrm{ws}(t) < \mathrm{ws}_r \\ N_{r\text{-}WP}, & \mathrm{ws}_r \leqslant \mathrm{ws}(t) < \mathrm{ws}_{out} \end{cases} \qquad (4.129)$$

式中：$\mathrm{ws}(t)$为第 t 时段 80 m 高度处的风速；ws_{in} 为切入风速；ws_{out} 为切出风速；ws_r 为风电机组额定风速；$N_{r\text{-}WP}$ 为风电机组额定输出功率。

其中，80 m 风电机组高度的风速，由气象站 10 m 高度的风速序列换算而来：

$$\mathrm{ws}(t) = \mathrm{ws}_1(t) \times \left(\frac{h}{h_1}\right)^n \tag{4.130}$$

式中：$\mathrm{ws}_1(t)$ 为第 t 时段气象站 10 m 高度的风速；h 为目标高度 80 m；h_1 为气象站高度 10 m；n 为风速系数，取 0.333。

（2）光电出力。

光电出力（N_{PV}）的计算公式是由美国国家可再生能源实验室（National Renewable Energy Laboratory，NREL）开发的 HOMER 软件中的模型得出的，具体如下：

$$N_{PV} = I_{PV}\left[\frac{\mathrm{sr}(t)}{\mathrm{SR}_{stc}}\right]\{1 + \alpha_p[T(t) - T_{stc}]\} \tag{4.131}$$

式中：I_{PV} 为光伏电站总装机容量；$\mathrm{sr}(t)$ 为第 t 时段太阳辐射实际强度；SR_{stc} 为标准测试条件下的太阳辐射强度，取 1 000 W/m²；α_p 为光伏电池组件功率温度转换系数，取 $-0.35\%/℃$；$T(t)$ 为第 t 时段光伏电池组件温度；T_{stc} 为标准测试条件下的气温，取 25 ℃。

光伏电池组件温度可由气象站提供的气温转化，公式如下：

$$T(t) = T_{air}(t) + \frac{\mathrm{sr}(t)}{\mathrm{SR}_{stc}}(T_{noc} - T_{stc}) \tag{4.132}$$

式中：$T_{air}(t)$ 为第 t 时段气象站气温；T_{noc} 为正常运行时光伏电池组件的温度，通常取 (48 ± 2)℃。

（3）水电出力。

水电出力（N_{HP}）主要取决于水电站综合效率、净水头和出库流量。其中，出库流量为发电引用流量和弃水流量总和，净水头可用上下游水位和水头损失的非线性函数表示。水电出力计算公式如下：

$$N_{HP} = \min\{9.81Q_{pg}(t)h_{net}(t), I_{HP}\} \tag{4.133}$$

$$h_{net}(t) = f_{zv}[\bar{V}(t)] - f_{zq}[Q_{pg}(t) + Q_{qs}(t)] - h_{loss} \tag{4.134}$$

式中：I_{HP} 为水电站装机容量；$Q_{pg}(t)$ 为第 t 时段发电引用流量；$h_{net}(t)$ 为第 t 时段净水头；$Q_{qs}(t)$ 为第 t 时段弃水流量；$f_{zv}(\cdot)$ 为水位-库容关系曲线函数；$f_{zq}(\cdot)$ 为尾水位-流量关系曲线函数；$\bar{V}(t)$ 为时段平均库容，取 $0.5[V(t) + V(t+1)]$，$V(t)$ 和 $V(t+1)$ 分别为第 t 时段的初、末水库蓄水量；h_{loss} 为水头损失。

2）水风光互补系统优化调度模型

（1）目标函数。

方案 1：

$$E = \begin{cases} \sum\limits_{t=1}^{T} N_t(t) \times \Delta t, & N_t(t) \geqslant N_{firm} \\ \sum\limits_{t=1}^{T}\{N_t(t) + \lambda[N_t(t) - N_{firm}]\} \times \Delta t, & N_t(t) < N_{firm} \end{cases} \tag{4.135}$$

方案 2：

$$E_{co} = \begin{cases} \sum_{t=1}^{T} N_t(t) \times \mathrm{SP}(t) \times \Delta t, & N_t(t) \geqslant N_{firm} \\ \sum_{t=1}^{T} \{N_t(t) + \lambda[N_t(t) - N_{firm}]\} \times \mathrm{SP}(t) \times \Delta t, & N_t(t) < N_{firm} \end{cases} \tag{4.136}$$

$$N_t(t) = [N_{WP}(t) + N_{PV}(t)]\{1 - f_{LO}[N_{HP}(t)]\} + N_{HP}(t) \tag{4.137}$$

式中：E 为发电量最大目标；E_{co} 为发电效益最大目标；t 为调度时段；T 为长期调度时段总数；Δt 为调度时段长；λ 为惩罚系数；$N_{WP}(t)$ 为第 t 时段的风电平均出力；$N_{PV}(t)$ 为第 t 时段的光电平均出力；$N_{HP}(t)$ 为第 t 时段的水电平均出力；N_{firm} 为系统保证出力；f_{LO} 为风光弃电损失函数；$\mathrm{SP}(t)$ 为第 t 时段模拟的出清电价。

（2）模型约束条件。

该模型长期优化调度约束条件如下。

水量平衡约束：

$$V(t+1) = V(t) + [Q(t) - Q_{pg}(t) - Q_{qs}(t)]\Delta t \tag{4.138}$$

式中：$V(t)$ 为第 t 时段初的水库蓄水量；$V(t+1)$ 为第 t 时段末的水库蓄水量；$Q(t)$ 为第 t 时段平均入库流量；$Q_{pg}(t)$ 为第 t 时段发电引用流量；$Q_{qs}(t)$ 为第 t 时段弃水流量；Δt 为调度时段长。

库容曲线约束：

$$\underline{V}(t+1) \leqslant V(t+1) \leqslant \overline{V}(t+1) \tag{4.139}$$

式中：$\underline{V}(t+1)$ 和 $\overline{V}(t+1)$ 分别为第 $t+1$ 时段初水库上游蓄水量下界和上界。

泄流设施泄流能力约束：

$$\underline{q}(t+1) \leqslant Q_{qs}(t+1) \leqslant \overline{q}(t+1) \tag{4.140}$$

式中：$\underline{q}(t+1)$ 和 $\overline{q}(t+1)$ 分别为第 $t+1$ 时段初水库泄流下界和上界。

水电站预想出力约束：

$$N_{ex}(t) = f_{ex}[h_{net}(t)] \tag{4.141}$$

式中：$N_{ex}(t)$ 为水电站第 t 时段预想出力；$f_{ex}(\cdot)$ 为水电站预想出力函数。

水电站总出力约束：

$$\underline{N_{HP}} \leqslant N_{HP}(t) \leqslant \overline{N_{HP}} \tag{4.142}$$

式中：$\underline{N_{HP}}$ 和 $\overline{N_{HP}}$ 分别为水电机组出力下限和上限。

电力输送通道约束：

$$N_{WP} + N_{PV} + N_{HP} \leqslant N_{TR} \tag{4.143}$$

式中：N_{TR} 为水风光互补系统电力传输通道最大输送能力。

边界条件约束：

$$V(1) = V_{bgn}, \quad V(T+1) = V_{end} \tag{4.144}$$

式中：V_{bgn} 为调度期初水库蓄水量；V_{end} 为调度期末水库蓄水量。

（3）求解方法。

对于两个方案的单目标优化调度数学模型，可采用 DDDP 来求解。DDDP 是 DP 方法的一种改进算法，它以逐次逼近的形式进行寻优，每次寻优使用 DP 方法进行。它有效解决了 DP 方法在求解多维问题时产生的"维数灾"问题，并且通过仅在轨迹邻域内的离散点进行寻优的方式，有效降低了计算存储量及运算的时间，计算过程如下。

首先，依据其他简易方法或经验选定满足约束条件和边界条件的尽可能最优的调度时段 T 内的初始调度轨迹 $Z=\{Z(1), Z(2), \cdots, Z(T)\}$。然后，在该初始调度轨迹上下范围内各变动一个增量值进行离散，形成"廊道"。"廊道"为对称分布在轨迹 Z 周围的边界，即

$$GA^{\pm} = Z(t) \pm \Delta \tag{4.145}$$

式中：$GA^{\pm}$ 为"廊道"的边界；$Z(t)$ 为初始调度轨迹；Δ 为"廊道"的半宽。

采用常规 DP 方法在"廊道"各时段离散值之间寻优，找到一条改善轨迹。最后，反复迭代，直至满足收敛条件。计算流程见图 4.50。

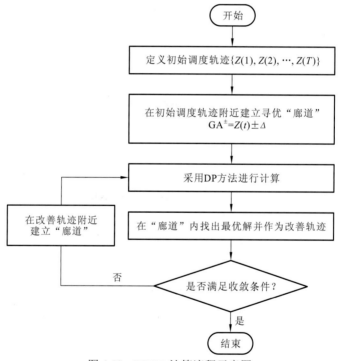

图 4.50　DDDP 计算流程示意图

其中，DP 方法寻优以水库蓄水量为各个时段的状态变量，公式如下：

$$\begin{cases} E^*(t)[V(t)] = \max\{E(t)[V(t),V(t+1)] + E^*(t+1)[V(t+1)]\}, & t=1,2,\cdots,T \\ E^*(t)[V(T+1)] = 0 \end{cases} \tag{4.146}$$

式中：$E^*(t)[V(t)]$ 为水库蓄水量为 $V(t)$ 时的余留效益；$E^*(t+1)[V(t+1)]$ 为水库蓄水量为 $V(t+1)$ 时的余留效益；$E(t)[V(t),V(t+1)]$ 为第 t 时段初、末状态分别为 $V(t)$、$V(t+1)$ 时，可以取得的时段发电目标。

逆时序对各个时段依次递推,可以得到各阶段末状态所组成的一个全过程最优策略。顺序计算寻优就可以得到调度期 T 各个时段内最优时段末的水库蓄水量、平均下泄流量及出力过程。

3）互补调度函数提取模型

采用 DDDP 对水风光互补系统长期调度模型进行求解得到最优轨迹后,采用隐随机优化方法提取水风光互补调度函数,并对其进行评价。隐随机优化方法以历史实际观测径流资料为确定性输入,采用确定性优化模拟调度,获得中长期水库的最优调度样本,并以此为基础,通过统计分析等方法寻求各个要素之间隐藏的规律性,进而总结出中长期水库运行的调度规则。

首先,选取长系列调度样本中的五个决策变量:可用能量（AE）、水库时段末蓄水量（RV）、水库时段末水位（RZ）、系统总出力（RP）、出库流量（QO）,并进行相关分析。其次,根据变量间的相关关系,确定互补调度函数的基本形式及决策变量和相关因子,再通过长系列最佳决策样本拟合互补调度函数的参数。

其中,第 t 时段可用能量 $AE(t)$ 包括输入能量 $IE(t)$ 和储存能量 $SE(t)$:

$$AE(t) = IE(t) + SE(t) \qquad (4.147)$$

输入能量包括风电入能、光电入能和时段入库水量所对应的能量:

$$IE(t) = N_{WP}(t) \times \Delta t + N_{PV}(t) \times \Delta t + K \times Q(t) \times \Delta t \times h_{net}(t) \qquad (4.148)$$

储存能量指水库时段初可用水量所对应的能量:

$$SE(t) = K \times [V(t) - V_{\min}] \times h'_{net}(t) \qquad (4.149)$$

式中:Δt 为调度时段长;$N_{WP}(t)$ 为第 t 时段风电出力;$N_{PV}(t)$ 为第 t 时段光电出力;K 为出力系数;$h_{net}(t)$ 为入库流量对应的净水头;$h'_{net}(t)$ 为蓄水量对应的净水头;$Q(t)$ 为第 t 时段水库入库流量;$V(t)$ 为时段初水库蓄水量;$V_{\min}$ 为水库死库容。

建立决策变量之间的统计关系,本节研究一次线性调度函数,公式如下:

$$\hat{Y}_n(i+1) = \hat{\alpha}_n \hat{X}_n(i) + \hat{\beta}_n, \quad n = 1, 2, \cdots, T_{mon} \qquad (4.150)$$

式中:下标 n 为调度函数编号;T_{mon} 为调度函数总个数,取调度期为月,$T_{mon} = 12$;i 为长期调度时段编号;$\hat{X}_n(i)$ 和 $\hat{Y}_n(i+1)$ 为调度函数的自变量因子和决策输出变量;$\hat{\alpha}_n$ 和 $\hat{\beta}_n$ 为一次线性调度函数的待定系数。

4.4.3　研究区域与资料

雅砻江流域可开发水能资源丰富,在"中国十三大水电基地规划"中位列第三。全流域可开发水能资源高达 3 000 万 kW,目前已建成梯级水电站锦屏一级水电站、锦屏二级水电站、官地水电站、二滩水电站、桐子林水电站[57]。雅砻江流经四川省,具备较好的风电、光伏资源条件,规划建设 1 500 万 kW 的风电站、光伏电站。

锦屏一级水电站是雅砻江干流下游河段的控制性"龙头"梯级水电站,拥有世界上最高的拱坝,坝高达 305 m,总库容达 77.65 亿 m³,其中调节库容为 49.1 亿 m³,属于年调节水库。其装机容量为 360 万 kW,锦屏一级水电站规划接入规模为 230 万 kW 的光伏电站和 28.35 万 kW 的风电站,形成水风光多能互补清洁能源基地,见图 4.51。

 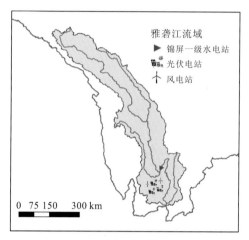

图 4.51 雅砻江流域

本节将中国雅砻江锦屏一级水电站、风电站、光伏电站构成的水风光互补系统作为研究对象,水风光互补系统技术参数见表 4.12。研究时间为 1959~2010 年,划分为率定期和检验期。率定期为 1959~1988 年,共 30 年;检验期为 1989~2010 年,共 22 年。

表 4.12 水风光互补系统技术参数

类别	参数名称	数值	单位
水电站	正常蓄水位	1 880	m
	防洪限制水位	1 859	m
	死水位	1 800	m
	最小泄量	373	m³/s
	出力系数	8.5	
	装机容量	3 600	MW
	设计年发电量	166.2	亿 kW·h
光伏电站	规划装机容量	2 300	MW
	额定辐射	1 000	W/m²
	额定温度	25	℃
	温度功率系数	-0.35	%/℃
风电站	规划装机容量	283.5	MW
	切入风速	3	m/s
	切出风速	20	m/s
	额定风速	15	m/s

研究数据主要有以下四个部分。

（1）四川省 2017～2020 年风电、光电、水电、火电月发电量资料，来源于 EPS DATA 数据平台（http://olap.epsnet.com.cn）。

（2）锦屏一级水电站 1959～2010 年月径流数据和水电站参数；锦屏一级水电站 2016 年 1 月 1 日～2017 年 12 月 31 日出力序列。

（3）锦屏一级水电站 2016 年 1 月 1 日 0 时～2017 年 12 月 31 日 24 时温度、辐射、10 m 风速序列，分辨率为 1 h，来源于 MERRA-2 全球再分析数据集（https://gmao.gsfc.nasa.gov/reanalysis/MERRA-2/）。

（4）1959～2010 年峨眉山站月平均温度、辐射序列，1959～2010 年盐源站月平均风速序列，来源于国家气象科学数据中心（http://data.cma.cn/）。

参数设置如下：

（1）四川省电力市场电价最高不超过 0.343 元/（kW·h），最低为 0.100 元/（kW·h）。当价格超过 0.3 元/（kW·h）时，价格弹性系数设定为 40 万 kW·h/元。2020 年四川省省内用电社会需求量为 2 865.2 亿 kW·h。

（2）锦屏一级水风光互补系统将 2017 年 12 月 27 日互补总出力过程作为日负荷特性曲线，模拟每日负荷需求。

（3）水风光互补系统电力输送通道按原锦屏一级水电站输送能力 3 600 MW 设置。

（4）锦屏一级水风光互补系统保证出力为 1 500 MW，系统设计保证率为 99%。

（5）锦屏一级水风光互补系统 6 月、7 月主汛期水位控制在防洪限制水位（1 859 m）之下。

（6）锦屏一级水风光互补系统中长期调度模型从 1959 年 1 月起调，起调水位为正常蓄水位（1 880 m），1988 年 12 月终止，水位为正常蓄水位（1 880 m）。调度过程中水位下限为死水位（1 800 m）。

4.4.4　结果分析

1. 出清电价模拟

基于电力市场出清模型，不考虑四川省西电东送电量，以 2020 年四川省省内社会用电需求量和 2017～2020 年各类能源月平均发电比例模拟出清电价，模拟结果见图 4.52。计算得到的出清电价总体呈现出汛期价格低、枯期价格高的现象。结果表明，四川省大部分河流汛期（5～10 月）电价较低，枯期（11 月～次年 4 月）电价较高。汛期平均电价[0.187 元/（kW·h）]比枯期平均电价[0.313 元/（kW·h）]低 40.3%。出清电价最高为 0.343 元/（kW·h），出现在 12 月和 1 月；而最低电价为 0.132 元/（kW·h），出现在 10 月。8 月出现了一个突然增高的趋势，主要是夏季用电需求量高的结果。

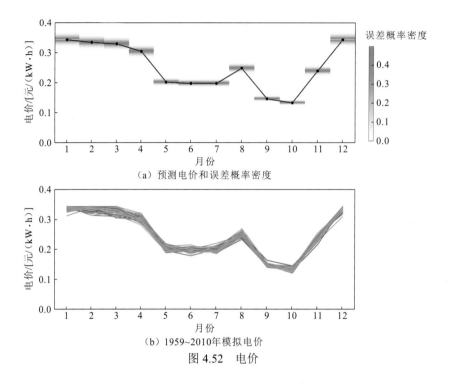

（a）预测电价和误差概率密度

（b）1959~2010年模拟电价

图4.52 电价

原因在于四川省发电以水电为主，且水力发电集中在水量充足的5~10月（汛期），在枯期发电量较小。而火电作为一个边际能源，其供给量与水电趋势相反。汛期月供给量较枯期小，因此得到的出清电价呈现汛期低、枯期高的趋势。

2. 风光弃电损失函数

在实时经济运行中，将2017年12月27日互补总出力过程作为日负荷特性曲线，利用2016年1月1日~2017年12月31日的水风光日出力序列模拟不同的发电计划曲线。经过计算拟合，得到的风光弃电损失函数曲线呈S形，见图4.53。

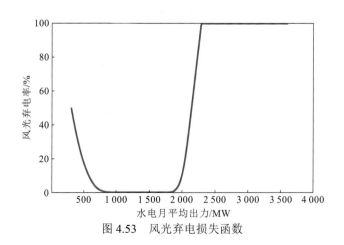

图4.53 风光弃电损失函数

在水电的月平均出力位于一个较低水平时，风光的弃电率较低。并且，风光弃电率随水电出力的增加而下降。这主要是由于水电月平均出力较低时，水风光互补系统的日负荷需求也相应较低。因此，该时段风光出力大于负荷需求情况出现的概率较高。当水电月平均出力在 500~2 000 MW 时，风光弃电率维持在较低水平（<15%）。继续增大水电月平均出力时，风光弃电率将会骤增。这是由于水风光互补系统电力输送通道的输送能力有限，持续增大的水电出力将会挤占、压缩风光发电空间，导致风光弃电率骤增。整体曲线两边高，中间低，水电月平均出力过低和过高都不利于风光出力并网消纳。

3. 互补调度函数

利用长期调度模型，得到率定期（1959~1988 年）内的最优调度轨迹。运用 DDDP 时，通过 100 个离散库容点的常规 DP 确定初始调度线。迭代寻优时，"廊道"宽度为 4 亿 m³，离散库容点为 100 个。

利用 30 年的最优调度样本，可以提取多能互补调度规则，以线性调度函数表征。通过对方案 1（发电量、发电保证率最大）进行优化，可以得到可用能量（AE）、水库时段末水位（RZ）、水库时段末蓄水量（RV）、系统总出力（RP）、出库流量（QO）这五个变量，对变量进行相关分析，发现可用能量与水库时段末水位和水库时段末蓄水量有较强的相关关系，见图 4.54。其中，9 月、10 月和 11 月可用能量与水库时段末水位和水库时段末蓄水量虽然没有相关性，但能够拟合出规则曲线。同样，方案 2（发电效益、发电保证率最大）进行优化也可以得到相似的结论。

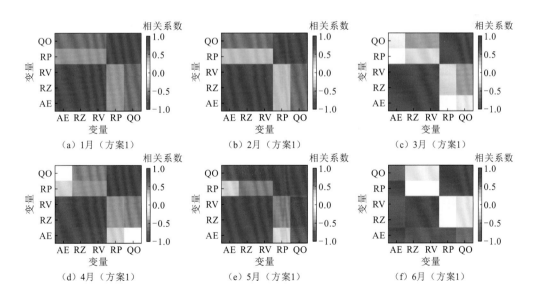

（a）1月（方案1）　　　（b）2月（方案1）　　　（c）3月（方案1）

（d）4月（方案1）　　　（e）5月（方案1）　　　（f）6月（方案1）

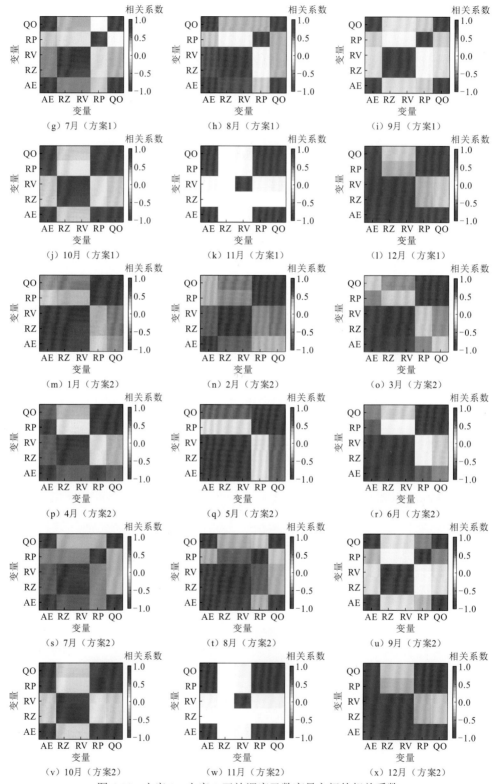

图 4.54 方案 1、方案 2 互补调度函数变量之间的相关系数

因此，本节选取可用能量（AE）和水库时段末蓄水量（RV）作为互补调度函数自变量与因变量，其基本形式见式（4.150）。通过对最优调度样本中可用能量和水库时段末蓄水量的线性拟合，可以得到两个方案的互补调度函数，见表 4.13 和图 4.55。对比两个方案发现，1～2 月和 7～12 月的运行函数基本相同。其原因是 7～11 月来水量大且受到防洪限制水位和正常蓄水位的约束，两个方案的水库蓄水量都维持在一个较高的水平；而 12 月～次年 2 月受到保证出力的约束和电价的影响，方案 1 需保证一定的泄流以达到系统保证出力，方案 2 在电价较高的时段需泄一定流量以提高发电效益。

表 4.13　互补调度函数参数表

月份	方案 1		方案 2	
	$RV = \hat{\alpha} AE + \hat{\beta}$	R^2	$RV = \hat{\alpha} AE + \hat{\beta}$	R^2
1	RV=1.82AE+13.8	0.999 9	RV=1.75AE+16.1	0.962 5
2	RV=1.86AE+12.5	0.999 9	RV=1.39AE+25.4	0.687 6
3	RV=1.83AE+15.9	0.887 4	RV=1.38AE+14.0	0.679 4
4	RV=1.89AE+14.6	0.591 8	RV=1.62AE+3.2	0.661 8
5	RV=2.84AE+10.5	0.919 1	RV=2.44AE+1.2	0.995 4
6	RV=2.80AE+12.9	0.448 0	RV=1.60AE+7.1	0.614 9
7	RV=2.81AE-6.2	0.528 6	RV=1.39AE+6.8	0.585 4
8	RV=1.81AE-23.5	0.870 5	RV=2.10AE-23.8	0.958 1
9	RV=77.65	—	RV=77.65	0.000 0
10	RV=77.65	—	RV=77.65	0.000 0
11	RV=77.65	—	RV=77.65	0.000 0
12	RV=1.83AE+13.6	0.999 5	RV=1.83AE+13.6	0.999 9

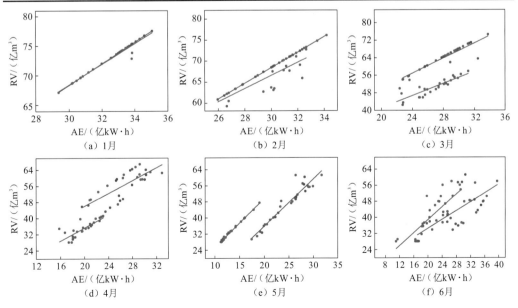

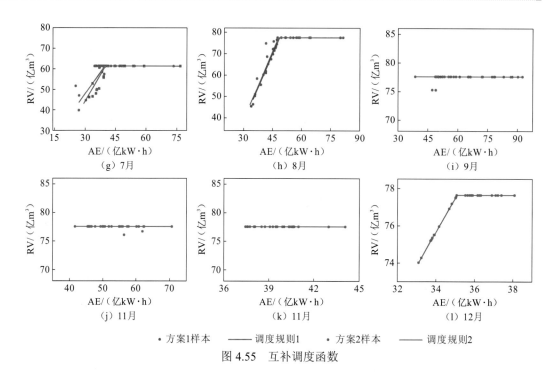

图 4.55　互补调度函数

在枯汛期衔接的 3～6 月，两个方案则呈现出不同的泄流倾向和调度规则。在可用能量相同的情况下，方案 1 3 月、4 月的水位高于方案 2，而 5 月、6 月的规则相反。方案 1 倾向于在 5 月、6 月泄流，在主汛期将水库库容控制在较低水平。然而，方案 2 更倾向于在电价较高的 3 月、4 月泄流，以取得更高的发电效益。

为了进一步探索两个调度规则的可靠性，绘制 1989～2010 年月蓄水量箱形图（图 4.56）。箱形图显示了月蓄水量的分布，箱体的顶部和底部边界代表 25%和 75%分位数，中间黑线代表中位数，红色的叉表示剩余的异常值。对比图 4.56（a）、（c）及图 4.56（b）、（d），可以观察到每月箱形形状相似，说明其对应的特征值相似。因此，两个调度规则都具备一定的有效性和可靠性。

基于得到的两种调度规则模拟的互补调度过程，在检验期（1989～2010 年）运行，并将得到的结果分别与常规调度和确定性最优调度进行评价和比较，见表 4.14。对两个评价指标进行分析发现，两种调度规则在发电量、发电效益方面优于常规调度。相较于常规调度，方案 1 的发电量和发电效益分别提高了 2.10%和 0.35%，方案 2 的发电量和发电效益分别提高了 1.55%和 2.03%。方案 2 的发电量虽然比方案 1 减少了 0.54%，但由于受到每月电价的影响，发电效益增加了 1.68%。考虑发电效益的调度规则对发电量、发电效益都有一定的提升，这对雅砻江锦屏一级水风光互补系统调度运行有一定的参考作用。

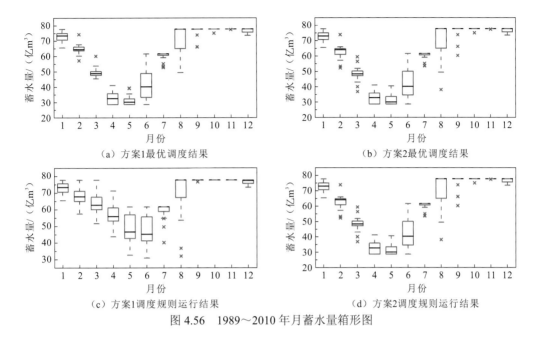

图 4.56　1989～2010 年月蓄水量箱形图

表 4.14　互补调度函数评价表

调度情景		年平均发电量/（亿 kW·h）	年平均发电效益/（亿元）
常规调度		207.34	48.77
最优调度	方案 1	215.92	49.74
	方案 2	213.60	50.44
调度规则	方案 1	211.69	48.94
	方案 2	210.55	49.76

4.4.5　结论

为了研究在电力现货市场背景下水风光互补系统的运行规律，本节建立了考虑风电损失和电价的水风光互补系统长期运行模型。采用 DDDP 求解发电量与发电保证率最大、发电效益与发电保证率最大两个方案，并采用隐随机优化方法编制运行函数。以中国雅砻江锦屏一级水风光互补系统为例，研究结论如下。

（1）基于电力市场出清模型模拟的出清电价汛期（5～10 月）较低，枯期（11 月～次年 4 月）较高。汛期电价[0.187 元/（kW·h）]比枯期电价[0.313 元/（kW·h）]低 40.3%。

（2）风光弃电损失函数呈 S 形。整体曲线两边高，中间低，水电月平均出力过低和过高都不利于风光出力并网消纳。

（3）两种调度规则的发电量、发电效益评价指标均优于常规调度。相较于常规调度，方案 1 在发电量、发电效益方面分别提高了 2.10% 和 0.35%；方案 2 提高了 1.55% 和 2.03%。

受保证出力与电价的影响，两个方案在 3～6 月呈现出不同的泄流倾向和调度规则。

在可用能量相同的情况下，方案 1 倾向于在 5 月、6 月泄流，在主汛期将水库库容控制在较低水平。然而，方案 2 更倾向于在电价较高的 3 月、4 月泄流，以取得更高的发电效益。推导出的互补运行规则可实现多能互补和效益最大化，对于雅砻江锦屏一级水风光互补系统调度运行有一定的参考作用。

参 考 文 献

[1] 庹青山. 水库发电调度的随机参考线方法研究[D]. 武汉: 华中科技大学, 2018.

[2] 罗成鑫. 考虑径流随机性的水库防洪优化调度模型与求解方法研究[D]. 武汉: 华中科技大学, 2019.

[3] 周婷. 水电站水库群调度优化及其效益评价方法研究[D]. 北京: 华北电力大学, 2014.

[4] 何飞飞. 不确定性负荷、径流预测及其在水库优化调度中的应用[D]. 武汉: 华中科技大学, 2020.

[5] UEN T, CHANG F, ZHOU Y, et al. Exploring synergistic benefits of Water-Food-Energy Nexus through multi-objective reservoir optimization schemes[J]. Science of the total environment, 2018, 633: 341-351.

[6] 刘攀, 郭生练, 郭富强, 等. 清江梯级水库群联合优化调度图研究[J]. 华中科技大学学报(自然科学版), 2008(7): 63-66.

[7] YOU J, CAI X. Hedging rule for reservoir operations: 1. A theoretical analysis[J]. Water resources research, 2008, 44(1): 1-9.

[8] LIU W, ZHU F, ZHAO T, et al. Optimal stochastic scheduling of hydropower-based compensation for combined wind and photovoltaic power outputs[J]. Applied energy, 2020, 276: 1-18.

[9] DRAPER A J, LUND J R. Optimal hedging and carryover storage value[J]. Journal of water resources planning and management, 2004, 130(1): 83-87.

[10] LI H, LIU P, GUO S, et al. Long-term complementary operation of a large-scale hydro-photovoltaic hybrid power plant using explicit stochastic optimization[J]. Applied energy, 2019, 238: 863-875.

[11] CHEN J, ZHONG P, ZHANG Y, et al. A decomposition-integration risk analysis method for real-time operation of a complex flood control system[J]. Water resources research, 2017, 53(3): 2490-2506.

[12] GASS V, STRAUSS F, SCHMIDT J, et al. Assessing the effect of wind power uncertainty on profitability[J]. Renewable and sustainable energy reviews, 2011, 15(6): 2677-2683.

[13] WEI X, XUN Y. Evaluation of the effective forecast and decision horizon in optimal hydropower generation considering medium-range precipitation forecasts[J]. Water supply, 2019, 19(7): 2147-2155.

[14] WANG J, CHENG C T, WU X Y, et al. Optimal hedging for hydropower operation and end-of-year carryover storage values[J]. Journal of water resources planning and management, 2019, 145(4): 1-10.

[15] MUNKHAMMAR J, MATTSSON L, RYDÉN J. Polynomial probability distribution estimation using the method of moments[J]. PLOS ONE, 2017, 12(4): 1-14.

[16] SHAH A K. A simpler approximation for areas under the standard normal curve[J]. American statistician, 1985, 39(1): 80.

[17] 林沛榕, 张艳军, 冼翠玲, 等. 不同时间尺度的中长期水文预报研究[J]. 水文, 2017, 37(6): 1-8.

[18] MING B, LIU P, GUO S, et al. Hydropower reservoir reoperation to adapt to large-scale photovoltaic power generation[J]. Energy, 2019, 179: 268-279.

[19] SHIAU J. Analytical optimal hedging with explicit incorporation of reservoir release and carryover storage targets[J]. Water resources research, 2011, 47(1): 1-17.

[20] LIU Z, ZHANG Z, ZHUO R, et al. Optimal operation of independent regional power grid with multiple wind-solar-hydro-battery power[J]. Applied energy, 2019, 235: 1541-1550.

[21] LI F, QIU J. Multi-objective optimization for integrated hydro-photovoltaic power system[J]. Applied energy, 2016, 167: 377-384.

[22] SHAPIRO S S, WILK M B. An analysis of variance test for normality (complete samples)[J]. Biometrika, 1965, 52(3/4): 591-611.

[23] ZHAO T, ZHAO J. Joint and respective effects of long- and short-term forecast uncertainties on reservoir operations[J]. Journal of hydrology, 2014, 517: 83-94.

[24] YANG Z K, LIU P, CHENG L, et al. Deriving operating rules for a large-scale hydro-photovoltaic power system using implicit stochastic optimization[J]. Journal of cleaner production, 2018, 195: 562-572.

[25] HIRTH L. The benefits of flexibility: The value of wind energy with hydropower[J]. Applied energy, 2016, 181: 210-223.

[26] ZOU D X, LI S, KONG X Y, et al. Solving the combined heat and power economic dispatch problems by an improved genetic algorithm and a new constraint handling strategy[J]. Applied energy, 2019, 237: 646-670.

[27] GUO H, CHEN Q, XIA Q, et al. Market equilibrium analysis with high penetration of renewables and gas-fired generation: An empirical case of the Beijing-Tianjin-Tangshan power system[J]. Applied energy, 2018, 227: 384-392.

[28] MEHRJERDI H, RAKHSHANI E. Optimal operation of hybrid electrical and thermal energy storage systems under uncertain loading condition[J]. Applied thermal engineering, 2019, 160: 1-6.

[29] 李文武, 刘江鹏, 蒋志强, 等. 基于 HSARSA(λ)算法的水库长期随机优化调度研究[J]. 水电能源科学, 2020, 38(12): 53-57.

[30] 苏秋红. 区间优化及其在水库调度中的应用研究[D]. 南京: 河海大学, 2004.

[31] 房少纯. 区间优化算法的研究及应用[D]. 沈阳: 东北大学, 2012.

[32] CRAPARO E, KARATAS M, SINGHAM D I. A robust optimization approach to hybrid microgrid operation using ensemble weather forecasts[J]. Applied energy, 2017, 201: 135-147.

[33] 刘敏. 不确定性条件下的水库优化调度及水资源管理研究[D]. 北京: 华北电力大学, 2013.

[34] 宋靓云. 考虑风电不确定性的风储联合系统分布鲁棒优化调度[D]. 北京: 华北电力大学, 2021.

[35] 刘乾晖. 含高比例可再生能源电力系统优化调度研究[D]. 昆明: 昆明理工大学, 2021.

[36] PENG C, XIE P, PAN L, et al. Flexible robust optimization dispatch for hybrid wind/photovoltaic/

hydro/thermal power system[J]. IEEE transactions on smart grid, 2016, 7(2): 751-762.

[37] MAURER E P, LETTENMAIER D P. Predictability of seasonal runoff in the Mississippi River basin[J]. Journal of geophysical research-atmospheres, 2003, 108(D16): 1-13.

[38] MAURER E P, LETTENMAIER D P. Potential effects of long-lead hydrologic predictability on Missouri River main-stem reservoirs[J]. Journal of climate, 2004, 17(1): 174-186.

[39] SIMONOVIC S P, BURN D H. An improved methodology for short-term operation of a single multipurpose reservoir[J]. Water resources research, 1989, 25(1): 1-8.

[40] BAI T, CHANG J, CHANG F, et al. Synergistic gains from the multi-objective optimal operation of cascade reservoirs in the Upper Yellow River basin[J]. Journal of hydrology, 2015, 523: 758-767.

[41] HAGHIGHI A, ASL A Z. Uncertainty analysis of water supply networks using the fuzzy set theory and NSGA-II[J]. Engineering applications of artificial intelligence, 2014, 32: 270-282.

[42] 王学武, 魏建斌, 周昕, 等. 一种基于超体积指标的多目标进化算法[J]. 华东理工大学学报(自然科学版), 2020, 46(6): 780-791.

[43] LIU P, GUO S, XIONG L, et al. Deriving reservoir refill operating rules by using the proposed DPNS model[J]. Water resources management, 2006, 20(3): 337-357.

[44] HEIDARI M, CHOW V T, KOKOTOVIĆ P V, et al. Discrete differential dynamic programing approach to water resources systems optimization[J]. Water resources research, 1971, 7(2): 273-282.

[45] LIU P, CAI X, GUO S. Deriving multiple near-optimal solutions to deterministic reservoir operation problems[J]. Water resources research, 2010, 47(8): 2168-2174.

[46] TURNER S W D, BENNETT J C, ROBERTSON D E, et al. Complex relationship between seasonal streamflow forecast skill and value in reservoir operations[J]. Hydrology and earth system sciences, 2017, 21(9): 4841-4859.

[47] 贾志峰, 付恒阳, 王建莹, 等. 短期降雨预报失误对安康水库防洪预报调度的影响[J]. 长江科学院院报, 2013, 30(7): 29-32.

[48] 刘攀, 郭生练, 张越华, 等. 水电站机组间最优负荷分配问题的多重解研究[J]. 水利学报, 2010, 41(5): 601-607.

[49] XU B, ZHU F, ZHONG P, et al. Identifying long-term effects of using hydropower to complement wind power uncertainty through stochastic programming[J]. Applied energy, 2019, 253: 1-21.

[50] WANG X, CHANG J, MENG X, et al. Short-term hydro-thermal-wind-photovoltaic complementary operation of interconnected power systems[J]. Applied energy, 2018, 229: 945-962.

[51] MING B, LIU P, CHENG L, et al. Optimal daily generation scheduling of large hydro-photovoltaic hybrid power plants[J]. Energy conversion and management, 2018, 171: 528-540.

[52] WANG X, VIRGUEZ E, XIAO W, et al. Clustering and dispatching hydro, wind, and photovoltaic power resources with multiobjective optimization of power generation fluctuations: A case study in southwestern China[J]. Energy, 2019, 189: 1-22.

[53] 王浩, 王旭, 雷晓辉, 等. 梯级水库群联合调度关键技术发展历程与展望[J]. 水利学报, 2019, 50(1): 25-37.

[54] 白杨, 李昂, 夏清. 新形势下电力市场营销模式与新型电价体系[J]. 电力系统保护与控制, 2016, 44(5): 10-16.

[55] 周明, 严宇, 丁琪, 等. 国外典型电力市场交易结算机制及对中国的启示[J]. 电力系统自动化, 2017, 41(20): 1-8.

[56] 张歆蒴, 黄炜斌, 王峰, 等. 大型风光水混合能源互补发电系统的优化调度研究[J]. 中国农村水利水电, 2019(12): 181-185, 190.

[57] 吴世勇, 周永, 王瑞, 等. 雅砻江流域建设风光水互补千万千瓦级清洁能源示范基地的探讨[J]. 四川水力发电, 2016, 35(3): 105-108.

基于能源互补性的指标及最优风光配置

5.1 水风光互补系统能源长期规划

为合理开发可再生能源，实现可再生能源的 100%利用，合理规划风光装机容量对于水风光互补系统至关重要。当风光装机容量较小时，能源得不到充分利用；当风光装机容量过大时，投资成本较高，由于水电的调节能力有限，电网无法完全消纳，产生大量的弃风、弃光。此外，风光装机容量过大导致波动性较大，对水电机组、生态流量等的影响也较大。因此，对于已建成的水电站，根据其调节能力（如日调节、年调节和多年调节）可以确定捆绑风光装机容量存在一个临界阈值或一定范围。然而，现有方法主要以净效益最大或成本最低为目标，采用水风光优化模型得到最佳风光装机容量。该优化方法存在模型复杂、适用性不足、工程应用不强等缺点。因此，如何有效通过能源配置水风光互补系统的最优风光装机容量成为一个关键的科学问题。

风光的最佳装机容量配置主要取决于风光资源、水电站调节能力、弃电量及成本。对于一个已经建成的水电站，其调节能力是确定的，而接入的风光资源是已知的，其发电效益与装机容量呈正比例关系。弃电量的大小也取决于风光波动性和水电站的调节能力，因此，当风光装机容量已知时，弃风、弃光也是已知的。因此，根据能源条件和水电站调节能力可以评估接入风光资源的最优装机容量。基于此，本章推导了一个基于能源互补性的最优风光装机容量规模评估函数。

5.1.1 基于负荷互补的风光配比评估

对于一个水风光互补系统，其互补性主要体现在满足负荷需求上。为此，本节提出了一种负荷互补评估方法。互补性体现在时间和量级上的匹配度。通过统计水风光总出力满足负荷需求的时段与总时段的比值描述时间上的互补性，通过统计所有时段的弃电量和欠发量评估系统的量级互补性。时间互补性指标越大，互补性越强，否则，互补性越弱。而量级互补性则相反，值越小，互补性越好。两个互补性评估指标的表达式如下：

$$C_T = \frac{\#[\gamma_{PC}(t)]}{T}, \qquad \#(\cdot) = \begin{cases} 1, & 0 \leqslant \gamma_{PC}(t) \leqslant \gamma'_{PC} \\ 0, & \gamma_{PC}(t) > \gamma'_{PC} \text{ 或 } N_T(t) < N_L(t) \end{cases} \qquad (5.1)$$

$$C_M = \sum_{t=1}^{T} |N_L(t) - N_T(t)| \qquad (5.2)$$

式中：C_T 和 C_M 分别为水风光互补系统的时间互补性与量级互补性；$\gamma_{PC}(t)$ 为水风光互补系统在第 t 时段的弃电率；T 为日内调度时段数；γ'_{PC} 为系统允许的弃风光率；$N_L(t)$ 和 $N_T(t)$ 分别为水风光互补系统在第 t 时段的负荷与总出力。

5.1.2　基于成本-效益分析的最优风光装机模型

1. 成本-效益分析模型

由于水电站已经建成，分析水风光互补系统的成本和效益时仅考虑风电与光电。为合理评估水风光互补系统规划的净效益，成本-效益分析模型考虑风光电站全生命周期内的发电效益、初始投资成本和运行维护成本。其中，电站的初始投资成本取决于装机容量，可表示为每单位装机容量的费用，运行维护成本取决于风电站和光伏电站的发电量大小，可表示为每单位发电量的费用。因此，水风光互补系统设计规划的净现值可以表示为

$$
\begin{cases}
\mathrm{NR}_{WS} = \sum_{y=1}^{Y} \dfrac{\mathrm{NR}_W(y) + \mathrm{NR}_S(y)}{(1+d_r)^{y-1}} - C_{in,W} I_W - C_{in,S} I_S \\
\mathrm{NR}_W = B_W(P_W - P_{pc,W}) - C_{om,W} P_W \\
\mathrm{NR}_S = B_S(P_S - P_{pc,S}) - C_{om,S} P_S
\end{cases}
\tag{5.3}
$$

式中：NR_{WS} 为风光电站全生命周期的总净现值（净效益）；I_W 和 I_S 分别为风电站和光伏电站的装机容量；NR_W 和 NR_S 分别为风能和光能的发电效益；B_W 和 B_S 分别为风电和光电的补贴电价（在运行年限内视为定值）；P_W 和 $P_{pc,W}$ 分别为风能的发电量和弃风电量；P_S 和 $P_{pc,S}$ 分别为光能的发电量和弃光电量；$C_{om,W}$ 和 $C_{om,S}$ 分别为单位风力发电量和光伏发电量的运行维护成本；$C_{in,W}$ 和 $C_{in,S}$ 分别为风电站和光伏电站单位装机容量的初始投资成本；d_r 为折现率；Y 为水风光互补系统运行年限；y 为水风光互补系统运行年数。

对于多年的风力发电量、光伏发电量和弃电量，本节采用风光电站运行期内多年平均发电量和弃电量，净效益可表示为

$$
\mathrm{NR}_{WS} = \eta_W \overline{\mathrm{NR}_W} + \eta_S \overline{\mathrm{NR}_S} - C_{in,W} I_W - C_{in,S} I_S
\tag{5.4}
$$

式中：$\overline{\mathrm{NR}_W}$ 为风电站多年平均效益；$\overline{\mathrm{NR}_S}$ 为光伏电站多年平均效益；η_W 和 η_S 分别为风光电站多年折现系数之和，数学表达式为

$$
\begin{cases}
\eta_W = \sum_{y=1}^{Y_W} \dfrac{1}{(1+d_r)^{y-1}} \\
\eta_S = \sum_{y=1}^{Y_S} \dfrac{1}{(1+d_r)^{y-1}}
\end{cases}
\tag{5.5}
$$

式中：Y_W 和 Y_S 分别为风电站和光伏电站运行年限。

2. 不同风光装机容量下的弃电率

随着风光装机容量的增加，弃风率和弃光率也会有所增加。风电装机容量增加，风力发电也随之增加，而在一定的水电调节能力下，弃风率也会随之增加，而光伏装机容量的增加仅会导致白天弃电，弃风的可能性较小。同理，风电的装机容量对弃光的影响也会较小。因此，本节对弃电率做出以下假设：在一定的装机容量范围内，弃风率与风电装机容量呈线性关系，弃光率与光伏装机容量呈线性关系。

弃电函数的表达式为

$$\begin{cases} \gamma_W = \lambda_W I_W + \varepsilon_1 I_S \\ \gamma_S = \lambda_S I_S + \varepsilon_2 I_W \end{cases} \tag{5.6}$$

式中：γ_W 和 γ_S 分别为弃风率和弃光率；λ_W 为弃风率与风电装机容量的比值（互补能力系数）；λ_S 为弃光率与光伏装机容量的比值；ε_1 和 ε_2 分别为光伏装机容量对弃风率的影响、风电装机容量对弃光率的影响。由于弃风率主要受风电装机容量的影响，弃光率主要受光伏装机容量的影响，$\lambda_W \gg \varepsilon_1$，$\lambda_S \gg \varepsilon_2$。当光伏装机容量或风电装机容量变化对弃风率或弃光率无影响或影响较小时，$\varepsilon_1 I_S = 0$（$\varepsilon_2 I_W = 0$）或 $\varepsilon_1 I_S$（$\varepsilon_2 I_W$）接近一个常数。

因此，弃风电量和弃光电量可进一步表示为

$$\begin{cases} P_{pc,W} = \gamma_W \mathrm{CF}_W I_W \Delta t = \lambda_W \mathrm{CF}_W I_W^2 \Delta t + \omega_1 \mathrm{CF}_W I_W \Delta t \\ P_{pc,S} = \gamma_S \mathrm{CF}_S I_S \Delta t = \lambda_S \mathrm{CF}_S I_S^2 \Delta t + \omega_2 \mathrm{CF}_S I_S \Delta t \end{cases} \tag{5.7}$$

式中：CF_W 和 CF_S 分别为风电和光电单位装机容量的发电量或容量因子；Δt 为容量因子的时间尺度；ω_1 和 ω_2 分别为弃风率、弃光率函数的截距。

风光装机容量规划的净效益可进一步表示为

$$\begin{aligned} \mathrm{NR}_{WS} = &-\lambda_W \eta_W B_W \mathrm{CF}_W \Delta t I_W^2 - \lambda_S \eta_S B_S \mathrm{CF}_S \Delta t I_S^2 \\ &+ (\eta_W B_W \mathrm{CF}_W \Delta t - \omega_1 \eta_W B_W \mathrm{CF}_W \Delta t - \eta_W C_{om,W} \mathrm{CF}_W \Delta t - C_{in,W}) I_W \\ &+ (\eta_S B_S \mathrm{CF}_S \Delta t - \omega_2 \eta_S B_S \mathrm{CF}_S \Delta t - \eta_S C_{om,S} \mathrm{CF}_S \Delta t - C_{in,S}) I_S \end{aligned} \tag{5.8}$$

从式（5.8）中可以看出，风光装机容量规划的净效益与风光装机容量的平方和一次方相关。因此，净效益表现出凸面函数。通过求偏导可进一步确定其最大值。

5.1.3 接入水电的最优风光配置函数

1. 风光配比未知

当风光装机容量配比未知时，系统净效益同时受风电装机容量和光伏装机容量的影响。由于水电的调节能力有限，随着风光装机容量的增加，净效益一般先增加后减小。因此，为解析这种关系，净效益分别对风光装机容量求二阶偏导。一阶偏导的表达式如下：

$$\begin{cases} f'_{I_W} = \dfrac{\partial \mathrm{NR}_{WS}}{\partial I_W} = -2\lambda_W \eta_W B_W \mathrm{CF}_W \Delta t I_W \\ \qquad\qquad + (\eta_W B_W \mathrm{CF}_W \Delta t - \omega_1 \eta_W B_W \mathrm{CF}_W \Delta t - \eta_W C_{om,W} \mathrm{CF}_W \Delta t - C_{in,W}) \\ f'_{I_S} = \dfrac{\partial \mathrm{NR}_{WS}}{\partial I_S} = -2\lambda_S \eta_S B_S \mathrm{CF}_S \Delta t I_S \\ \qquad\qquad + (\eta_S B_S \mathrm{CF}_S \Delta t - \omega_2 \eta_S B_S \mathrm{CF}_S \Delta t - \eta_S C_{om,S} \mathrm{CF}_S \Delta t - C_{in,S}) \end{cases} \tag{5.9}$$

式中：f'_{I_W} 和 f'_{I_S} 分别为风光总净效益对风电装机容量和光伏装机容量的一阶偏导函数。

根据一阶偏导函数公式和弃电函数公式可以推导二阶偏导表达式：

$$\begin{cases} f''_{I_W} = \dfrac{\partial^2 \mathrm{NR}_{WS}}{\partial I_W^2} = -2\eta_W B_W \lambda_W \mathrm{CF}_W \Delta t \\[3mm] f''_{I_S} = \dfrac{\partial^2 \mathrm{NR}_{WS}}{\partial I_S^2} = -2\eta_S B_S \lambda_S \mathrm{CF}_S \Delta t \\[3mm] f''_{I_W I_S} = \dfrac{\partial^2 \mathrm{NR}_{WS}}{\partial I_W \partial I_S} = 0 \end{cases} \tag{5.10}$$

根据二阶偏导的定义，满足极值条件 $f''_{I_W} \times f''_{I_S} - (f''_{I_W I_S})^2 > 0$，且 $f''_{I_W} < 0$，函数存在极大值点。因此，当一阶偏导等于 0 时，该风光装机容量组合即极大值点，可表示为

$$\begin{cases} f'_{I_W} = 0 \\ f'_{I_S} = 0 \end{cases} \tag{5.11}$$

求解该方程，可以得到风光装机容量的方程组：

$$\begin{cases} I_W = \dfrac{1}{2\lambda_W}\left(1 - \dfrac{C_{in,W}}{\eta_W \mathrm{CF}_W B_W \Delta t} - \dfrac{C_{om,W}}{B_W} - \omega_1\right) \\[4mm] I_S = \dfrac{1}{2\lambda_S}\left(1 - \dfrac{C_{in,S}}{\eta_S \mathrm{CF}_S B_S \Delta t} - \dfrac{C_{om,S}}{B_S} - \omega_2\right) \end{cases} \tag{5.12}$$

由风光装机容量函数的表达式可知，装机容量的大小主要取决于：弃电比率、多年折现系数、容量因子、电价、运行维护成本和初始投资成本。除弃电函数的参数外，其他参数均为已知条件，即根据弃电比率可快速推求最优风光装机容量。而根据第 3 章的弃电函数可以得出该参数，具体步骤如下。

（1）在可行范围内设置一组风光装机容量；

（2）将水风光输入水风光日内互补调度模型中，得出弃电函数；

（3）通过年平均弃电率与装机容量的比率得出该参数。

对于一个水风光基地，可以根据风光资源的大小，判断是否适合规划风光电站：

$$\begin{cases} 1 - \dfrac{C_{in,W}}{\eta_W \mathrm{CF}_W B_W \Delta t} - \dfrac{C_{om,W}}{B_W} - \omega_1 > 0 \\[4mm] 1 - \dfrac{C_{in,S}}{\eta_S \mathrm{CF}_S B_S \Delta t} - \dfrac{C_{om,S}}{B_S} - \omega_2 > 0 \end{cases} \tag{5.13}$$

由于风电装机容量对弃光率影响较小，光伏装机容量对弃风率影响较小，最理想的情景为 $\omega_1 = 0$，$\omega_2 = 0$，风光资源满足下列约束，水风光互补系统才会产生净效益。

$$\begin{cases} \mathrm{CF}_W \Delta t > \dfrac{C_{in,W}}{\eta_W (B_W - C_{om,W})} \\[4mm] \mathrm{CF}_S \Delta t > \dfrac{C_{in,S}}{\eta_S (B_S - C_{om,S})} \end{cases} \tag{5.14}$$

若单位装机容量的风光发电量满足式（5.14），说明该水风光基地可规划一定的风光电站；若不满足条件，即水风光互补系统的最大净效益对应的风光装机容量小于 0，说明系统的净效益随着风光装机容量的增加而降低，说明该水风光基地的能源互补性较差，

不适合规划水风光互补系统。例如，对于官地能源基地，根据风光资源和成本参数可以判断，当互补基地单位装机容量的多年平均风电量大于 1 700 MW·h，且多年平均光伏发电量大于 953 MW·h 时，该互补基地适合规划水风光互补系统。利用官地的风光资源可以计算出单位装机容量的多年平均风电量和光伏发电量分别为 2 046.13 MW·h 和 1 412.86 MW·h，说明官地能源基地适合规划水风光互补系统。

$$\begin{cases} \mathrm{CF}_W \Delta t > \dfrac{C_{in,W}}{\eta_W(B_W - C_{om,W})} = \dfrac{8\,650\,000}{10.603\,6 \times (570 - 90)} \approx 1\,700\,(\mathrm{MW \cdot h}) \\ \mathrm{CF}_S \Delta t > \dfrac{C_{in,S}}{\eta_S(B_S - C_{om,S})} = \dfrac{7\,250\,000}{11.528\,8 \times (750 - 90)} \approx 953\,(\mathrm{MW \cdot h}) \end{cases} \tag{5.15}$$

2. 风光配比已知

当风光装机容量配比已知时，系统净效益随着风光总装机容量的增加先增加后减小。因此，仅需将净效益对风电装机容量求一阶导即可得出装机容量函数的表达式：

$$\frac{I_W}{I_S} = k \tag{5.16}$$

$$\frac{\mathrm{d}\mathrm{NR}_{WS}}{\mathrm{d}I_W} = \eta_W \frac{\mathrm{d}\overline{\mathrm{NR}_W}}{\mathrm{d}I_W} + \eta_S \frac{\mathrm{d}\overline{\mathrm{NR}_S}}{k \cdot \mathrm{d}I_S} - C_{in,W} - \frac{C_{in,S}}{k} = 0 \tag{5.17}$$

式中：k 为风光装机容量比例，为已知条件。

风光装机容量函数可以表示为

$$I_W = \frac{k^2 G_W(1 - \omega_1) - k^2 A_W + k G_S(1 - \omega_2) - k A_S}{2k^2 \lambda_W G_W + 2\lambda_S G_S} \tag{5.18}$$

$$\begin{cases} A_W = \eta_W C_{om,W} \mathrm{CF}_W \Delta t + C_{in,W} \\ A_S = \eta_S C_{om,S} \mathrm{CF}_S \Delta t + C_{in,S} \end{cases} \tag{5.19}$$

$$\begin{cases} G_W = \eta_W B_W \mathrm{CF}_W \Delta t \\ G_S = \eta_S B_S \mathrm{CF}_S \Delta t \end{cases} \tag{5.20}$$

式中：A_W 和 A_S 分别为风电和光电单位装机容量的规划和运行成本；G_W 和 G_S 分别为风光单位装机容量的发电收益。

从式（5.19）和式（5.20）可知，对于任何水风光互补系统工程，A_W、A_S、G_W 和 G_S 均为常数，可根据风光资源、电价、运行年限和运行投资成本参数计算得到，即决定风电装机容量的变量为风光配比和弃电参数。当风光装机容量比例给定时，通过式（5.18）～式（5.20）可直接求解净效益最大的风光装机容量。

5.1.4 实例研究一：官地

1. 研究数据

以官地水风光互补系统为实例进行研究，接入官地的风光电站规划参数及经济参数见表 5.1。根据官地能源基地的规划设计，光伏电站运行年限为 25 年，风电站运行年限为 20 年。而对于风电和光电的初始投资成本分别选择为 8 650 元/kW 和 7 250 元/kW，对应的运行维护成本均取 90 元/（MW·h）。本实例以 2016 年发电量为多年平均发电量。

表 5.1　接入官地的风光电站规划参数及经济参数

参数	符号	值	单位
风光电站建设期	—	1~2	年
风电站运行年限	Y_W	20	年
光伏电站运行年限	Y_S	25	年
风电补贴电价	B_W	0.57	元/（kW·h）
光电补贴电价	B_S	0.75	元/（kW·h）
风电初始投资成本	$C_{in,W}$	8 300~9 000	元/kW
光电初始投资成本	$C_{in,S}$	7 000~7 500	元/kW
风电运行维护成本*	$C_{om,W}$	90~100	元/（MW·h）
光电运行维护成本*	$C_{om,S}$	90~100	元/（MW·h）
耗标准煤	—	320	g/（kW·h）
线路投资	—	130~460	元/kW
折现率*	d_r	8	%

*表示预估值，其他来自雅砻江基地规划报告。

2. 基于互补性指标的风光配置评估

为评估不同风光配比下水风光互补系统的互补性，采用时间互补性和量级互补性指标对水风光互补系统进行评估，结果如图 5.1 所示。从互补性评估结果可知，在总装机容量一定的情况下，风光装机容量按照 3∶2 或 1∶1 进行配置的时间互补性最强。从量级互补性结果可知，当风光配比为 2∶1 或 3∶2 时量级互补性最强，即系统弃电量和欠发电量最小。综上所述，对于官地水风光互补系统，从互补性指标结果可知，风光的配比为 3∶2 时，系统的互补能力最强。

3. 装机容量函数假设验证

为验证在一定装机容量范围内，弃风率与风电装机容量呈线性关系，在一定的光伏装机容量下，对弃风率与风电装机容量进行线性拟合，拟合图如图 5.2 所示。其中，风光装机容量范围均为[600 MW，2 400 MW]。从拟合图可知，弃风率和风电装机容量基本呈线性关系，R^2 的平均值为 0.99。结果表明弃风率与风电装机容量近似呈线性关系的假设成立。

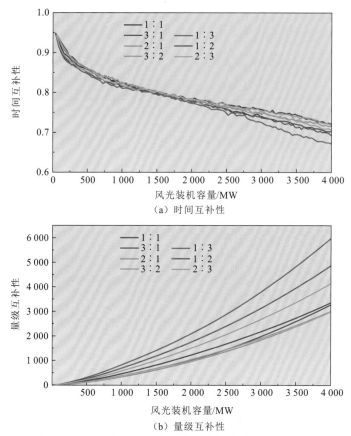

（a）时间互补性

（b）量级互补性

图 5.1　不同风光配比下水风光互补系统互补性评估结果

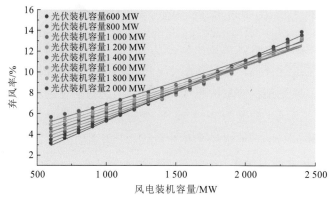

图 5.2　弃风率与风电装机容量的关系

　　同理，验证弃光率与光伏装机容量呈线性关系。拟合图和验证指标如图 5.3 所示。从拟合结果可知，弃光率和光伏装机容量基本呈线性关系，R^2 的平均值为 0.99。结果验证了弃光率与光伏装机容量近似呈线性关系的假设成立。

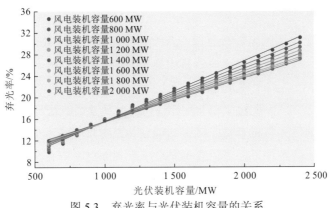

图 5.3　弃光率与光伏装机容量的关系

4. 不同装机容量下的效益

基于 2016 年水风光互补调度结果，绘制了不同风光装机容量下的净效益。从图 5.4 可知，对于所有的风光装机容量组合方案，净效益始终大于 0，即所有装机容量组合方案均处于盈利状态。当风电装机容量一定时，净效益随着光伏装机容量的增大呈现先增加后减小的趋势。同理，净效益也随风电装机容量的增加先增加后减小。主要原因为：当风光装机容量达到一定容量时，水电的调节能力达到上限，多余的风光不得不弃掉，导致净效益有所降低。当风光装机容量组合为{1 900 MW，1 300 MW}时，水风光互补系统全生命周期的净效益达到极大值，约为 42.30 亿元。该方案与官地水风光互补系统实际规划的风光装机容量基本一致。

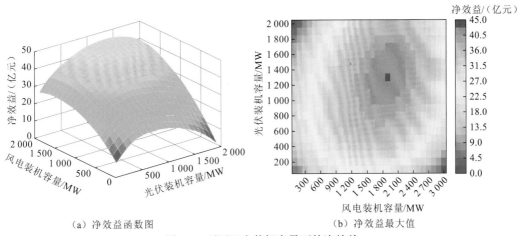

（a）净效益函数图　　　　　　　　　（b）净效益最大值

图 5.4　不同风光装机容量下的净效益

图 5.4 显示风光装机容量比例不宜太大或太小。例如，光伏装机容量为 1 800 MW，风电装机容量为 600 MW（风光配比为 1∶3）时，净效益为 20.93 亿元。相反，光伏装机容量为 600 MW，风电装机容量为 1 800 MW（风光配比为 3∶1）时，净效益为 36.75 亿元。然而，风光装机容量分别为 1 500 MW 和 900 MW（风光配比为 5∶3）时，对应的净效

益为 39.54 亿元。

对于不同风光配比（风电装机容量∶光伏装机容量）的净效益，计算结果如图 5.5 所示。无论风光按什么比例配置，净效益均是先增加后减小。在相同的总装机容量下，风光配比超过 1 的净效益大于风光配比小于 1 的净效益。例如，当总装机容量为 3 000 MW 时，配比 3∶2>配比 2∶1>配比 1∶1>配比 3∶1>配比 2∶3>配比 1∶2>配比 1∶3。结果说明，对于官地的风光装机容量，风电的规划装机容量应该不低于光伏装机容量。在系统总装机容量变化的条件下，当总装机容量小于 600 MW 时，风光装机容量无论按照什么比例配置，净效益几乎相同。主要原因是水电的调节能力足够缓解风光的出力波动。而当总装机容量大于 600 MW 时，可以看出，不同比例的装机容量的净效益有较大差异，尤其当风光配比为 1∶3 时，净效益最差。例如，风光按照 1∶3 进行配置，净效益最大为 23.51 亿元，对应的总装机容量为 1 700 MW，风光资源未充分利用。而当风光总装机容量在范围[600 MW，2 300 MW]时，风光按照 2∶1 或 3∶2 进行配置，净效益最高。当风光总装机容量超过 2 300 MW 时，风光按照 3∶2 进行配比，净效益最高。综上所述，在总装机容量相同的条件下，为使风光电站净效益最大，风光配比应该选择 3∶2。

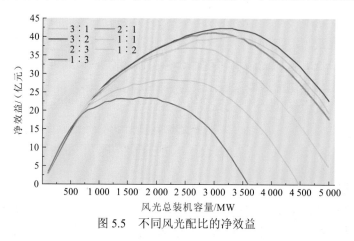

图 5.5　不同风光配比的净效益

不同风光装机容量配比方案下的弃电率，如图 5.6 所示。当风光总装机容量超过 400 MW 时，弃风光率随着总装机容量的增大线性增长。在系统装机容量下，不同风光配比的弃风光率从小到大依次为∶配比 3∶2<配比 2∶1=配比 1∶1<配比 3∶1<配比 2∶3<配比 1∶2<配比 1∶3。当弃风光率控制在 10%时，不同配比的装机容量应该分别为 2 300 MW（3∶1）、2 400 MW（2∶1）、2 300 MW（3∶2）、2 000 MW（1∶1）、1 600 MW（2∶3）、1 300 MW（1∶2）、1 100 MW（1∶3）。

而对于不同的风光配比方案，最优的总装机容量、净效益和弃电率如表 5.2 所示。从上述分析和对比结果可得，对于官地风光装机容量，最优配比为 3∶2，其可使净效益最大，弃电风险较小。

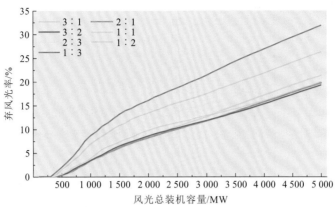

图 5.6　不同风光装机容量配比方案下的弃风光率

表 5.2　不同风光配比的总装机容量、净效益和弃电率

风光配比	总装机容量/MW	风光装机容量与水电装机容量的比例	净效益/（亿元）	弃风率/%	弃光率/%	弃风光率/%
3：1	2 700	1.125：1	36.93	11.13	12.75	11.43
2：1	3 000	1.250：1	41.10	10.51	15.64	11.83
3：2	3 300	1.375：1	42.32	10.35	18.13	12.81
1：1	3 300	1.375：1	40.07	8.94	20.81	13.79
2：3	2 800	1.167：1	33.25	6.91	21.97	14.57
1：2	2 200	0.917：1	28.45	5.14	20.89	14.27
1：3	1 700	0.708：1	23.51	3.66	19.51	14.35

5. 装机容量函数结果

根据实测数据计算装机容量函数的参数，如表 5.3 所示。根据计算参数、电价、投资等可推求出风光的最优装机容量为 {1 832 MW，1 303 MW}。如图 5.7 所示，通过装机容量函数与优化模型的结果对比可知，风电装机容量和光伏装机容量都很接近，结果证明采用该函数计算出的结果可靠。这进一步说明采用装机容量函数是一种有效评估装机容量的方法。

表 5.3　风光装机容量函数的参数表

弃电率	CF_W 或 CF_S	η_W 或 η_S	λ_W 或 λ_S	ω_1 或 ω_2
弃风率	2 046.13	10.603 6	4.65×10^{-5}	0.013
弃光率	1 412.86	11.528 8	8.23×10^{-5}	0.072

从净效益和弃电率对比结果（表 5.4）可知：通过优化模型计算的弃风率和弃光率与装机容量函数的计算结果误差较小。而从净效益对比结果可知，两种方法存在误差，主要原因是弃风率和弃光率的不确定性使结果存在一定偏差。然而，从全局分析可知，基于装机容量函数的计算结果是可靠的。

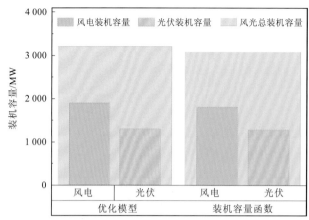

图 5.7 装机容量函数和优化模型的最优风光装机容量对比

表 5.4 装机容量函数与优化模型的风险-效益对比结果

方法	弃风率/%	弃光率/%	净效益/（亿元）
优化模型	9.93	18.02	42.3
装机容量函数	10.53	17.90	40.97

同理，为了验证给定风光配比的装机容量函数的可靠性，将多个配比方案下的两种方法的结果进行对比分析。装机容量函数的参数如表 5.5 所示。通过装机容量函数推求的不同风光配比的最优风光装机容量、对应的效益和弃风光率如图 5.8 和图 5.9 所示。由图 5.8 可知，两种方法计算的风光总装机容量误差较小，净效益误差也较小。而通过弃风率和弃光率结果的对比可知，弃风率和弃光率的误差很小。但当风光配比小于 1 时，装机容量函数计算的风光装机容量与优化结果存在一定差异。装机容量函数计算结果存在误差的主要原因为线性关系的假设存在一定误差。从装机容量函数推导结果可知，风光装机容量按照 3：2 进行配比的净效益最大。

表 5.5 配比已知的风光装机容量函数的参数表

参数	A_W 或 A_S	G_W 或 G_S
风电	1.08×10^8	1.34×10^8
光电	8.7×10^7	1.22×10^8

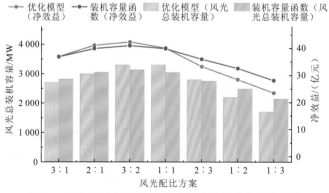

图 5.8 不同风光配比的装机容量和净效益的方案对比

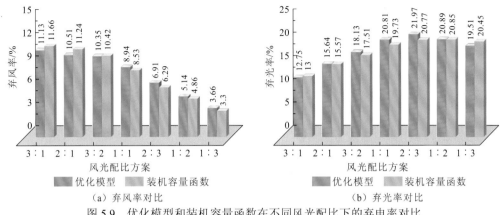

图 5.9　优化模型和装机容量函数在不同风光配比下的弃电率对比

由各种装机容量情景对比结果的分析可得，本节推导的装机容量函数是合理的，在风光资源已知的条件下，可用于评估某水电站可接入的最优风光装机容量。其可为水风光资源规划提供一种方便、实用、有效的新方法。

5.1.5　实例研究二：二滩

1. 研究数据

研究对象选择二滩水风光互补系统，接入二滩的风光电站规划参数及经济参数同表 5.1。根据二滩水风光基地的规划设计，水风光互补系统运行年限为 25 年，二滩已有水电站的装机容量为 3 300 MW。考虑二滩水电站为年调节水库，采用中长期调度，选取的研究数据包含以下五个部分：

（1）二滩水电站 1980~2010 年日入库径流；

（2）盐边站 1980~2010 年小时尺度太阳辐射及气温；

（3）盐边站 1980~2010 年小时尺度离地 80 m 风速；

（4）典型年实测光伏和风电出力；

（5）水电站典型日负荷曲线。

2. 方案设置

考虑风光电站装机容量之和不超过原有水电站的装机容量[1]，将水风光互补系统中光伏装机容量的下限设置为 100 MW，上限设置为 1 900 MW。以 100 MW 为离散步长，共生成 19 种装机容量情景。对于 19 种装机容量方案：首先，利用 1980 年 1 月~2010 年 12 月的入库径流及风光出力资料进行优化调度计算，获得 31 年长系列调度样本，将调度数据输入成本-效益分析模型中。利用 DP 方法进行调度计算时，水库起调和终止水位均设置为正常蓄水位 1 200 m，综合考虑计算效率和准确度，水位离散精度设置为 0.1 m。

之后，利用日负荷曲线和各方案下的风光出力数据，拟合了风光弃电损失函数。其具体思路是，首先利用典型日负荷曲线分配日发电计划，得出水风光互补系统发电计划，之后模拟实时经济运行，计算风光弃电量。实时经济运行考虑了两种最基本的弃电情景：

（1）水库发电流量已经达到下限，如最小下泄流量或生态流量等，此时出力也已接近下限值，无法降低出力达到对风光出力补偿的目的，此时必须弃掉部分风光电；

（2）水库蓄水位达到正常蓄水位，发电流量等于入库流量，输电量达到输送能力阈值，若降低水电出力，会产生弃水，此时必须弃掉部分风光电[2]。

风光弃电损失函数拟合流程图如图 5.10 所示。绘制出的风光弃电损失函数如图 5.11 所示。

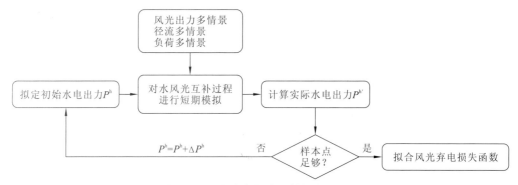

图 5.10 风光弃电损失函数拟合流程图

由图 5.11 可得以下三点推论：

（1）当水风光互补系统装机容量较小时，水电出力固定，对应的风光弃电率更低；

（2）同一装机容量下，弃电率随水电出力先减后增；

（3）水电出力和装机容量固定时，非汛期弃电率高于汛期，原因在于水风光互补系统汛期的负荷率高于非汛期，即非汛期趋向于调峰，而汛期趋向于发电。

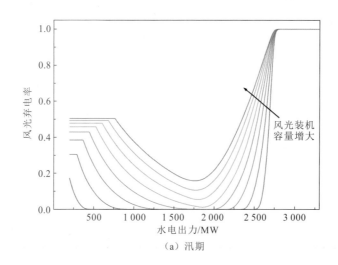

（a）汛期

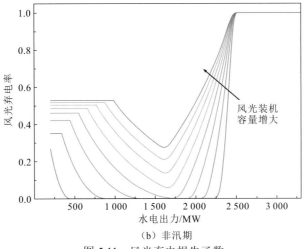

（b）非汛期

图 5.11 风光弃电损失函数

3. 最优风光装机容量

基于风光弃电损失函数，对 31 年长系列样本进行优化调度计算，统计了 19 种方案下水风光互补系统的风光年均发电量、风光年均弃电率、水电年均发电量和水风光互补系统全生命周期净效益，如表 5.6 所示，绘制的图像如图 5.12、图 5.13 所示。

表 5.6 不同装机容量下的水风光互补系统技术、经济指标

装机容量/MW			年均发电量/（亿 kW·h）			风光年均弃电率/%	水风光互补系统全生命周期净效益/（亿元）
光	风	水	光	风	水		
100	163	3 300	1.47	3.79	169.85	4.78	7.55
200	326	3 300	2.94	7.57	169.43	6.09	14.18
300	489	3 300	4.41	11.36	168.96	7.28	20.03
400	653	3 300	5.88	15.14	168.61	9.12	24.14
500	816	3 300	7.35	18.93	168.42	10.02	28.61
600	979	3 300	8.82	22.71	168.45	11.28	31.71
700	1 142	3 300	10.29	26.50	168.74	12.25	34.62
800	1 305	3 300	11.76	30.28	168.97	13.25	36.78
900	1 468	3 300	13.23	34.07	169.05	14.42	37.72
1 000	1 632	3 300	14.70	37.85	169.40	15.42	38.43
1 100	1 795	3 300	16.17	41.64	169.62	16.14	39.52
1 200	1 958	3 300	17.64	45.42	169.88	16.83	40.23
1 300	**2 121**	**3 300**	**19.11**	**49.21**	**170.01**	**17.28**	**41.55**

装机容量/MW			年均发电量/（亿 kW·h）			风光年均弃电率/%	水风光互补系统全生命周期净效益/（亿元）
光	风	水	光	风	水		
1 400	2 284	3 300	20.58	52.99	170.20	18.05	41.00
1 500	2 447	3 300	22.05	56.78	170.77	19.25	37.66
1600	2 611	3 300	23.52	60.56	171.01	20.05	35.72
1700	2 774	3 300	24.99	64.35	171.35	21.29	30.61
1800	2 937	3 300	26.46	68.13	171.68	22.05	27.65
1900	3 100	3 300	27.93	71.92	172.01	23.12	22.11

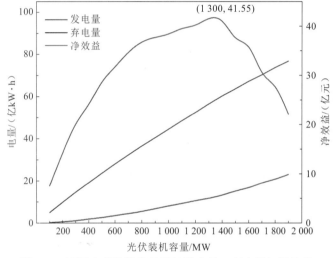

图 5.12 不同光伏装机容量下的发电量、弃电量与净效益

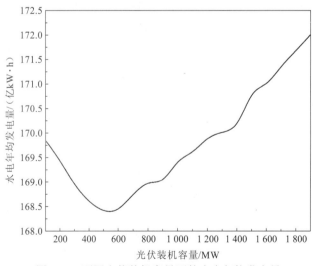

图 5.13 不同光伏装机容量下的水电年均发电量

由表 5.6 和图 5.12 可得，风光电站出力与装机容量的线性关系使得风光发电量和装机容量呈线性递增关系；风光年均弃电率也和装机容量呈正相关关系。但在实际运行过程中，由于水电调节能力有限，存在弃电情形，风光实际发电量与装机容量的关系表现为一条缓慢增长的二阶导数为负的曲线。在 19 种方案中，1 300 MW 光伏装机容量和 2 121 MW 风电装机容量对应的水风光互补系统全生命周期净效益最大，为 41.55 亿元。

由图 5.13 可知，在水电装机容量一定（3 300 MW）的情况下，水电年均发电量与光伏装机容量表现出先减后增的关系，即光伏装机容量较小时水电年均发电量会受到压制，光伏装机容量较大时水电年均发电量会增加，考虑原因是水电对风光出力存在调节和补偿作用，水风光互补系统的水电站最小出力随光伏装机容量发生了变化，使年均发电量也产生了相应改变。

将计算结果与二滩水电站已有规划方案进行比较（表 5.7），本节计算的光伏装机容量比较准确，风电装机容量存在较大偏差，可能与历史的风速网格数据误差较大有关。

表 5.7　本节与已有规划比较表

装机容量/MW	本节	已有规划
光伏	1 300	1 390
风电	2 121	1 240

5.1.6　小结

针对水风光互补系统装机容量规模难以根据能源准确解析风光配置的问题，本节推导了以风光资源和水电调节为基础的装机容量函数。首先，建立了水风光互补系统的短期互补调度模型。然后，基于成本-效益分析模型推导了风光配比未知和已知条件下最优风光装机容量配置函数。最后，验证了装机容量函数的弃电假设条件，对比分析了装机容量函数与优化模型结果的差异。以雅砻江官地水风光互补系统为例，案例研究结果如下。

（1）优化结果表明，当风光装机容量组合为{1 900 MW，1 300 MW}时，水风光互补系统全生命周期的净效益达到极大值，约为 42.30 亿元。该方案与官地水风光互补系统实际规划的风光装机容量基本一致。当风光总装机容量在范围[600 MW，2 300 MW]时，风光按照 2∶1 或 3∶2 进行配置，净效益最高。当风光总装机容量超过 2 300 MW 时，风光按照 3∶2 进行配比，净效益最高。水风光互补性评估结果、优化结果及装机容量函数计算结果表明，风光装机容量按照 3∶2 进行配置，水风光互补系统的净效益最大。

（2）模型验证结果表明，水风光互补系统的弃风率受光伏装机容量的影响较小，弃光率受风电装机容量的影响较小。通过拟合优度可知，弃风率与风电装机容量呈线性关系的假设成立，弃光率与光伏装机容量呈线性关系的假设也成立。

（3）通过对比分析结果发现，装机容量函数的计算结果与优化装机容量很接近。这说明解析方法是可行的和实用的。所提装机容量函数可进一步为水风光互补系统风光容量规划提供技术参考。同时，其也为水风光互补系统能源规划提供了一种方便、实用、有效的新方法。

5.2   水电站扩机容量优化

目前，水风光互补系统能源装机容量规划问题主要关注风光的装机容量配置[3]，而基于水资源利用与规划风光装机容量的水电站增容扩机研究仍为空白。水电站具有调节速度快，调峰、调频性能佳等优势[4]，这对实现水风光互补系统运行具有重要意义。适当增加水电站的装机容量，对增强水电站的调节能力、增加发电量、降低弃电率和减少弃水量是十分有利的[5-6]。因此，水风光互补系统中的水电站装机容量扩增规划研究很有必要。

5.2.1   研究方法

1. 成本−效益分析模型

由于风电站和光伏电站已规划，分析水风光互补系统水电站扩机的成本和效益时仅考虑扩机后增加的电量和成本。成本−效益分析模型考虑水电站全生命周期内扩机后增加的发电效益、初始投资成本和运行维护成本。水风光互补系统水电站扩机规划的净效益可表示为

$$\mathrm{NR}_{HP} = \sum_{t=1}^{T} \frac{B \times [E_{TP}(x_{HP},t) - E_{TP}^{PC}(x_{HP},t)] - C_{om} \times E_{TP}(x_{HP},t)}{(1+\eta_{TP})^t} - C_{in,HP} x_{HP} \qquad (5.21)$$

式中：NR_{HP} 为水电站扩机后全生命周期的总净现值（净效益）；x_{HP} 为水电站扩机容量；B 为研究区平均电价（在运行年限内视为定值）；E_{TP} 为水风光互补系统发电量；E_{TP}^{PC} 为水风光互补系统弃电量；T 为水电站运行年限；C_{om} 为水风光互补系统单位发电量的运行维护成本；$C_{in,HP}$ 为水电站单位扩机容量的初始投资成本；η_{TP} 为系统周期折现率。

2. 短期弃电函数

随着水电站装机容量的增加，水电调节能力提高，因此系统弃电率会有所降低。假设风光出力不变，水电出力增加则可补偿更多风光，降低弃电率。水电站扩机容量增加，水电出力增加，但由于水资源的有限性，水电出力的增长率随水电站扩机容量的增加而降低，因此，单位水电出力消纳风光的能力降低，最终表现为风光弃电率的下降率随水电站扩机容量的增加而逐渐减小。根据以上分析，假设水电站不同扩机容量下的多年平均风光弃电率函数 $\overline{f_{LO}}(x_{HP})$ 为凸函数，如图 5.14 所示，函数满足以下条件：

$$\begin{cases} \overline{f_{LO}}'(x_{HP}) < 0 \\ \overline{f_{LO}}''(x_{HP}) > 0 \\ x_{HP} \geq 0 \end{cases} \qquad (5.22)$$

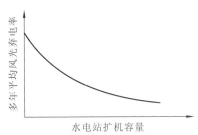

图 5.14　水电站扩机容量-多年平均风光弃电率关系图

3. 水风光互补系统中长期调度

假设风光出力不变，水电站装机容量增加提高了水电出力，同时降低了风光弃电率，因此系统的发电量也会增加。然而，由于水资源的有限性，水电出力的增长率会随水电站装机容量的增加而降低。根据以上分析，假设水电站不同扩机容量下的多年平均水力发电量函数 $\overline{f_{HP}}(x_{HP})$ 为凹函数，如图 5.15 所示，在水电站扩机容量达到临界值前函数满足以下条件：

$$
\begin{cases}
\overline{f_{HP}}'(x_{HP}) > 0 \\
\overline{f_{HP}}''(x_{HP}) < 0 \\
x_{HP} \geqslant 0
\end{cases}
\tag{5.23}
$$

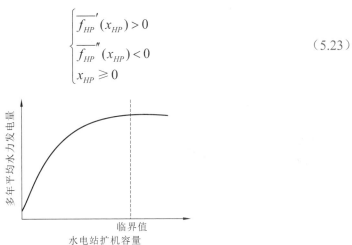

图 5.15　水电站扩机容量-多年平均水力发电量关系图

约束条件分别为水量平衡约束、库容约束、发电流量约束、水电出力约束、电力输送通道约束、边界条件约束，公式如下：

$$
\begin{cases}
V(t+1) = V(t) + [Q(t) - Q_{pg}(t) - Q_{qs}(t)]\Delta t \\
\underline{V} \leqslant V(t) \leqslant \overline{V} \\
Q_{pg}(t) \leqslant \overline{Q_{pg}} \\
\underline{N_{HP}} \leqslant N_{HP}(x_{HP}, t) \leqslant \overline{N_{HP}}(x_{HP}, t) \\
N_{HP}(x_{HP}, t) + N_{PV} + N_{WP} \leqslant N_{TR}(x_{HP}, t) \\
V(t) = V_l^{start}, V(t+1) = V_l^{end}
\end{cases}
\tag{5.24}
$$

式中：V 为水库库容；Q 为入库流量；Q_{qs} 为弃水流量；$\overline{V}$、$\underline{V}$ 分别为水库库容上限和下限；Q_{pg}、$\overline{Q_{pg}}$ 分别为发电流量及其上限；N_{HP} 为水电出力；$\underline{N_{HP}}$、$\overline{N_{HP}}$ 分别为水电机组出力下限和上限；N_{PV} 为光电出力；N_{WP} 为风电出力；N_{TR} 为传输能力；V_l^{start} 为初库容；V_l^{end} 为末库容。

5.2.2　方案及参数设置

二滩水电站扩机容量下限设置为 0，上限设置为 3 000 MW，离散步长为 10 MW。对于每种光伏装机容量方案：首先，采用随机抽样方法，获得 50 年的径流、风速及光电出力资料进行确定性优化调度计算；然后，将调度数据输入成本-效益分析模型中。采用 DP 方法进行调度计算时，水库起调和终止水位分别设置为 1 200 m，水位离散精度为 1 m，水风光互补系统的保证出力根据出力排频计算得到，详见 5.2.3 小节。其他经济、技术参数见表 5.8。

表 5.8　水电站扩机规划中的经济、技术参数

参数名称	符号	取值	单位
水电站运行年限	T	50	年
电价	B	0.7	元/（kW·h）
运行维护成本	C_{om}	0.006	元/（kW·h）
初始投资成本	$C_{in,HP}$	865.3	万元/MW
折现率	η_{TP}	10	%

5.2.3　二滩水风光互补系统保证出力的确定

水电、风电和光伏发电的联合运行改变了水库的泄水过程和整体上网电量，从而影响了水风光互补系统的保证出力。当水电站装机容量为 3 300～4 500 MW 时，进行了水电站全生命周期调度，统计得到水风光互补系统月均出力并进行排频计算，如图 5.16 所示。可以看出，近 50%月份的月均出力较低且几乎不受水电站装机容量的影响，表明这些月份的水资源在目前的水电站装机容量下已得到充分利用，大多数为非汛期月份。因此，水电站装机容量增加主要提高了汛期水资源利用效率，以及汛期水风光互补系统的月均出力。

此外，不同水电站扩机容量下，60%以上发电保证率所对应的出力几乎不变，表明水电站扩机对水风光互补系统满足较高发电保证率的保证出力影响较小。随着水电站装机容量的增加，对应的最大月均出力的频率越来越低，表明满足水电机组满发的月份越来越少。二滩水电站当前的供电保证率为 95%，为继续满足该保证率，选择 1 260 MW 作为水风光互补系统的保证出力。

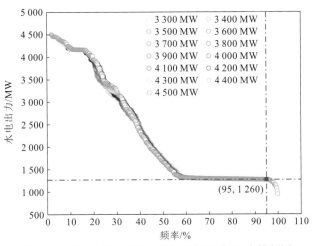

图 5.16　不同水电站扩机容量下系统月均出力排频图

5.2.4　二滩水电站不同扩机容量的影响评估

图 5.17 和图 5.18 基于 50 年长系列调度结果的多年平均值，绘制了不同扩机容量下水风光互补系统的总发电量、弃电量，以及水量利用率、单位耗水率和弃水量。由图 5.17 可知，随着水电站扩机容量的增加，系统总发电量和弃电量均与水电站扩机容量呈非线性关系。系统总发电量随水电站扩机容量的增加而增加，风光弃电量则逐渐减少，变化率均逐渐降低。如图 5.18 所示，各水资源利用指标均随水电站扩机容量的变化发生了显著变化。其中，水量利用率随水电站扩机容量的增加而升高，单位耗水率则逐渐降低，弃水量显著减少。然而，水电站扩机容量越大，各水资源利用指标的变化率均逐渐降低，表明水电站扩机虽然可以提高水资源利用效率，但并非越大越好，最终应根据经济效益确定最佳扩机容量。

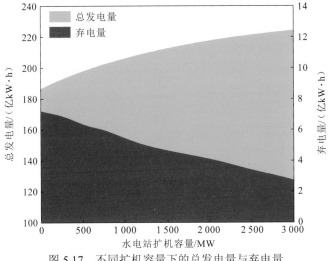

图 5.17　不同扩机容量下的总发电量与弃电量

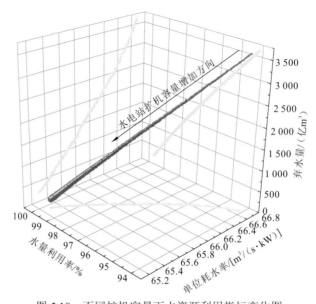

图 5.18　不同扩机容量下水资源利用指标变化图

为了充分了解扩机对水电的影响，根据水库历史月入库径流完全利用的原则，提高扩机容量的上限到 6 000 MW。不同水电站扩机容量下多年平均水力发电量、风光弃电率及拟合曲线如图 5.19 所示。由图 5.19（a）可知，随着水电站扩机容量的增加，多年平均水力发电量先增加后趋于稳定，增长率逐渐减小，最终为零。主要原因为：水电站装机容量增加，汛期水资源得到了高效利用，但是随着装机容量的进一步扩大，弃水量逐渐减少，水资源利用效率的提高受到限制，因此，发电量的增长率逐渐降低。由于可用水资源量有限，最终，发电量不再随着水电站装机容量的扩大而增加。

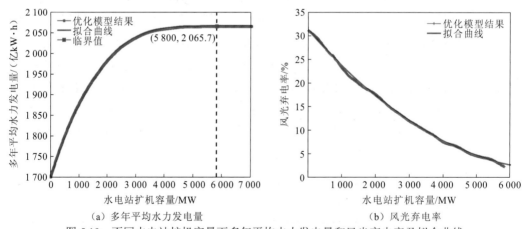

（a）多年平均水力发电量　　　　（b）风光弃电率

图 5.19　不同水电站扩机容量下多年平均水力发电量和风光弃电率及拟合曲线

风光出力的日内波动性较大，水电补偿风电、光电可有效降低弃电率。水电站装机容量的扩增可提高水电的调节能力，因此水电站扩机有利于进一步降低风光弃电率。如图 5.19（b）所示，随着水电站扩机容量的增加，多年平均风光弃电率降低，但是下降率逐渐减小。主要原因为：本节风光出力不变，水电出力增加则可补偿更多风光，降低弃电率。由图 5.19（a）及上述水电出力与扩机的关系可知，扩机容量增加，水电的增长率降低，因此，单位水电出力消纳风光的能力降低，最终表现为风光弃电率的下降率随水电站扩机容量的增加而逐渐减小。

为定量评估成本效益与水电站扩机容量的关系，根据优化模型结果拟合了扩机容量-多年平均水力发电量函数和扩机容量-风光弃电率函数。由图 5.19 可知，扩机容量-多年平均水力发电量函数为凹函数，关系式为三次函数；扩机容量-风光弃电率函数为凸函数，关系式为二次函数，函数参数详见表 5.9。两函数的 R^2 均为 0.99，为后续成本效益分析提供了较高的可靠性。

表 5.9　水电站扩机函数参数

参数	γ_1	γ_2	γ_3	φ_1	φ_2	φ_3	φ_4
数值	5.56×10^{-9}	-8.10×10^{-5}	0.31	2.82×10^{-10}	-4.24×10^{-6}	0.02	170.45

注：$\gamma_1 \sim \gamma_3$ 为扩机容量-风光弃电率函数的系数；$\varphi_1 \sim \varphi_4$ 为扩机容量-多年平均水力发电量函数的系数。

5.2.5　二滩水电站最佳扩机容量

根据扩机容量-多年平均水力发电量函数和扩机容量-风光弃电率函数，可得扩机容量-成本效益函数，为三次函数。推导扩机容量-成本效益函数的一阶导数，根据参数的大小可知其形状如图 5.20（a）所示，扩机容量-成本效益函数的形状如图 5.20（b）所示，函数最优点为三次函数的极大值点，即净效益最大下的最佳水电站扩机容量。

根据二滩水电站经济、技术参数，通过优化模型可以得到不同水电站扩机容量下的净效益，并推求扩机容量-成本效益函数。由图 5.20（b）可知，优化模型与扩机容量-成本效益函数计算的净效益结果趋势一致，均为先增加后减少。当扩机容量为 0～2 710 MW 时，净效益始终大于 0，表明这些扩机方案均处于盈利状态。其中，优化模型最优装机容量为 1 210 MW，净效益为 41.053 亿元，扩机容量-成本效益函数计算的最优装机容量为 1 257.78 MW，净效益为 37 亿元。对比结果可知，两种方法计算得到的最优扩机容量很接近，仅相差 47.78 MW，净效益相差 4.053 亿元，表明本节推求的扩机容量-成本效益函数有效可行。以优化模型结果为准，扩机容量-成本效益函数计算结果的误差如图 5.20（c）所示，函数结果普遍低于优化模型结果，误差先增加后减小，在极大值点附近的误差最大，但是整体变化趋势一致，顶点位置接近。

将扩机容量-成本效益函数结果 1 257.78 MW 作为二滩水电站最佳扩机容量，扩机后装机容量为 4 557.78 MW，与当前水电站装机容量为 3 300 MW 的各项经济、技术指标及水资源利用指标进行对比，如表 5.10 所示。水电站扩机后，水电、风电和光电均有显著增加，总发电量增加 23.41 亿 kW·h，提高了 12.59%，风光弃电量则减少了 31.89%。同样地，水资源利用效率大幅提高，其中，弃水量减少了 2 197.42 亿 m³，降低了 60.91%，水量利用率提高了 4.00%，单位耗水率降低了 1.20%。综上，二滩水电站扩机可带来较高的经济效益，对消纳水、风、光资源具有重要意义。

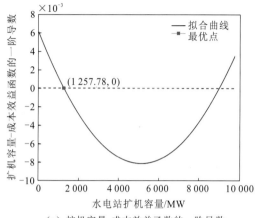

（a）扩机容量-成本效益函数的一阶导数

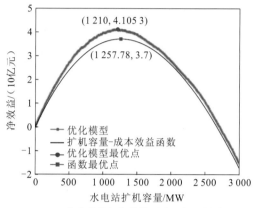

（b）水电站扩机优化模型结果与函数结果

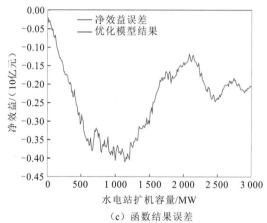

（c）函数结果误差

图 5.20　水电站扩机规划结果

表 5.10　水电站扩机后经济、技术指标及水资源利用情况

指标	水电站装机容量		
	3 300 MW	4 557.78 MW	变化率/%
水力发电量/（亿 kW·h）	170.03	191.06	12.37
弃电量/（亿 kW·h）	7.15	4.87	−31.89
总发电量/（亿 kW·h）	185.89	209.30	12.59
弃水量/（亿 m³）	3 607.71	1 410.29	−60.91
水量利用率/%	94.15	97.92	4.00
单位耗水率/%	66.67	65.87	−1.20

参 考 文 献

[1] FANG W, HUANG Q, HUANG S, et al. Optimal sizing of utility-scale photovoltaic power generation complementarily operating with hydropower: A case study of the world′s largest hydro-photovoltaic plant[J]. Energy conversion and management, 2017, 136: 161-172.

[2] 明波. 大规模水光互补系统全生命周期协同运行研究[D]. 武汉：武汉大学, 2019.

[3] MING B, LIU P, CHENG L. An integrated framework for optimizing large hydro-photovoltaic hybrid energy systems: Capacity planning and operations management[J]. Journal of cleaner production, 2021, 306: 1-14.

[4] 曹广晶, 董前进. 水电站装机容量选择的思考[J]. 水力发电学报, 2010, 29(3): 7-10.

[5] 张海龙, 赵言稳. 水光互补模式下阿青水电站装机容量优化选择[J]. 水利规划与设计, 2020(10): 130-134.

[6] 陈小兰, 张东. 水电站装机容量选择探讨[J]. 水力发电学报, 2015, 34(1): 215-219.

第 **6** 章

Chapter 6

气候变化下的水风光多能互补调度

6.1 多能互补视角下全国水风光互补潜力评估

6.1.1 概述

依托我国有利的资源条件，大力开发利用可再生能源是实现能源结构转型，达到2060年碳中和目标的一种必然选择[1-3]。在现有气象资源和负荷需求分布的基础上，将水风光作为能源结构主力实现碳达峰及碳中和的潜力如何，是能源结构规划建设需要回答的首要问题[4]。多能互补视角下风/光电潜力评估研究的目的是基于气象观测数据，考虑地理约束，分析各种能源的出力特性和互补关系，评估其在空间和时间两个维度均满足负荷需求的潜力，从而为政策制定或规划设计提供决策参考；多能互补视角下风/光电潜力评估研究目前主要侧重于资源互补性和系统发电可靠性方面的评估，互补性主要通过气象观测数据，计算并探讨气象要素空间上的分布特征和时间尺度的互补规律，可靠性通常以小区域为研究对象，模拟评估单个独立的互补系统发电与负荷之间的匹配程度[5-8]。仅从单种能源的资源评估入手，或者以小区域单体互补电站为研究对象，并不能明确一定能源结构下电力供应满足负荷需求的潜力，缺乏从资源、发电、传输、负荷全视角评估多能互补潜力及其气候变化下的稳健性研究。

本章以全国为研究对象，以行政区划为研究单元，针对多能互补视角下风/光电潜力评估开展如下研究：①潜力评估框架建立；②无省际传输条件下、现有省际传输条件下和全国省际均互联传输条件下水风光供应负荷过程潜力；③气候变化下系统供电稳健性研究。具体将以"源—网—荷"全链条为主线进行潜力评估计算：①资源，该部分主要包含气象资源和土地资源计算，目的是基于气象观测数据和土地利用数据计算并确定全国各区域风光可装机规模；②电网，建立跨省、跨区输电交易优化模型，综合考虑跨省、跨区交易的电网安全约束、成交电量约束、对冲交易约束等约束条件，寻求跨省、跨区交易的优化结果；③负荷，将第一部分确定的风光可装机规模、现有主要水电站数据，将水风光气象资源作为输入，以匹配负荷过程为目标，建立水风光多能互补调度模型，输出水风光发电过程，评估其供应负荷的潜力。

6.1.2 水风光源网荷电力电量平衡框架

针对水风光互补系统的源网荷电力电量平衡框架的构建问题可以分为三个步骤：①基于气象数据、土地利用数据、装机标准等数据，进行风光资源的评估。②给定水风光资源输入、省级小时尺度负荷过程、电网输电线路等数据，确定水风光出力过程及省际电力传输电量，使得水风光出力过程在尽可能满足负荷过程的条件下弃电量最小。为了实现全国省际电力传输与省级电网的有效衔接，本章在省级水风光多能互补调度模型的基础上，建立水风光省际-省级电力电量平衡双层规划数学模型。③以资源评估结果为上界，考虑各省资源与负荷特点，以及未来碳中和水平年下的电力需求预测，基于水风光省际-省级电力电量平衡双层规划数学模型，拟定不同供电保证率标准下的省级水风光装机规划。

1. 资源评估

在考虑土地利用类型的条件下，风能/光能转换效率、可开发的风能/光能，一般以容量因子表示。资源评估分为地理筛选、容量因子计算和装机密度计算三个模块。

1）地理筛选

地理筛选的主要目的是对风光电站建设中可开发利用土地面积进行计算。该部分所采用的数据为中国土地利用现状遥感监测数据库中的 2015 年全国土地利用数据集。数据是以各期 Landsat TM/ETM 遥感影像为主要数据源，通过人工目视解译生成的，空间分辨率为 1 km，投影参数为 Albers_Conic_Equal_Area。土地利用类型包括耕地、林地、草地、水域、居民地和未利用土地 6 个一级类型及 25 个二级类型。

本节基于 ArcGIS 平台，构建全国风光电站可利用土地的筛选程序。一般地，地理特征为森林、水体、居民地、高海拔（大于 5 000 m）等的区域不适合作为风/光电站的场地。因此，本节以 0.5°×0.5° 的网格为单元，采用 ArcGIS 对不可利用土地进行筛选，然后计算每个单元的可开发利用面积。

2）容量因子计算

容量因子计算的主要目的是对每个网格单元的风能/光能转换效率进行计算。该部分所采用的数据为中国区域地面气象要素驱动数据集。该数据集是以国际上现有的 Princeton 再分析资料、GLDAS 资料、GEWEX-SRB 辐射资料，以及 TRMM 降水资料为背景场，融合了中国气象局常规气象观测数据制作而成的，采用 ANU-Spline 统计插值。

本节基于以上小时尺度气象观测数据集，对风能/光能容量因子进行计算。以数据集中的近地面气温和太阳辐射为输入，采用以下光伏发电计算模型计算容量因子序列[9]：

$$\mathrm{CF}_{PV}(t) = \frac{\mathrm{sr}(t)}{S_{sr}} \times \{1 + \alpha_p [T_c(t) - T_r]\} \tag{6.1}$$

式中：$\mathrm{sr}(t)$ 为实际的太阳辐射强度，kW/m^2；S_{sr} 为标准测试条件下的太阳辐射强度，kW/m^2；α_p 为光伏电池板的功率输出温度系数（-0.35%/℃）；$T_c(t)$ 为光伏电池板的实际温度，℃；T_r 为标准测试条件下的光伏电池板的温度（25℃）。

以数据集中的近地面全风速为基础，根据《电力工程水文勘测计算手册》中不同海拔的风速数据转换公式，将风速观测数据转换为风机工作高度处的风速。

本节采用的风力发电机组的机型为 1.5-MW Sinovel SL-1500 系列，基于风机的功率曲线和技术参数，计算风能容量因子。

3）装机密度计算

根据现有部分风电站建设数据，以及文献调研，目前风机装机的间隔密度多处于

$1.5 \sim 4.5 \text{ MW/km}^2$，本节基于该参数和地理筛选结果对每个网格单元进行风机容量规划计算。

2. 水风光省际-省级电力电量平衡双层规划数学模型

1）目标函数

上层模型：考虑到全国跨省、跨区输电中有多个交易成员、多条输电线路、多个时段的供需量变化，存在"组合爆炸"的问题，使其难以直接概化求解。该问题中两两成员之间存在每个时段是否有输电关系（整数变量）、传输多少电量（实数变量）两个问题，优化变量既有整数又有实数，其可概化为混合整数规划优化问题。因此，上层模型基于混合整数规划方法，对全国跨省、跨区输电进行优化分配模拟。以跨省、跨区传输的总电量最大为优化目标，即各省级电网在满足本省负荷的基础上，剩余电量尽可能消纳：

$$\max J_1 = \sum_{t=1}^{T} \sum_{a'=1}^{M_{a'b'}} \sum_{b'=1}^{M_{a'b'}} \sum_{l_{a'b'}=1}^{L_{a'b'}} \left[x_{tran}(a',b',l_{a'b'},t) \times \frac{1}{d_s(a',b')} \right] \tag{6.2}$$

式中：$x_{tran}(a',b',l_{a'b'},t)$ 为时段 t 内 a' 省和 b' 省在输电线路 $l_{a'b'}$ 的传输成交电量，kW·h；$d_s(a',b')$ 为 a' 省和 b' 省之间的距离，km；T 为总时段，即整个调度期；$M_{a'b'}$ 为参与输电交易的省区总数；$L_{a'b'}$ 为 a' 省和 b' 省的跨省输电线路总数。

下层模型：水风光互补短期调度的本质是一个水风光出力和负荷实时匹配的过程，即电网的实时供需平衡[10-11]。由于风光出力的不可调度性，该过程可以描述为：在给定负荷过程下，水电站通过调节自身出力来适应风光出力的变化，使得水风光的总出力尽可能满足系统的负荷要求，即在给定的省级负荷过程的条件下，水风光出力过程与负荷过程尽可能匹配：

$$\Lambda \sum_{H,W,P} N_{TP}^{a'}(t) = N_{LD}^{a'}(t) \tag{6.3}$$

即

$$\min J_2 = \Lambda \sum_{H,W,P} N_{TP}^{a'}(t) - N_{LD}^{a'}(t) \tag{6.4}$$

式中：$\sum_{H,W,P} N_{TP}^{a'}(t)$ 为时段 t 内 a' 省水风光总出力，kW；$N_{LD}^{a'}(t)$ 为时段 t 内 a' 省的负荷需求，kW。

综上所述，水风光省际-省级电力电量平衡双层规划数学模型可以表示为

$$\begin{cases} \max_{X} J_1 = \sum_{t=1}^{T} \sum_{a'=1}^{M_{a'b'}} \sum_{b'=1}^{M_{a'b'}} \sum_{l_{a'b'}=1}^{L_{a'b'}} \left[x_{tran}(a',b',l_{a'b'},t) \times \frac{1}{d_s(a',b')} \right] \\ F(J_2, X) \leqslant 0 \\ \min_{R} J_2 = \Lambda \sum_{H,W,P} N_{TP}^{a'}(t) - N_{LD}^{a'}(t) \\ G(X,R) \leqslant 0 \end{cases} \tag{6.5}$$

式中：X 为水风光互补系统在整个调度期各时段省际的传输电力，为上层模型的优化变量；R 为各水电站在各时段的发电出力过程，为下层模型的决策变量；$F(\cdot)$、$G(\cdot)$ 为约束集。

2）约束条件

对冲交易约束：

$$\mathrm{iv}(a',b',l_{a'b'},t) \in \{0,1\} \tag{6.6}$$

式中：$\mathrm{iv}(a',b',l_{a'b'},t)$ 为优化变量，即 0-1 整数变量。

成交电量约束：

$$\sum_{b'=1}^{M_{a'b'}} \sum_{l_{a'b'}=1}^{L_{a'b'}} x_{tran}(a',b',l_{a'b'},t) \leqslant E_{tran}(a',t) \tag{6.7}$$

$$\sum_{a'=1}^{M_{a'b'}} \sum_{l_{a'b'}=1}^{L_{a'b'}} x_{tran}(a',b',l_{a'b'},t) \leqslant E_{tran}(b',t) \tag{6.8}$$

$$x_{tran}(a',b',l_{a'b'},t) \leqslant \mathrm{iv}(a',b',l_{a'b'},t) \times E_{tran}(a',t) \tag{6.9}$$

$$x_{tran}(a',b',l_{a'b'},t) \leqslant \mathrm{iv}(a',b',l_{a'b'},t) \times E_{tran}(b',t) \tag{6.10}$$

$$x_{tran}(a',b',l_{a'b'},t) \geqslant 0 \tag{6.11}$$

式中：$E_{tran}(a',t)$ 为 a' 省时段 t 的可外送电量，kW·h；$E_{tran}(b',t)$ 为 b' 省时段 t 的短缺电量，kW·h。

电网安全约束：

$$\sum_{t=1}^{T} \sum_{a'=1}^{M_{a'b'}} \sum_{b'=1}^{M_{a'b'}} x_{tran}(a',b',l_{a'b'},t) \leqslant E_c(a',b',l_{a'b'}) \tag{6.12}$$

式中：$E_c(a',b',l_{a'b'})$ 为 a' 省和 b' 省之间跨省输电线路 $l_{a'b'}$ 的输电容量，kW。

水电站水量平衡约束、库容约束、出流约束、出力约束等约束条件不再赘述。

3）省级小时尺度负荷过程构建

本节基于各省电网典型电力负荷曲线，包括全年日负荷过程和典型日负荷过程，构建各省全年小时尺度的负荷过程。首先，将典型日负荷曲线进行标准化，计算每个时段的负荷在全日负荷中的比例因子；然后将典型日负荷过程嵌入全年日负荷过程，计算出省级全年小时尺度负荷过程。

4）水电站基本信息库构建

水电站基本信息库的构建主要包含水电站参数和入库流量数据两部分。对于水电站参数，本节搜集、整理全国各省主要水电站的基本信息并将其作为水电站调度的基本数据。入库流量数据主要利用可变下渗能力陆面水文模型进行模拟，该模型是一种基于物理过程的网格化、大尺度、分布式水文模型，该模型分布式、网格化的特点与本节单元网格的要求相匹配，且其已广泛应用于水资源管理和气候变化等研究领域，故本节选用可变下渗能力陆面水文模型进行水电站入库流量数据的模拟工作。

3. 省级水风光装机规划

以资源评估结果为上界，考虑各省资源与负荷特点，以及未来碳中和水平年下的电力需求预测，基于水风光省际-省级电力电量平衡双层规划数学模型，比选出不同供电保证率标准下的省级水风光装机规划。本节基于《全球能源分析与展望2020》中深度减排情景下中国2060年的电力需求预测结果，嵌套以上省际小时尺度负荷过程，作为2060年的负荷过程进行输入。

基于现有大中型水电站信息数据库，根据水电站和抽水蓄能中长期规划数据，对水电站信息数据库进行缩放调整。

最后，以资源评估结果为上界，考虑各省资源与负荷特点，拟定500种风光装机方案进行模拟计算，基于供电保证率、装机规模、弃电率等指标，从中选出不同供电保证率标准下的省级水风光装机规划方案。

6.1.3 结果分析

1. 无省际传输条件下的供需潜力

无省际传输条件下的供需潜力是指以各省电网为对象，通过本省水风光多能互补调度供应省级电网负荷过程在时间和空间两个维度的潜力。本节计算了水风光互补系统承担不同负荷比例情况下的供应潜力。图6.1（a）～（i）表示全国各省水风光互补系统承担20%～100%（以10%为间隔）省级负荷的可靠性。

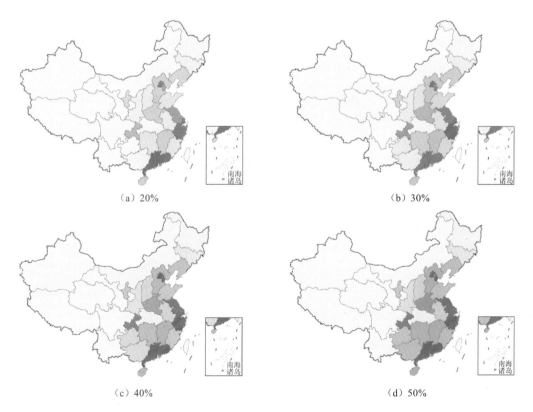

（a）20%   （b）30%

（c）40%   （d）50%

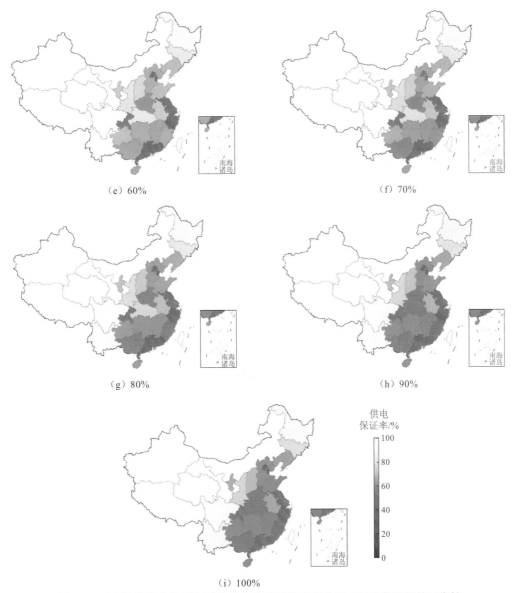

图 6.1　无省际传输条件下全国各省水风光互补系统承担不同负荷比例的可靠性

由图 6.1 可知，随着水风光所承担的负荷比例增加，其供应负荷的保证率逐渐下降。在水风光承担 20%省级负荷的情况下，有 25 个省份的供电保证率可达 90%及以上；而在承担 100%省级负荷的情况下，只有 13 个省份的供电保证率达 90%及以上，各省份平均值在 85%左右，有些省份甚至低于 60%。在水风光承担 20%~60%省级负荷的情况下，绝大多数省份均具有较高的可靠性。当然，也有广东省等用电大省，在承担 20%负荷比例的情况下，其供电保证率依然较低。

对于西南地区、西北地区和东北地区的大部分省份，水风光承担不同比例负荷的可靠性均较高，供电保证率均能达到 90%以上。这些省份所处地区的水风光中的一种或多种资源较为丰富，或者其省内负荷需求量不大，因此能够保证绝大多数时段的电力供需平衡。而对于东部、东南部和中北部地区的大部分省份，水风光承担不同比例负荷的可靠性均较低，供电保证率均在70%左右。这些省份负荷需求量较大，且所处地区的水风光资源较为匮乏，因此绝大多数时段的电力供需平衡难以保证。从图6.1中也可以看出，有些省份以水风光承担较低比例的负荷时，其供电保证率依然较低，像东部的浙江省、江苏省、上海市，南部的广东省、江西省，华北地区的北京市、天津市、河南省等。这些省份或是现有能源结构中非可再生能源的比例较高，或是国内跨区、跨省输电的受电省。

由以上分析可知，我国水风光资源和电力需求在地理分布上存在不匹配现象，完全依靠本省水风光互补系统供应本省负荷过程只适用于西北和西南地区的极少数省份，绝大多数省份需要依靠其他省份供给或抽水蓄能技术的支持。因此，下面将探讨在现有省际传输条件下，水风光承担不同省级负荷比例的供应潜力。

2. 现有省际传输条件下的供需潜力

现有省际传输条件下的供需潜力是指以各省电网为对象，在本省水风光多能互补调度供应本省电网负荷后，电力平衡有余或不足的省份通过全国现有主要输电通道，进行跨省、跨区电力交易后，各省在时间和空间两个维度的电力供需平衡潜力。本节计算了在考虑现有省际主要输电条件下，各省水风光互补系统承担不同负荷比例情况下的供应潜力。图6.2（a）～（i）表示现有传输条件下全国各省水风光互补系统承担不同负荷比例的可靠性。

对比图6.1和图6.2可知，在考虑现有电力传输条件后，各省的电力供应保证率具有明显的提升。当水风光所承担的负荷比例为20%时，全国各省的电力供应保证率的平均值达98.89%，较无传输条件下提高了4.74%；当水风光承担所有负荷时，全国各省的电力供应保证率也得到大幅度提升，尤其是东部省份提升明显。因此，跨省、跨区传输线路条件的提供，可以较大程度地改善水风光消纳问题，同时提升各省的电力供应可靠性。在考虑传输条件后，水风光所承担的负荷比例不同，各省份电力供应可靠性提高的程度也不同。以广东省为例，当水风光所承担的负荷比例为20%时，在考虑现有电力传输条件后，其电力供应保证率为99.99%（提升了21.27%），而在水风光所承担的负荷比例为100%时，其电力供应保证率为89.24%（提升了30.79%）。这是由于当水风光所承担的负荷比例不同时，各省电力富余程度将发生变化，可富余送出电力减少，部分省份从原先的电力送出省甚至转变为电力受电省。因此，在水风光承担不同负荷比例的情况下，电网的传输情况将发生变化。

3. 2060年水风光装机规划

全国省际均互联传输条件下的供需潜力是指以各省电网为对象，在本省水风光多能互补调度供应本省电网负荷后，电力平衡有余或不足的省份通过假设全国省际均互联传输，并进行跨省、跨区电力交易后，各省在时间和空间两个维度的电力供需平衡潜力。本节计算了在全国省际均互联的输电条件下，各省所有负荷均有水风光互补系统承担情况下的供应潜力，并与无省际传输条件下、现有省际传输条件下的情况进行了对比。图6.3～图6.5分别表示无传输条件下、现有传输条件下、全国省际均互联传输条件下各省水风光互补系统承担所有负荷的电力供应可靠性。

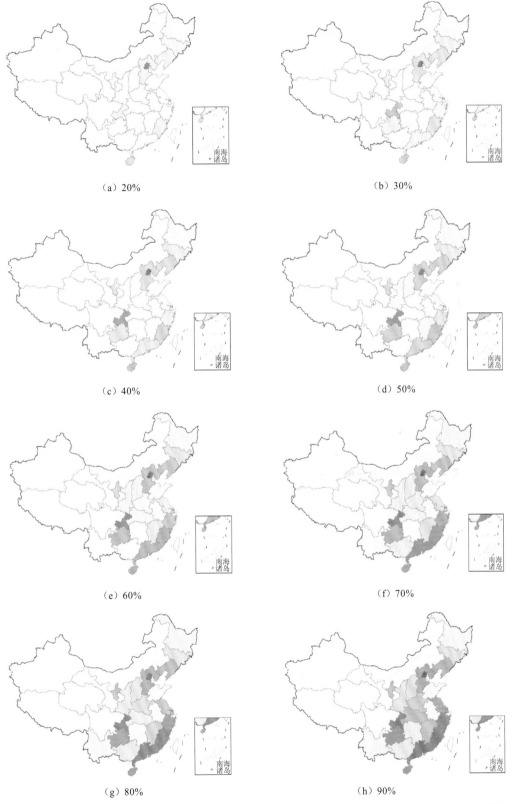

(a) 20%　　　　　　　　　　(b) 30%

(c) 40%　　　　　　　　　　(d) 50%

(e) 60%　　　　　　　　　　(f) 70%

(g) 80%　　　　　　　　　　(h) 90%

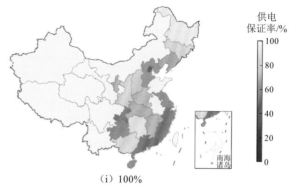

（i）100%

图 6.2　现有传输条件下全国各省水风光互补系统承担不同负荷比例的可靠性

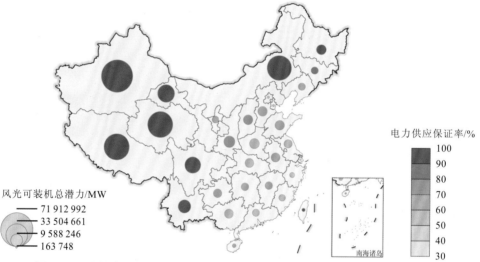

图 6.3　无传输条件下全国各省水风光互补系统承担所有负荷的电力供应可靠性

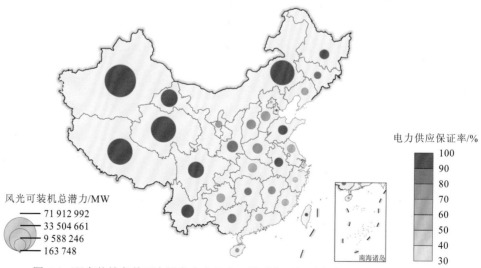

图 6.4　现有传输条件下全国各省水风光互补系统承担所有负荷的电力供应可靠性

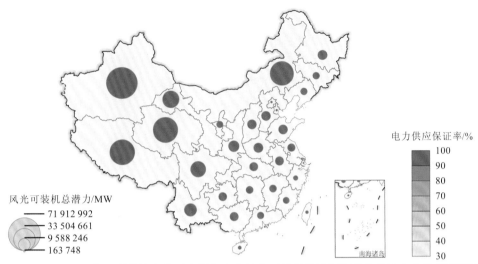

图 6.5　全国省际均互联传输条件下全国各省水风光互补系统承担所有负荷的电力供应可靠性

由图 6.3 可知，风光资源丰富的省份主要集中于西部的西北和西南地区，内蒙古自治区、新疆维吾尔自治区、青海省、西藏自治区、甘肃省、四川省和云南省的风光可装机总潜力较大。同时，这些省份在无传输条件下水风光互补系统承担所有负荷的电力供应保证率均在 90%以上，基本具有能源结构 100%清洁化的潜力。而对于东部、中部和华北的多数省份，在无传输条件下水风光互补系统承担所有负荷的电力供应可靠性较低，水风光难以满足省内的负荷需求。

由图 6.4 可知，在现有传输条件下全国各省水风光互补系统承担所有负荷的电力供应可靠性，较无传输条件下具有明显提升，尤其是天津市、安徽省、山东省、广西壮族自治区、湖南省等省份提升较为明显，说明现有主要的大型远距离传输线路中，广西壮族自治区、山东省等省份所占有的线路数量比例或传输容量均较大。在今后的电网规划建设中，可以着重考虑加大图 6.4 中现有传输条件下电力供应可靠性较低的省份，如东部沿海一带省份的传输容量。

由图 6.5 可知，在全国省际均互联传输条件下全国各省水风光互补系统承担所有负荷的电力供应均基本得到满足，所有省份的电力供应保证率均达 95%以上。因此，在未来的能源结构和电网建设规划中，以水风光为主力，辅以电网互联，可实现全国所有省份电力结构的 100%清洁化，从而有效助力 2060 年碳中和目标的实现。

4. 省际电力传输关系分析

为了分析省际传输条件下各省份之间的电力传输关系，绘制在水风光承担 100%负荷的情况下，各省际的电力传输关系图，如图 6.6 和图 6.7 所示。图 6.6 表示的是现有传输条件下全国各省际的电力传输关系，其中图 6.6（a）表示输出省视角，图中连接线的粗端表示电力输出省份，图 6.6（b）表示输入省视角，图中连接线的粗端表示电力输入省份。从图 6.6 中可以看出，电力输出省主要集中于西南和西北地区，四川省、内蒙古自治区、云南省、湖北省和新疆维吾尔自治区这些省份都是水风光资源丰富的地区，其中四川省和云南省的水电资源较为突出，而内蒙古自治区、新疆维吾尔自治区等省份的风光资源较为丰富。从图 6.6（b）中可以看出，电力输入省主要集中于东部沿海和华北地区，江苏省、河南省、江西省、广东省、浙江省和上海市等电力需求较大的省份，自我供给电力只能满足较小比例的负荷需求，需要其他省份的传输供给。

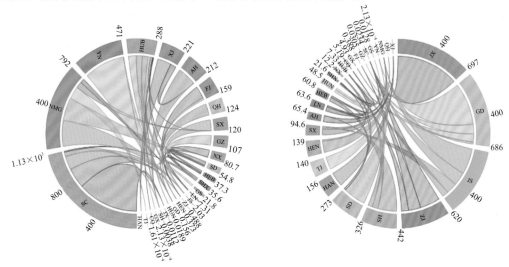

（a）输出省视角 （b）输入省视角

图 6.6 现有传输条件下全国各省际的电力传输关系图（单位：亿 kW·h）

HAN、TJ、CQ、GX、SH、JX、HUN、GD、HEN、ZJ、JS、LN、GS、SHX、HEB、SD、NX、GZ、SX、QH、FJ、AH、XJ、HUB、YN、NMG、SC 分别表示海南省、天津市、重庆市、广西壮族自治区、上海市、江西省、湖南省、广东省、河南省、浙江省、江苏省、辽宁省、甘肃省、陕西省、河北省、山东省、宁夏回族自治区、贵州省、山西省、青海省、福建省、安徽省、新疆维吾尔自治区、湖北省、云南省、内蒙古自治区、四川省

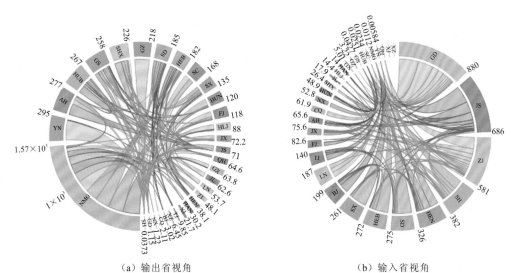

（a）输出省视角 （b）输入省视角

图 6.7 省际均互联条件下全国各省际的电力传输关系图（单位：亿 kW·h）

HLJ、JL、XZ、BJ 分别表示黑龙江省、吉林省、西藏自治区、北京市

图 6.7 表示的是省际均互联条件下全国各省际的电力传输关系,其中图 6.7 (a) 表示输出省视角,图中连接线的粗端表示电力输出省份,图 6.7 (b) 表示输入省视角,图中连接线的粗端表示电力输入省份。从图 6.7 中可以看出,电力输出省依然主要集中于西南和西北地区,内蒙古自治区、云南省、湖北省、甘肃省和安徽省这些省份都是水风光资源丰富的地区。从图 6.7 (b) 中可以看出,电力输入省依然主要集中于东部沿海和华北地区,广东省、江苏省、浙江省、上海市和河南省等这些电力需求较大的省份。

5. 气候变化下供电稳健性分析

表 6.1 和图 6.8 表示的是碳中和水平年全国水风光多能互补对气候变化的响应,具体呈现为 2060 年电力需求水平及气候变化条件下,全国水风光互补系统供应负荷过程的保证率。从表 6.1 中可以看出,未来气候变化条件下,低排放情景(SSP126)下,所有模型的负荷供应保证率均达 90% 及以上,平均值达到 94%,可以实现负荷的稳定供应。其中,EC-Earth3 模型下负荷供应保证率达 97.39%,这是因为未来气候变化情景下,该模型的水风光资源均呈现增加的趋势,但由于空间上增加的异质性,整体负荷供应保证率未能显著增长。而在中等排放情景(SSP245)下,所有模型的负荷供应保证率均达 90% 以上,平均值达到 95%,同样可以实现负荷的稳定供应。同样地,所有模型中,EC-Earth3 模型的负荷供应保证率效果最好,达 97.27%。而对于高排放情景(SSP585),水风光互补系统负荷供应保证率也均达 90% 以上,平均值达到 94%,较前两种排放情景没有显著波动。综上可知,在所模拟的气候变化情景下,全国水风光互补系统供应负荷过程的保证率可达 94.5%,方差为 5.64%。因此,碳中和水平年全国水风光多能互补对气候变化的负荷供应保证率较为稳健,可以实现负荷过程的稳健供应。

表 6.1　碳中和水平年全国水风光多能互补对气候变化的响应

排放情景	模型	历史	未来	平均
SSP126	EC-Earth3	98%	97.39%	94%
	IPSL-CM6A-LR		90.00%	
	MIROC6		94.18%	
	MPI-ESM1-2-LR		93.46%	
SSP245	EC-Earth3	98%	97.27%	95%
	IPSL-CM6A-LR		91.52%	
	MIROC6		94.95%	
	MPI-ESM1-2-LR		94.36%	
SSP585	EC-Earth3	98%	96.37%	94%
	IPSL-CM6A-LR		91.08%	
	MIROC6		95.02%	
	MPI-ESM1-2-LR		93.08%	

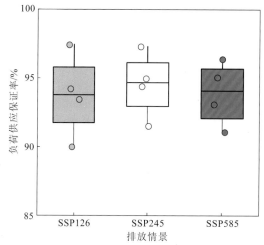

图 6.8 未来气候变化下全国水风光多能互补对气候变化的响应

在未来水风光装机规模的规划设计中，明确水风光三者的发展职能定位，可以为获取未来气候变化下水风光互补系统的稳健性提供有利条件。首先，对于水电，其主要职能是调节系统的整体出力，使系统出力尽可能地匹配负荷过程，以减少系统弃电或出力不足的情况发生；然后，对于风电，其主要职能是供应负荷的主要能源，因为风电在白天和夜晚均可以发电，同时风电出力在空间上具有互补性，这两个因素可以使得风电在负荷需求的每个时刻都发挥一定的供电职能；最后，对于光电，其主要职能是对系统在气候变化下的稳健性提供一定的支撑，因为辐射在以上 12 种模式中均呈现增加的趋势，而且空间上显示辐射增加的区域主要集中在负荷需求较大的区域。

6.1.4 小结

本节针对水风光多能互补视角下风/光电潜力评估问题进行探究，建立了以资源评估模块、互补调度模块和跨省交易模块为基础的潜力评估框架，以"源—网—荷"全链条为主线进行了潜力评估计算，并探讨了无省际传输条件下、现有省际传输条件下和全国省际均互联传输条件下水风光供应负荷过程的潜力，研究结论如下。

（1）在不考虑省际传输条件下，以水风光为供应负荷主力的可靠性普遍较低，我国水风光资源和电力需求在地理分布上存在不匹配现象，完全依靠本省水风光互补系统供应本省负荷过程只适用于西北和西南地区的极少数省份，绝大多数省份需要依靠其他省份供给或储能技术的支持。

（2）在考虑现有省际传输条件后，各省的电力供应保证率平均提升 10%左右。电力输出省主要集中于西南和西北地区（内蒙古自治区、四川省、新疆维吾尔自治区、云南省、甘肃省和青海省等水风光资源丰富的省份），电力输入省主要集中于东部沿海和华北地区（江苏省、山东省、河南省、江西省、广东省和浙江省等电力需求较大的省份）。

（3）在全国省际均互联传输的条件下，全国各省水风光互补系统承担所有负荷的电力供应均基本得到满足，所有省份的电力供应保证率均达 95% 以上。因此，在未来的能源结构和电网建设规划中，实现全国所有省份电力结构的 100% 清洁化是一种值得探索的模式。

（4）探讨了碳中和水平年全国水风光多能互补供应小时尺度电力需求过程的稳健性。研究表明，在所模拟的多种气候变化情景下，全国水风光互补系统供应负荷过程的保证率可达 94.5%，方差为 5.64%。因此，碳中和水平年全国水风光多能互补对气候变化的负荷供应保证率较为稳健，可以实现负荷过程的稳健供应。

6.2　水风光互补系统适应性调度

6.2.1　概述

能源是人类社会可持续发展必不可缺的物质前提，也是一个国家或地区发展战略的核心组成部分，在国民宏观经济中具有不可估量的战略地位[12]。工业革命以来，传统化石能源被大量开采使用，加之过去技术不成熟、管理不规范等情况普遍存在，能源危机逐渐凸显，生态系统遭到破坏，全球变暖、冰川消融、海平面上涨等现象愈发严重，极端气候事件频发[12-13]。在这样的大背景下，发展清洁可再生能源成为全球保证能源安全稳定及应对环境变化的重要方式[14-16]。联合国政府间气候变化专门委员会（Intergovernmental Panel on Climate Change）的 AR6 第一工作组报告 *Global Warming of 1.5 ℃* 称：若全球升温被限制在 1.5 ℃ 以内或者略微超过 1.5 ℃，2050 年可再生能源的开发利用在高置信水平下可满足全球能源 70%～85% 的服务需求[17]。

全球各国对能源结构的改革都极为重视，采取了一连串措施推动清洁可再生能源的开发利用和节能减排。我国也将碳中和纳入了"十四五"规划纲要，并承诺：在 2030 年碳排放达到顶峰，争取在 2060 年前实现碳中和。国际可再生能源机构公布的 *Renewable Capacity Statistics 2021* 表明（图 6.9）：到 2021 年初为止，世界可再生能源累计装机容量为 2 799 GW，三大主要组成部分水能、风能、光能分别装机 1 211 GW（43%）、733 GW（26%）和 714 GW（26%）。其中，中国在水能、风能、光能上的装机容量分别为 370 GW、282 GW 和 254 GW，三项均位列世界第一，为节能减排做出了不可磨灭的贡献[18]。

水、风、光等清洁可再生能源由于其广泛的分布、巨大的蕴藏量及不会造成污染等特点，被认为是较为理想的能源。然而，由于风力发电和光伏发电很容易受到风速大小、日月轮转、四季更迭等客观条件的影响，其输出功率表现出某种程度的间歇性和随机性。当风电和光电达到一定的规模时，如果直接并网，会给电网带来巨大的调节压力，影响电网的稳定性[19-21]。同时，风电和光电还具有不可调度性，且难以实现大规模存储，因此风电和光电常常会发生严重的弃电现象。最安全、有效的解决方法为将其与能够迅速平衡需求的能源搭配使用[22-23]。水力发电具有启停迅速、响应灵敏、可以存储能量等优

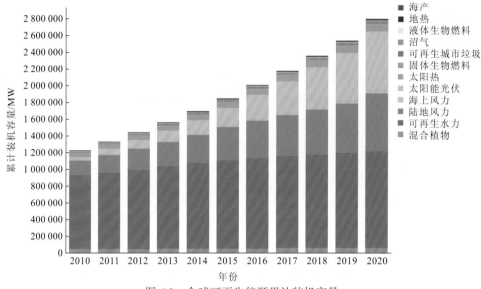

图 6.9　全球可再生能源累计装机容量

点,且风电、光电和水电之间存在着天然的日内互补和季节互补特性,使得具备一定装机容量和调节库容的水电,通过合理的调度,能在一定程度上克服风电出力与光伏出力的间歇性和不稳定性的缺点。因此,水风光互补系统随之产生,流域型水风光清洁能源综合开发利用模式逐步形成[24-25]。

由于风电、光电的不可调度性,水风光互补系统的调度运行策略是以水电站的调度运行策略为依托的,从某种程度上来说就是将风、光作为约束条件的水电站再调度[26]。而水电站的设计与调度运行策略的确定是以水文序列的一致性为基础的,但是在变化环境下,如气候变化和上游水库径流调节等人类活动的影响下,水文循环过程发生了改变,水资源的时空分配和径流特性受到了不可忽视的影响,传统工程水文的一致性假定被打破,以过去历史径流的时历特性为前提的传统水库调度规则在未来变化环境情况下将很难适用[27-28]。相应地,使用缺乏适应性的静态调度规则指导水风光互补系统在变化环境下运行也将无法达到最优调度效益,且与单一水库调度相比,风和光两个因素的加入使得出力的间歇性与随机性更强,问题变得更加复杂,限制条件更多,调度起来更加困难。因此,本节旨在探究水风光互补系统在变化环境下的中长期运行特性,提取出水风光互补系统的中长期调度函数,并推求中长期适应性调度规则,进而提高能源的综合利用效益,在一定程度上缓解全球面临的能源危机、环境破坏、生态恶化等问题。

6.2.2　研究方法

1. 技术路线

本节推求水风光互补系统适应性调度规则的方法包含三个步骤。

(1)确定性优化调度:建立系统的确定性优化模型,采用 DP 方法求解得到最优运行轨迹，并据此分析系统的中长期运行特性。

（2）构建线性调度函数：依据系统的最优运行轨迹进行相关分析，选定调度函数的决策变量和自变量，构建线性调度函数。

（3）推求适应性调度规则：使用集合卡尔曼滤波技术同化上一年同期最优运行轨迹，对系统线性调度函数的参数进行时变最优估计，得到中长期适应性调度规则。

2. 确定性优化模型

1）水风光出力模型

（1）水电站出力模型。

水轮机组是利用上下游水的机械能差输出电能的装置，水轮机组的能量转换效率、发电流量和净水头直接决定了水轮机组输出功率的大小，它们之间的关系为[29]

$$N_{HP}(t) = \frac{9.81\eta_h Q_p(t) h_{net}(t)}{10^3} = \frac{\eta Q_p(t) h_{net}(t)}{10^3} \tag{6.13}$$

式中：$N_{HP}(t)$ 为第 t 时段的水力发电功率，MW；$Q_p(t)$ 为第 t 时段的发电流量，m^3/s；$h_{net}(t)$ 为第 t 时段的净水头，m；η_h 为水轮机组的能量转换效率；η 为出力系数。

（2）风力涡轮出力模型。

风力涡轮机是一种将风的动能作为动力输出电能的涡轮机，风速直接决定了其输出功率的大小，它们之间的关系可以用分段函数表示[29-31]，见式（4.129）、式（4.130）。

（3）光伏面板出力模型。

光伏面板是指依靠半导体材料在光照下的光生伏特效应吸收太阳能输出电能的器件，太阳辐射的强度与所处环境的温度直接决定了其输出功率的大小，它们之间的关系为[29]

$$N_{PV}(t) = N_{r-PV} \cdot \frac{sr(t)}{S_{sr}} \cdot \{1 + k_{PV}[T_c(t) - T_r]\} \tag{6.14}$$

式中：$N_{PV}(t)$ 为第 t 时段的光伏发电功率，MW；N_{r-PV} 为额定光伏发电功率，MW；$sr(t)$ 为第 t 时段的光照强度，W/m^2；$T_c(t)$ 为第 t 时段的光伏面板温度，℃；S_{sr} 为标准环境下的额定光照强度，1 000 W/m^2；T_r 为标准环境下的额定温度，25 ℃；k_{PV} 为功率温度系数，取-0.35%/℃。

气象站所测得的温度一般为气温，需要通过式（6.15）进行换算[26]：

$$T_c(t) = T_{air,i}(t) + \frac{sr(t)}{S_{sr}}(T_{noc} - T_r) \tag{6.15}$$

式中：$T_{air,i}(t)$ 为第 t 时段的气温，℃；T_{noc} 为光伏面板在正常工作时的温度，通常取（48±2）℃，这里取 48 ℃。

2）水风光互补系统确定性优化模型

（1）目标函数。

水风光互补系统运行管理的目标除了经济性还有可靠性，而且经济性要以可靠性为前提，这是水风光互补系统运行调度的一个基本原则。以发电量最大为目标函数得到的最优决策序列，一般难以满足水风光互补系统输出能量的可靠性要求。因此，需要对其运行进行可靠性约束。

将可靠性约束转换为"惩罚函数"加入每个时段的系统出力中，得到：

$$N_{PP}(t) = \begin{cases} N_{TP}(t) + \beta_f[N_{TP}(t) - N_{firm}], & N_{TP}(t) < N_{firm} \\ N_{TP}(t), & N_{TP}(t) \geqslant N_{firm} \end{cases}$$
$$= \begin{cases} N_{TP}(t) + \beta_f\{N_{HP}(t) - [N_{firm} - N_{WP}(t) - N_{PV}(t)]\}, & N_{TP}(t) < N_{firm} \\ N_{TP}(t), & N_{TP}(t) \geqslant N_{firm} \end{cases} \quad (6.16)$$

式中：$N_{PP}(t)$ 为第 t 时段带有惩罚量的系统出力，MW；$N_{TP}(t)$ 为第 t 时段系统出力，$N_{TP}(t) = N_{HP}(t) + N_{WP}(t) + N_{PV}(t)$，MW，$N_{WP}(t)$ 为第 t 时段的风力发电功率；β_f 为惩罚系数；N_{firm} 为保证出力。

构造目标函数如下：

$$E_{PP}^*(T) = \max\left\{\sum_{t=1}^{T}[N_{PP}(t)\Delta T(t)/10^5]\right\} \quad (6.17)$$

式中：$E_{PP}^*(T)$ 为调度期 T 内带有惩罚量的最优总发电量，亿 kW·h；T 为调度期总时段数；$\Delta T(t)$ 为第 t 时段时段长，h。

（2）约束条件。

考虑的约束条件包括水量平衡约束、蓄水量约束、泄流能力约束、水电站最大过流能力约束、最小泄量约束、水电站出力约束和传输能力约束：

$$V(t+1) = V(t) + [Q(t) - Q_p(t) - Q_{qs}(t)] \times \Delta T(t) \times 3.6 \times 10^{-5} \quad (6.18)$$

$$\underline{V}(t+1) \leqslant V(t+1) \leqslant \overline{V}(t+1) \quad (6.19)$$

$$Q_{qs}(t) \leqslant f_{zws}\left[\frac{Z^{up}(t) + Z^{up}(t+1)}{2}\right] \quad (6.20)$$

$$Q_p(t) \leqslant \overline{Q}_{pg}(t) \quad (6.21)$$

$$q(t) \geqslant \underline{q}(t) \quad (6.22)$$

$$\underline{N}_{HP}(t) \leqslant N_{HP}(t) \leqslant \overline{N_{HP}(t)} \quad (6.23)$$

$$N_{TP}(t) \leqslant P^u(t) \quad (6.24)$$

式中：$V(t)$ 为第 t 时段初水库蓄水量，亿 m³；$Q(t)$、$Q_{qs}(t)$、$q(t)$ 为第 t 时段入库流量、弃水流量、出库流量，m³/s；$\underline{V}(t+1)$、$\overline{V}(t+1)$ 为第 t 时段末的蓄水量下限和上限（对应死水位、防洪限制水位或正常蓄水位），亿 m³；$Z^{up}(t)$ 为第 t 时段初的水库水位，m；$f_{zws}(\cdot)$ 为泄流能力函数；$\overline{Q}_{pg}(t)$ 为第 t 时段最大发电流量，m³/s；$\underline{q}(t)$ 为第 t 时段最小下泄流量，m³/s；$\underline{N}_{HP}(t)$、$\overline{N_{HP}(t)}$ 为第 t 时段水电站出力的下限和上限，MW；$P^u(t)$ 为第 t 时段传输能力，对于从水电站传输的水风光互补系统，取水电装机容量，MW。

3）DP 方法

该确定性优化模型可以视为一个多阶段决策问题，适合使用 DP 方法进行求解，递推方程如下：

$$\begin{cases} E_t^*[V^{(i)}(t)] = \max_{V^{(j)}(t+1)\in D(t+1)} \{E_t[V^{(i)}(t),V^{(j)}(t+1)] + E_{t+1}^*[V^{(j)}(t+1)]\}, & t=1\sim T \\ E_{T+1}^*[V^{(1)}(T+1)] = 0, & t=T+1 \end{cases}$$ (6.25)

式中：$V^{(i)}(t)$ 为第 t 时段初水库蓄水量的第 i 个离散值；$D(t+1)$ 为第 t 时段末水库蓄水量的离散集合；$E_t[V^{(i)}(t),V^{(j)}(t+1)]$ 为第 t 时段初、末状态分别为 $V^{(i)}(t)$、$V^{(j)}(t+1)$ 时，可取得的阶段发电量；$E_t^*[V^{(i)}(t)]$ 为第 t 时段初状态为 $V^{(i)}(t)$ 时，可取得的 $t\sim T$ 阶段最大发电量。

3. 线性调度函数

传统上，调度规则被广泛运用于指导水电站的运行，是对其调度运行规律的一种总结，包括调度图、调度函数等[32]。研究表明，线性调度规则的效果和非线性调度规则的效果相当，甚至优于非线性调度规则[33-34]。因此，本节在分析水风光互补系统最优运行轨迹的基础上，采用线性拟合的方式构建调度函数，即静态调度规则，一般形式如下：

$$Y_m(t+1) = a_m \times X_m(t) + b_m$$ (6.26)

式中：m 为月份；a_m、b_m 为线性拟合确定的表征决策变量和自变量定量关系的参数；$Y_m(t+1)$ 为决策变量，可以是时段下泄流量、时段系统出力、时段末水库蓄水量或时段末水库水位；$X_m(t)$ 为自变量，可以是时段可用水量或时段可用能量。

其中，水风光互补系统的时段可用能量定义如下：

$$AE(t) = IE(t) + SE(t)$$ (6.27)

$$IE(t) = \left[\frac{\eta Q(t)h_{net}(t)}{10^3} + N_{WP}(t) + N_{PV}(t)\right] \times \Delta T(t) \times 10^{-5}$$ (6.28)

$$SE(t) = \eta[V(t) - \underline{V}(t)]h'_{net}(t)/3\,600$$ (6.29)

式中：$AE(t)$ 为第 t 时段可用能量，亿 kW·h；$IE(t)$ 为第 t 时段系统输入能量，亿 kW·h；$SE(t)$ 为第 t 时段初的系统存储能量，亿 kW·h；$h'_{net}(t)$ 为第 t 时段初假设将水库蓄水全部下泄时的时段平均水头，m。

依据确定性优化模型得出的最优运行轨迹，先进行相关分析，判断各个变量的相关关系并进行初步筛选，再通过线性拟合确定适宜的决策变量和自变量，即最佳调度函数形式。各个变量之间的相关性通过相关系数来表征。

4. 适应性调度规则

1）集合卡尔曼滤波

集合卡尔曼滤波是 Evensen 在 1994 年提出的一种经典滤波算法[35]，通过蒙特卡洛方法来实现标准卡尔曼滤波，它利用集合中的若干样本实现来计算状态预测值的误差协方差矩阵，不需要线性假定，对线性系统和非线性系统都适用，且计算简便，方便大尺度问题代入，因此得到了广泛的运用[36-37]。

对于一个动态系统，有两个基本方程：状态转移方程和观测方程[38]。

状态转移方程：

$$x_{t+1} = M_t(x_t) + \xi_t, \quad \xi_t \sim N(0, U_t) \tag{6.30}$$

式中：x_t 为 t 时刻系统的状态向量；M_t 为 t 时刻系统预测状态转移的线性或非线性模型算子；ξ_t 为 t 时刻系统的预测误差向量，其服从均值为 0、方差为 U_t 的正态分布。

观测方程：

$$y_{t+1} = H_{t+1}(x_{t+1}) + \eta_{t+1}, \quad \eta_{t+1} \sim N(0, D_{t+1}) \tag{6.31}$$

式中：y_{t+1} 为 $t+1$ 时刻系统的观测向量；H_{t+1} 为 $t+1$ 时刻系统的观测算子，表征系统中观测向量与状态向量之间的关系；η_{t+1} 为 $t+1$ 时刻系统的观测误差向量，其服从均值为 0、方差为 D_{t+1} 的正态分布。

集合卡尔曼滤波在初始时刻先随机生成符合正态分布的状态向量集合，再根据这两个基本方程对系统的状态进行逐阶段估计与更新。与标准的卡尔曼滤波相似，集合卡尔曼滤波的每一个阶段也可以分为预测和更新两个步骤。假定系统状态向量集合的规模为 N，则 t 时刻系统的状态向量集合可以表示为 $\{x_t^1, x_t^2, \cdots, x_t^N\}$，两个步骤的具体内容如下[36, 38-39]。

（1）预测。

对于系统状态向量集合的第 k 个元素，其预测过程基于：

$$x_{t+1|t}^k = M_t(x_{t|t}^k) + \xi_t^k \tag{6.32}$$

式中：$x_{t|t}^k$ 为 t 时刻系统的分析状态向量集合中的第 k 个元素；$x_{t+1|t}^k$ 为 $t+1$ 时刻系统的预测状态向量集合中的第 k 个元素；ξ_t^k 为 t 时刻对应系统分析状态向量集合中第 k 个元素随机生成的高斯噪声。

（2）更新。

对系统的观测数据也施加随机扰动，得到观测向量集合：

$$y_{t+1}^k = y_{t+1} + \eta_{t+1}^k \tag{6.33}$$

式中：y_{t+1}^k 为 $t+1$ 时刻系统观测向量集合中的第 k 个元素；η_{t+1}^k 为 $t+1$ 时刻对应系统观测向量集合中第 k 个元素随机生成的高斯噪声。

进行数据同化，更新状态向量：

$$x_{t+1|t+1}^k = x_{t+1|t}^k + K_{t+1}[y_{t+1}^k - H_{t+1}(x_{t+1|t}^k)] \tag{6.34}$$

式中：K_{t+1} 为 $t+1$ 时刻系统的卡尔曼增益矩阵，计算方法为[40-41]

$$K_{t+1} = C_{t+1|t}^{xy}(C_{t+1|t}^{yy} + D_{t+1})^{-1} \tag{6.35}$$

其中：$C_{t+1|t}^{xy}$ 为 $t+1$ 时刻系统预测的状态向量集合和预测的观测向量集合之间的互协方差矩阵；$C_{t+1|t}^{yy}$ 为 $t+1$ 时刻系统预测的观测向量集合的误差协方差矩阵。

其中，

$$C^{xy}_{t+1|t} = \frac{1}{N-1} X_{t+1|t} Y^{\mathrm{T}}_{t+1|t} \qquad (6.36)$$

$$C^{yy}_{t+1|t} = \frac{1}{N-1} Y_{t+1|t} Y^{\mathrm{T}}_{t+1|t} \qquad (6.37)$$

式中：$X_{t+1|t} = \{x^1_{t+1|t} - \bar{x}_{t+1|t}, \cdots, x^N_{t+1|t} - \bar{x}_{t+1|t}\}$；$Y_{t+1|t} = \{y^1_{t+1|t} - \bar{y}_{t+1|t}, \cdots, y^N_{t+1|t} - \bar{y}_{t+1|t}\}$；$y^k_{t+1|t}$ 为 $t+1$ 时刻系统预测的观测向量集合中的第 k 个元素；$\bar{x}_{t+1|t}$ 和 $\bar{y}_{t+1|t}$ 分别为 $t+1$ 时刻系统预测的状态向量集合和观测向量集合的平均值。

同化后得到 $t+1$ 时刻系统的分析状态向量集合 $\{x^1_{t+1|t+1}, \cdots, x^N_{t+1|t+1}\}$，并作为后续预测与更新的初始值，直到滤波结束；其均值 $\bar{x}_{t+1|t+1}$ 即此时刻状态向量的最优估计值。

2）适应性调度规则方案

选择合适的观测值是使用集合卡尔曼滤波更新调度函数参数的重要前提。在此，可以将确定性优化调度得出的最优运行轨迹作为观测值进行滤波计算，使得时变的调度函数通过"适应"确定性最优运行轨迹来"适应"变化的环境，保持较好的系统运行效益。但由于预报技术的限制，未来的能量输入过程并不能准确预知，可以利用的只有过去年份的最优运行轨迹。

水、风、光三种资源的强度变化都有季节性特征且年际相似，变化环境下相邻年份的系统输入一般只会发生较小改变且存在一定趋势。因此，本节的适应性调度规则方案为：将系统上一年的最优运行轨迹作为当前年份最优运行轨迹的观测值进行滤波计算，通过动态最优估计调度函数的参数来跟踪环境变化导致的系统输入变化趋势。此方案适用于能量输入条件或者最优运行轨迹年际相差较小的月份，对于这些月份两个基本方程如下。

状态转移方程：

$$x_{t+1,m} = M_{t,m}(x_{t,m}) + \xi_{t,m}, \quad \xi_{t,m} \sim N(0, U_{t,m}) \qquad (6.38)$$

式中：$x_{t,m}$ 为 t 年 m 月系统的状态向量，$x_{t,m} = [a_{t,m}, b_{t,m}]^{\mathrm{T}}$，$a_{t,m}$、$b_{t,m}$ 为式（6.26）对应的 t 年 m 月的参数；$M_{t,m}$ 为 t 年 m 月系统预测状态转移的模型算子，由于能量输入特征的年际相似性，$M_{t,m}$ 为单位矩阵；$\xi_{t,m}$ 为 t 年 m 月系统的预测误差向量，其服从均值为 0、方差为 $U_{t,m}$ 的正态分布。

观测方程：

$$y_{t+1,m} = H_{t+1,m}(x_{t+1,m}) + \eta_{t+1,m}, \quad \eta_{t+1,m} \sim N(0, D_{t+1,m}) \qquad (6.39)$$

式中：$y_{t+1,m}$ 为 $t+1$ 年 m 月系统的观测向量，$y_{t+1,m} = Y_{t+1,m}$，$Y_{t+1,m}$ 为式（6.26）对应的 t 年 m 月的决策变量；$H_{t+1,m}$ 为 $t+1$ 年 m 月系统的观测算子，$H_{t+1,m} = [X_{t+1,m}, 1]$，$X_{t+1,m}$ 为式（6.26）对应的 t 年 m 月的自变量；$\eta_{t+1,m}$ 为 $t+1$ 年 m 月系统的观测误差向量，其服从均值为 0、方差为 $D_{t+1,m}$ 的正态分布。

更新参数的流程如图 6.10 所示。

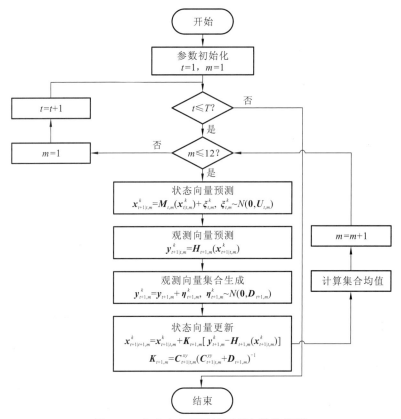

图 6.10　集合卡尔曼滤波更新参数的流程

6.2.3　研究区域与方案设置

1. 研究区域

本节以拥有目前世界上第一高双曲拱坝的锦屏一级水电站和周围风光电站组成的水风光互补系统为研究对象。该水风光互补系统处在四川省凉山彝族自治州境内,如图 6.11 所示。

锦屏一级水电站是一座巨型水电工程,主要职能为发电,带有拦沙等功能。其控制流域面积约 10.3 万 km^2,大概占雅砻江流域面积的 75.4%,库容系数为 12.8%,调节能力为不完全年调节。其设计枯水年枯水期平均流量通过水库调节由 367 m^3/s 提高到 678 m^3/s,即提高了 84.7% 的河道流量,由此可增加雅砻江下游 4 个梯级水电站设计枯水年的枯期平均出力 136.1 万 kW,多年平均发电量 60.0 亿 kW·h。

考虑资源条件、工程地质、交通运输、生态环境等影响因素后,锦屏一级水电站周围规划了 3 个风电站和 2 个光伏电站,风光装机容量总计 2 583.5 MW。水风光互补系统的技术参数见表 6.2。

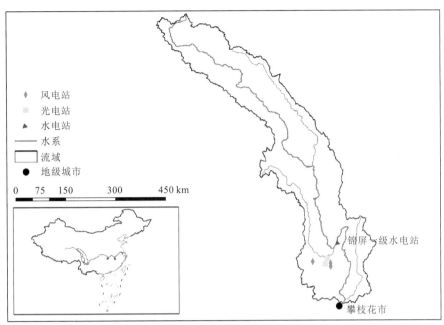

图 6.11 雅砻江流域示意图

表 6.2 锦屏一级水风光互补系统技术参数表

类别	参数名称	参数取值	参数单位
风电站	额定风速	15	m/s
	装机容量	283.5	MW
光伏电站	额定辐射	1 000	W/m²
	额定温度	25	℃
	装机容量	2 300	MW
水电站	出力系数	8.5	—
	死水位	1 800	m
	汛限水位	1 859	m
	正常蓄水位	1 880	m
	兴利库容	49.11	亿 m³
	装机容量	3 600	MW
	保证出力	1 086	MW
	多年平均发电量	166.2	亿 kW·h

2. 研究资料

研究资料包括：

（1）锦屏一级水电站 1959 年 1 月～2010 年 12 月共 52 年的径流资料（月尺度）；

（2）盐源站 1959 年 1 月～2010 年 12 月共 52 年的风速资料（月尺度）；

（3）峨眉山站 1959 年 1 月～2010 年 12 月共 52 年的辐射和温度资料（月尺度）。

其中，风速、辐射和温度资料来源于国家气象科学数据中心（http：//data.cma.cn/），经冯·诺依曼比检验法和积累偏差法[42]检验均不满足一致性，即风、光资源发生了变异；径流资料由锦屏一级水电站提供。

水、风、光 52 年资料分为 30 年率定期（1959～1988 年）和 22 年检验期（1989～2010 年），两时期的参数设置如表 6.3 所示。调度期的初、末水位均设置为正常蓄水位；系统的保证出力是先根据水电站的保证出力与径流资料试算出保证率，再由保证率试算出惩罚因子，进而试算得到；经过程序运行，离散点数设置为 256 时运算结果已接近收敛，这里设置为 1 024，精度约为 0.05 亿 m^3。

表 6.3　参数设置表

参数名称	参数取值	参数单位
初始水位	1 880	m
终止水位	1 880	m
保证出力	1 516	MW
惩罚因子	10	—
离散点数	1 024	—

3. 方案设置

本节设置 4 种调度方案进行对比，以分析此适应性调度规则的效果：

（1）常规调度方案，即水电站进行常规调度，其出力加上风光出力为系统总出力；

（2）最优调度方案，即根据确定性优化模型得出的调度方案进行调度；

（3）静态调度规则方案，即根据构建的线性调度函数进行调度；

（4）适应性调度规则方案，即通过利用集合卡尔曼滤波动态更新参数的线性调度函数进行调度。

6.2.4　结果分析

1. 确定性优化调度

根据 DP 方法所得结果绘制特征图（图 6.12）。其中，图 6.12（a）、（b）分别显示了率定期最优运行轨迹中水位和出力的年内变化情况，最小值和最大值反映了其变化范围，均值和四分位数反映了其集中范围；图 6.12（c）显示了率定期最优运行轨迹中水电出力和风光出力在各月份的分布情况。

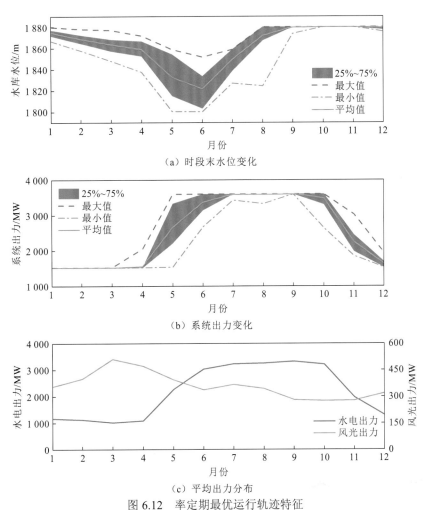

图 6.12　率定期最优运行轨迹特征

由图 6.12（a）可知，5 月、6 月两个月的水位变化较大，与汛期初（6 月）来水变幅较大及复杂的约束条件有关；其他月份的水位分布相对集中，尤其是 9～11 月，基本维持在正常蓄水位。由图 6.12（b）可知，12 月～次年 5 月的系统出力由于惩罚项的存在基本维持在保证出力附近，而 6～10 月的系统出力由于资源较为充足基本保持满发。由图 6.12（c）可知，水电的平均出力在夏、秋两季较大，而风光的平均出力在春、冬两季较大，结合式（6.16）可得三者存在季节上的互补特性。一方面，风光出力可以使水库的水位迅速抬高、缓慢降低，提高水电的平均水头以增加水电出力；另一方面，水电出力的数值整体较大，可以弥补风光出力与保证出力之间的差距，调节风光出力的不稳定性和间歇性，使系统的输出功率更加平稳可靠。

2. 线性调度函数的构建

对率定期最优运行轨迹中的时段末水库蓄水量 RS、时段末水库水位 WL、时段可用水量 AW、时段下泄流量 WR、时段可用能量 AE 和时段系统出力 TN 这 6 个变量进行相关分析，绘制部分月份的结果图，如图 6.13 所示。根据图 6.13 可对决策变量和自变量的选取进行初步判断。

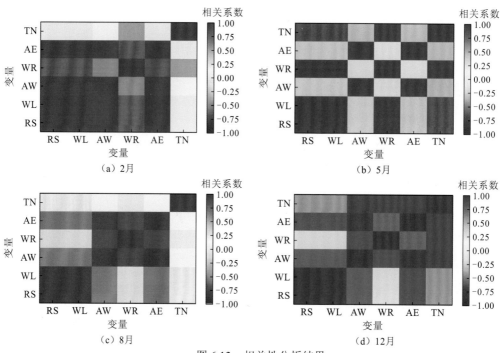

图 6.13　相关性分析结果

（1）对于自变量的选取：AW 和 AE 与其他变量的相关性基本一致，选取表征输入能量更全面的 AE 作为调度函数的自变量。

（2）对于决策变量的选取：RS 和 WL 的含义基本相同，相关性表现基本一致，故排除 WL；WR 在 5 月与 AE 的相关性不强，故排除 WR；TN 在 2 月和 8 月与 AE 的相关性很差，故排除 TN；RS 在 2 月和 12 月与 AE 的相关性较好，而在 5 月和 8 月相关性欠佳，但 RS 受到死水位、汛限水位和正常蓄水位的限制，单从变量的相关性进行判断不够准确，先暂时将 RS 作为调度函数的决策变量，进行进一步分析。

将率定期最优运行轨迹中的 RS 和 AE 挑选出来，采用线性拟合的方式构建调度函数，得到图 6.14。在图 6.14 中，RS 的最优决策值以散点的形式给出，拟合的线性调度函数以直线的形式给出，且线性调度函数受到水库蓄水量的约束，当 RS 大于该时段控制蓄水量，如大于 61.58 亿 m^3（汛限水位）或 77.65 亿 m^3（正常蓄水位）时，将决策值设置为其对应值，当 RS 小于 28.54 亿 m^3（死水位）时，将决策值设置为 28.54 亿 m^3。

由图 6.14 可知：

（1）1～4 月、8 月、12 月拟合效果很好，$R^2 > 0.90$；

（2）5～7 月拟合效果可以接受，$R^2 > 0.60$；

（3）9～11 月为特殊月份，可以直接构建调度函数。

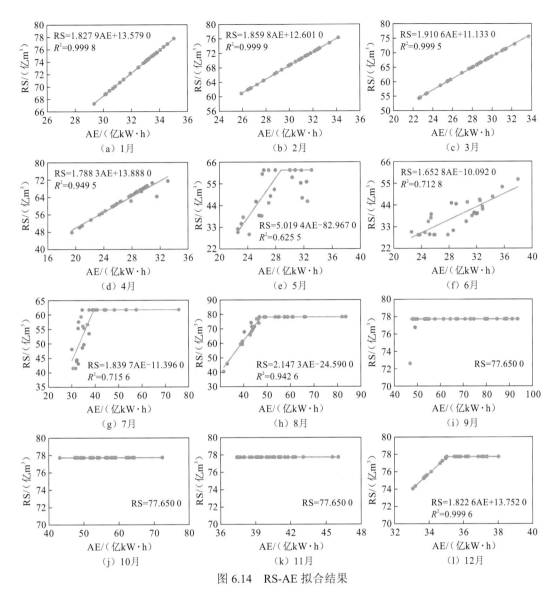

图 6.14　RS-AE 拟合结果

综上所述，以时段可用能量 AE 为自变量，以时段末水库蓄水量 RS 为决策变量可以构建线性调度函数，即 $RS_m(t+1) = a_m \times AE_m(t) + b_m$。此外，除了 9～11 月 3 个特殊月份外，非汛期的拟合精度都非常高，且普遍高于汛期的拟合精度，这与数据中汛期径流的变化范围较大相对应。

使用此静态调度规则时，先根据预报的水风光资源数据，利用对应的出力模型和式（6.27）～式（6.29）计算时段输入能量和时段初存储能量，得到时段可用能量 AE，然后根据对应时段（月份）的调度函数计算时段末水库蓄水量 RS，做出调度决策。

3. 适应性调度规则推求

此适应性调度规则方案适用于条件或最优轨迹年际变化小的月份，因此选择 12 月～次年 4 月进行参数的适应性更新。集合卡尔曼滤波中，集合的规模设置为 1 024，以权衡计算的效率与同化的效果；预测误差的方差设置为参数的 10% 左右（0.15 和 1.5）；观测值为系统的时段末水库蓄水量，观测误差的方差设置为水库蓄水量平均值的 1% 左右（0.5 亿 m^3）。

在率定期与检验期分别实施 4 种调度方案，结果如下：图 6.15 显示检验期中 RS/AE 和 AE 的变化过程；图 6.16 显示检验期中调度函数的参数 $a_{t,m}$ 和 $b_{t,m}$ 的变化过程；表 6.4 显示 4 种方案在率定期和检验期的多年平均运行效益。

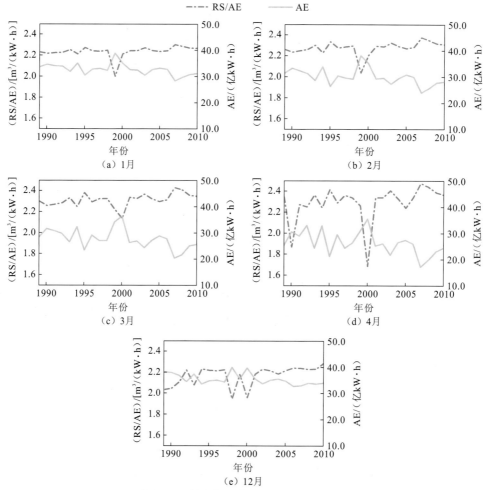

图 6.15　检验期最优运行轨迹特征变化

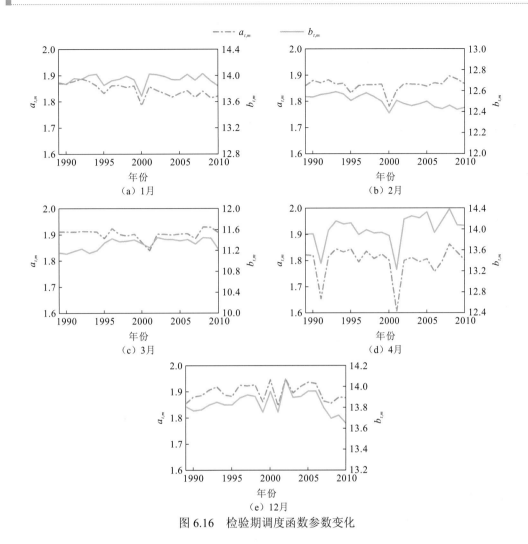

图 6.16　检验期调度函数参数变化

表 6.4　各调度方案的多年平均运行效益　　　　　　（单位：亿 kW·h）

时期	常规调度方案	最优调度方案	静态调度规则方案	适应性调度规则方案
率定期	207.11	220.64	216.32	216.96
检验期	210.32	222.17	216.24	216.77

由图 6.15 和图 6.16 可知：

（1）适应性调度规则的参数 $a_{t,m}$ 和 $b_{t,m}$ 的变化基本与 RS/AE 的变化一致。当 RS/AE 在小范围内波动时，参数 $a_{t,m}$ 和 $b_{t,m}$ 的变化倾向于表现估计中的随机性，而当 RS/AE 有较大变化时，参数 $a_{t,m}$ 和 $b_{t,m}$ 的变化倾向于追踪 RS/AE 的变化趋势。

（2）RS/AE 和 AE 的负相关关系比较紧密，即 RS/AE 的值在很大程度上取决于 AE，而受 RS 的影响较小。

（3）在未来变化环境下，系统的 AE 可能会有上升或下降的变化趋势，系统的 RS/AE 随之发生改变，这时集合卡尔曼滤波的最优估计可以使调度规则的参数随之进行适应性变化。

由表 6.4 可知，静态调度规则和适应性调度规则在所需调度信息较少的情况下，运行效益与最优调度相差较小，且适应性调度规则的效益保持更好，在率定期和检验期内分别只少了 3.68 亿 kW·h 和 5.40 亿 kW·h，均约占其效益的 2%。相较于常规调度和静态调度规则，适应性调度规则的运行效益在率定期分别提高了 9.85 亿 kW·h 和 0.64 亿 kW·h，在检验期分别提高了 6.45 亿 kW·h 和 0.53 亿 kW·h。

参 考 文 献

[1] LIU Z, DENG Z, HE G, et al. Challenges and opportunities for carbon neutrality in China[J]. Nature reviews earth & environment, 2022, 3(2): 141-155.

[2] YANG Z, LIU P, CHENG L, et al. Deriving operating rules for a large-scale hydro-photovoltaic power system using implicit stochastic optimization[J]. Journal of cleaner production, 2018, 195: 562-572.

[3] CUI R Y, HULTMAN N, CUI D, et al. A plant-by-plant strategy for high-ambition coal power phaseout in China[J]. Nature communications, 2021, 12(1): 1468.

[4] CHEN S, LU X, MIAO Y, et al. The potential of photovoltaics to power the belt and road initiative[J]. Joule, 2019, 3(8): 1895-1912.

[5] ÁVILA R L, MINE M R M, KAVISKI E, et al. Complementarity modeling of monthly streamflow and wind speed regimes based on a copula-entropy approach: A Brazilian case study[J]. Applied energy, 2020, 259: 114127.

[6] HAN S, ZHANG L, LIU Y, et al. Quantitative evaluation method for the complementarity of wind-solar-hydro power and optimization of wind-solar ratio[J]. Applied energy, 2019, 236: 973-984.

[7] BHANDARI B, LEE K, LEE C S, et al. A novel off-grid hybrid power system comprised of solar photovoltaic, wind, and hydro energy sources[J]. Applied energy, 2014, 133: 236-242.

[8] LI F, QIU J. Multi-objective optimization for integrated hydro-photovoltaic power system[J]. Applied energy, 2016, 167: 377-384.

[9] MING B, LIU P, CHENG L, et al. Optimal daily generation scheduling of large hydro-photovoltaic hybrid power plants[J]. Energy conversion and management, 2018, 171: 528-540.

[10] MING B, LIU P, GUO S, et al. Robust hydroelectric unit commitment considering integration of large-scale photovoltaic power: A case study in China[J]. Applied energy, 2018, 228: 1341-1352.

[11] 张海龙. 中国新能源发展研究[D]. 吉林: 吉林大学, 2014.

[12] 张所续, 马伯永. 世界能源发展趋势与中国能源未来发展方向[J]. 中国国土资源经济, 2019, 32(10): 20-27.

[13] 陈丽媛, 陈俊文, 李知艺, 等. "风光水"互补发电系统的调度策略[J]. 电力建设, 2013, 34(12): 1-6.

[14] DEREK D W, TOSHIYUKI S. Climate change mitigation targets set by global firms: Overview and implications for renewable energy[J]. Renewable and sustainable energy reviews, 2018, 94: 386-398.

[15] LARISSA D S N S, DMITRII B, PASI V, et al. Hydro, wind and solar power as a base for a 100% renewable energy supply for South and Central America[J]. PLOS ONE, 2017, 12(3): 1-28.

[16] MASSON-DELMOTTE V, ZHAI P, PIRANI A, et al. Global warming of 1.5 ℃ [R]. Incheon: Intergovernmental Panel on Climate Change, 2018.

[17] WHITEMAN A, AKANDE D, ELHASSAN N, et al. Renewable capacity statistics 2021[R]. Abu Dhabi: International Renewable Energy Agency, 2021.

[18] 纪昌明, 赵亚威, 张验科. 促进清洁能源消纳的多网联合优化与决策模型[J]. 水力发电学报, 2021, 40(2): 64-76.

[19] 刘媛媛, 鲍安平, 丁荣乐. 大规模光伏发电对电力系统的影响分析[J]. 通信电源技术, 2019, 36(11): 218-219.

[20] 舒印彪, 张智刚, 郭剑波, 等. 新能源消纳关键因素分析及解决措施研究[J]. 中国电机工程学报, 2017, 37(1): 1-9.

[21] 支悦, 艾学山, 董祚, 等. 水库发电优化调度模型的快速求解算法及应用[J]. 水力发电学报, 2020, 39(6): 49-61.

[22] 黎永华. 结合储能的并网光伏发电对电网的调峰作用分析[D]. 北京: 华北电力大学, 2012.

[23] 金新峰, 廖胜利, 刘战伟, 等. 考虑风电置信区间的水风火短期优化调度方法[J]. 水力发电学报, 2020, 39(9): 33-42.

[24] 陈森林. 水电站水库运行与调度[M]. 北京: 中国电力出版社, 2008.

[25] 明波. 大规模水光互补系统全生命周期协同运行研究[D]. 武汉: 武汉大学, 2019.

[26] 刘攀, 张晓琦, 邓超, 等. 水库适应性调度初探[J]. 人民长江, 2019, 50(2): 1-5, 12.

[27] 张玮, 王旭, 雷晓辉, 等. 一种基于 DS 理论的水库适应性调度规则[J]. 水科学进展, 2018, 29(5): 685-695.

[28] LIU Z, ZHANG Z, ZHUO R, et al. Optimal operation of independent regional power grid with multiple wind-solar-hydro-battery power[J]. Applied energy, 2019, 235: 1541-1550.

[29] REN G, WAN J, LIU J, et al. Spatial and temporal assessments of complementarity for renewable energy resources in China[J]. Energy (Oxford), 2019, 177: 262-275.

[30] 马小莉. 流域风光水多能源互补特性及预测的不确定性研究[D]. 郑州: 华北水利水电大学, 2020.

[31] 明波, 李研, 刘攀, 等. 嵌套短期弃电风险的水光互补中长期优化调度研究[J]. 水利学报, 2021, 52(6): 712-722.

[32] SOLTANI F, KERACHIAN R, SHIRANGI E. Developing operating rules for reservoirs considering the water quality issues: Application of ANFIS-based surrogate models[J]. Expert systems with applications, 2010, 37: 6639-6645.

[33] BHASKAR N R, WHITLATCH E E. Derivation of monthly reservoir release policies[J]. Water resources research, 1980, 16(6): 987-993.

[34] GEIR E. Sequential data assimilation with a nonlinear quasi‐geostrophic model using Monte Carlo methods to forecast error statistics[J]. Journal of geophysical research: Oceans, 1994, 99(C5): 10143-10162.

[35] 胡丹. 基于集合卡尔曼滤波的区域饱和—非饱和水流模拟[D]. 武汉: 武汉大学, 2018.

[36] 黄健熙, 武思杰, 刘兴权, 等. 基于遥感信息与作物模型集合卡尔曼滤波同化的区域冬小麦产量预

测[J]. 农业工程学报, 2012, 28(4): 142-148.

[37] FENG M, LIU P, GUO S, et al. Deriving adaptive operating rules of hydropower reservoirs using time-varying parameters generated by the EnKF[J]. Water resources research, 2017, 53(8): 6885-6907.

[38] 林琳, 史良胜, 宋雪航. 地下水参数反演的确定性集合卡尔曼滤波方法[J]. 武汉大学学报(工学版), 2016, 49(2): 161-167.

[39] DENG C, LIU P, GUO S, et al. Estimation of nonfluctuating reservoir inflow from water level observations using methods based on flow continuity[J]. Journal of hydrology, 2015, 529: 1198-1210.

[40] WANG D, CHEN Y, CAI X. State and parameter estimation of hydrologic models using the constrained ensemble Kalman filter[J]. Water resources research, 2009, 45(11): 1-7.

[41] MORADKHANI H, SOROOSHIAN S, GUPTA H V, et al. Dual state-parameter estimation of hydrological models using ensemble Kalman filter[J]. Advances in water resources, 2004, 28(2): 1-13.

[42] WIJNGAARD J B, TANK A M G K, KNNEN G P. Homogeneity of 20th century European daily temperature and precipitation series[J]. International journal of climatology, 2003, 23(6): 1-14.